高等学校"十三五"规划教材

# 随机信号分析

## SUIJI XINHAO FENXI

赵淑清 郑薇 编著

哈尔滨工业大学出版社

# 内 容 简 介

全书共分五章，主要包括随机信号的基本理论、随机信号的各种分析方法及应用。本书从分布律、数字特征和特征函数引出随机信号的基本概念，分别在时域和频域讨论随机信号的特点，并将连续时间的随机信号扩充到时间序列，将相关理论的内容引申到高阶统计量。本书还讨论了离散随机信号的仿真方法，同时给出一些常用的 C 语言程序。

本书的目的是为读者打下牢固的随机信号的基础，使之适应现代信号处理的发展。本书可作为电子信息类高年级本科生和相关学科研究生的教材，对从事相关领域研究的科技人员亦有重要的参考价值。

## 图书在版编目(CIP)数据

随机信号分析/赵淑清,郑薇编著. —哈尔滨:哈尔滨
工业大学出版社,2009.6(2019.12 重印)
ISBN 978 - 7 - 5603 - 1402 - 0

Ⅰ.①随…　Ⅱ.①赵…②郑…　Ⅲ.①随机信号-信号
分析-高等学校-教材　Ⅳ.①TN911.6

中国版本图书馆 CIP 数据核字(2009)第 003148 号

责任编辑　张秀华
封面设计　卞秉利
出版发行　哈尔滨工业大学出版社
社　　址　哈尔滨市南岗区复华四道街 10 号　邮编 150006
传　　真　0451 - 86414749
网　　址　http://hitpress.hit.edu.cn
印　　刷　肇东市一兴印刷有限公司
开　　本　787mm×1092mm　1/16　印张 13　字数 288 千字
版　　次　2009 年 6 月第 1 版　2019 年 12 月第 14 次印刷
书　　号　ISBN 978 - 7 - 5603 - 1402 - 0
定　　价　30.00 元

# 前　言

本书系国家"九·五"重点《航天科学》丛书中的一种，按电子工业部的《1996—2000年全国电子信息类专业教材编审出版规划》，由电子工程教学指导委员会编审、推荐出版。本书由哈尔滨工业大学赵淑清担任主编，主审刘福声。

本书的参考学时数为 50 学时，书中标有*的为选学内容。全书共分五章。第一、二、五章是随机信号的基本理论，第三、四章则以无线电技术领域中的应用为背景，给出随机信号的各种分析方法。第一章，首先对已经学过的随机变量进行了较系统的回顾，然后讨论了特征函数，本章还分析了基于高斯分布变换后的一些分布的相互关系。第二章，在时域（相关）和频域（功率谱）中讨论随机过程及平稳随机过程的定义和性质，同时还对随机序列进行了相应的讨论。第三章，介绍随机信号通过线性系统和非线性系统的分析方法。第四章，讨论无线电系统中常用的窄带随机过程的一些性质和应用。第五章是马尔可夫过程。

随机信号与确定信号一样，是通信、信号与信息处理、自动控制等领域中必须涉及的信号形式。因此，工科院校中电类甚至一些机械类的学生应该对随机信号有必要的了解，并掌握一些随机信号理论、仿真及分析处理的基本方法。本书以讨论随机信号的基本分析方法为主，考虑到计算机及数字信号处理设备的应用，还讨论了离散随机信号的仿真及分析方法，同时给出一些常用的 C 语言程序。尽管按教学大纲要求，在学习本课程之前，学生应掌握必要的概率论和信号理论知识，我们仍在部分章节中对学过的知识做了必要的重复，以便与新的内容进行有机的衔接。

本书由赵淑清编写第一、二章及第三章的 3.1~3.4 节，郑薇编写第四、五章及第三章的 3.5 节。刘永坦院士、孟宪德教授为本书提出许多宝贵意见，在此表示诚挚的感谢。由于编者水平有限，书中难免还存在一些缺点和错误，殷切希望广大读者批评指正。

编　者

1998 年 12 月

# 目　　录

# 第一章　随机信号基础

在大多数工程问题中，被处理的信号往往不是确定信号而是随机信号与确定信号的混合信号。随机信号与一般的确定性信号有本质上的不同，因此其分析方法也不尽相同。

随机信号理论的基础是概率论和信号理论,这里我们假定读者已经掌握了这些知识。本章将首先对随机变量的要点做一系统的回顾；然后介绍描述随机变量的另一种方法。本章的后半部分将给出通信与信息处理领域中经常用到的一些随机变量的分布，并重点讨论高斯随机变量。这一章还将给出一些随机变量仿真的方法和程序，供读者参考和选用。

## 1.1　随机变量要点回顾

设随机试验的样本空间为 $S=\{e_i\}$，如果对样本空间的每一个元素 $e_i \in S$，都有一实数 $X\{e_i\}$ 与之对应，对所有的元素 $e \in S$，就得到一个定义在空间 $S$ 上的实单值函数 $X\{e\}$，称 $X\{e\}$ 为随机变量，简写为 $X$。一般用大写字母 $X$, $Y$, $Z$ 来表示随机变量，而用小写字母 $x$, $y$, $z$ 表示对应随机变量的可能取值。

引入随机变量可以将随机试验的所有可能结果与对应的概率联系起来。如一段导体中的电子运动引起的电流，接收机的噪声电压，这些都与数值有关。即使像发现目标这样的事件，也可以规定一个数值来表示"发现目标"或"未发现目标"。分布律便表明了随机变量与概率的对应关系。

根据随机变量的取值是可列还是不可列的，把随机变量分为离散随机变量和连续随机变量。离散随机变量的样本空间是离散的点，因而取值也是离散的，如图 1.1(a)。连续随机变量的样本空间是连续区间，如图 1.1(b)，所以取值是连续地占据某一区间。接收机的噪声电压是连续随机变量，而探测是否存在目标的试验则是离散随机变量。

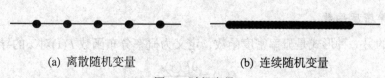

(a) 离散随机变量　　　　　　(b) 连续随机变量

图 1.1　随机变量

描述不同的随机试验用不同的随机变量，例如可用随机变量 $X$ 来描述随机信号的电压，但若用它来描述一个随机信号的幅度和相位是不够的，必须用两个随机变量 $X$ 和 $Y$。对于更复杂的随机试验，可能用更多的随机变量。因此根据实际情况，还可以把随机变量分为一维、二维和多维随机变量。

### 1.1.1 随机变量的分布律

研究确定函数可以利用其函数关系，而随机试验的某一结果是否出现并不能根据函数关系决定。譬如，掷硬币"出现正面"的概率为 0.5 这一结论是根据大量的试验得到的。这种通过大量试验得到的结果就是统计规律，那么如何研究随机变量的统计规律呢？分布律就是研究随机变量统计规律的一种方法，它描述了随机变量各可能取值与相应的概率之间的对应关系。

#### 一、概率分布函数

我们定义随机变量 $X$ 取值不超过 $x$ 的概率为概率分布函数或累积分布函数

$$F(x) = P(X \le x) \tag{1.1.1}$$

如果把一维随机变量看成是数轴上的一个随机点，则上式说明了随机变量 $X$ 落在区域 $(-\infty, x]$ 内的概率，显然它既适用于离散随机变量，也适用于连续随机变量。概率分布函数也可说明随机变量在某一区间内取值的概率。根据概率分布函数的定义，可得到如下性质。

**性质 1** $F(x)$ 是 $x$ 的单调非减函数，对于 $x_2 > x_1$，有

$$F(x_2) \ge F(x_1) \tag{1.1.2}$$

**性质 2** $F(x)$ 非负，且取值满足

$$0 \le F(x) \le 1 \tag{1.1.3}$$

**性质 3** 随机变量在 $x_1, x_2$ 区间内的概率为

$$P(x_1 < X \le x_2) = F(x_2) - F(x_1) \tag{1.1.4}$$

**性质 4** $F(x)$ 右连续，即

$$F(x^+) = F(x) \tag{1.1.5}$$

**性质 4** 对离散随机变量特别有用。对于任意一个函数，看它是否为概率分布函数的正确表达式，只要用性质 1、性质 2 和性质 4 判断即可。离散随机变量的分布函数除满足以上性质外，还具有阶梯形式，阶跃的高度等于随机变量在该点的概率，即

$$F(x) = \sum_{i=1}^{\infty} P(X = x_i) \ u(x - x_i) = \sum_{i=1}^{\infty} P_i \ u(x - x_i) \tag{1.1.6}$$

式中，$u(x)$ 为单位阶跃函数，$P_i$ 为 $X = x_i$ 的概率。

#### 二、概率密度函数

分布律的另一种形式是概率密度函数，定义为概率分布函数 $F(x)$ 对 $x$ 的导数

$$f(x) = \frac{\mathrm{d}F(x)}{\mathrm{d}x} \tag{1.1.7}$$

或写成积分形式

$$F(x) = \int_{-\infty}^{x} f(\lambda) \mathrm{d}\lambda \tag{1.1.8}$$

如果概率分布函数是连续的，其导数一定存在，故概率密度存在。如果概率分布函

数存在有限个间断点，则可引入 $\delta$ 函数，因此概率密度总是存在的。根据概率分布函数的性质，可得到概率密度的性质。

**性质 1** 概率密度函数非负

$$f(x) \geq 0 \tag{1.1.9}$$

**性质 2** 概率密度函数在整个取值区间积分为 1

$$\int_{-\infty}^{\infty} f(x)\mathrm{d}x = 1 \tag{1.1.10}$$

**性质 3** 概率密度函数在 $(x_1, x_2)$ 区间积分，给出该区间的取值概率

$$P(x_1 < X \leq x_2) = \int_{x_1}^{x_2} f(x)\mathrm{d}x \tag{1.1.11}$$

这三条性质与概率分布函数的前三条性质是互相对应的。性质 1 和性质 2 说明概率密度函数是一条在横轴上方且与横轴所围的面积为 1 的曲线，它们也是检验一个函数是否为概率密度的条件。离散随机变量的概率密度为

$$f(x) = \sum_{i=1}^{\infty} P(X = x_i)\delta(x - x_i) = \sum_{i=1}^{\infty} P_i \delta(x - x_i) \tag{1.1.12}$$

式中，$\delta(x)$ 为单位冲激函数。

概率分布函数和概率密度可以充分地说明离散随机变量取值落在某点和某个区间的概率，而连续随机变量取值落在某一区间的概率也可由 $F(x)$ 和 $f(x)$ 求出。值得注意的是：连续随机变量在某点取值的概率为零。因此，对于连续随机变量，取值区间写成开区间和闭区间是一样的，但对于离散随机变量，开区间和闭区间则是不同的。图 1.2 和图 1.3 示出了连续随机变量和离散随机变量的分布律。

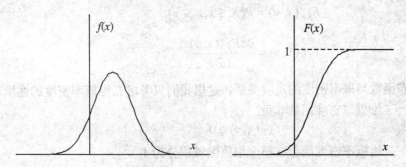

图 1.2　连续随机变量概率密度和概率分布函数

### 三、多维随机变量的分布律

二维随机变量用 $(X, Y)$ 表示，它可认为是二维平面上的一个随机点（图 1.4）。$n$ 维随机变量则用 $(X_1, X_2, X_3, \cdots, X_n)$ 表示，它可推广为 $n$ 维空间上的一个随机点。

多维随机变量不是几个一维随机变量的简单组合，作为一个整体，多维随机变量的统计规律不仅取决于各个随机变量的统计规律，还与几个随机变量之间的关联程度有关。由一维随机变量的分布律不难推广到二维随机变量的分布律（图 1.5）。二维随机变量的

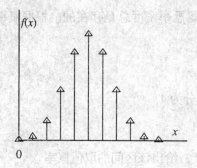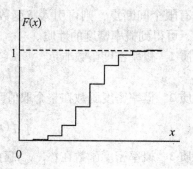

图 1.3　离散随机变量的概率密度和概率分布函数

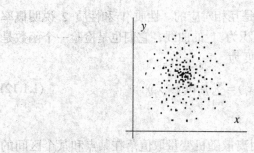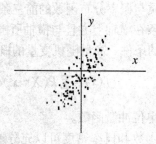

图 1.4　二维随机变量——平面上的随机点

概率分布函数和概率密度分别由式(1.1.13)和式(1.1.14)决定

$$F_{XY}(x, y) = P(X \leq x, Y \leq y) \tag{1.1.13}$$

$$f_{XY}(x, y) = \frac{\partial^2 F_{XY}(x, y)}{\partial x \partial y} \tag{1.1.14}$$

由于分布函数与概率密度的对应关系，这里我们只考虑二维概率密度的性质。

**性质 1**　二维概率密度函数非负

$$f_{XY}(x, y) \geq 0 \tag{1.1.15}$$

**性质 2**　二维概率密度函数在整个取值区域积分为 1

$$\int_{-\infty}^{\infty} \int_{-\infty}^{\infty} f_{XY}(x, y) \mathrm{d}x \mathrm{d}y = 1 \tag{1.1.16}$$

**性质 3**　二维概率密度函数在某个区域积分，给出该区域的取值概率

$$P(x_1 < X \leq x_2, y_1 < Y \leq y_2) = \int_{x_1}^{x_2} \int_{y_1}^{y_2} f_{XY}(x, y) \mathrm{d}x \mathrm{d}y \tag{1.1.17}$$

**性质 4**　对二维概率密度函数在一个随机变量的所有取值区间上积分，将给出另一个随机变量的概率密度函数

$$f_X(x) = \int_{-\infty}^{\infty} f_{XY}(x, y) \mathrm{d}y \tag{1.1.18a}$$

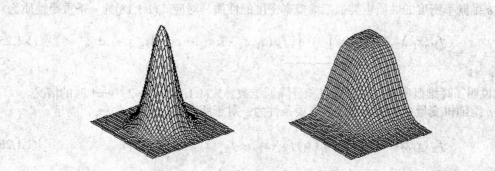
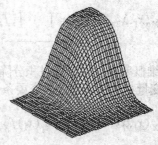

图 1.5 二维概率密度和概率分布函数

$$f_Y(y) = \int_{-\infty}^{\infty} f_{XY}(x, y)\mathrm{d}x \tag{1.1.18b}$$

在二维分布律中，我们称 $F_{XY}(x,y)$ 为联合概率分布函数，$f_{XY}(x,y)$ 为联合概率密度，$F_X(x)$ 和 $F_Y(y)$ 为边缘概率分布函数，$f_X(x)$ 和 $f_Y(y)$ 为边缘概率密度。如果将条件概率的概念引入到分布律中，我们还可得到条件概率分布函数 $F_Y(y|x)$ 和条件概率密度 $f_Y(y|x)$。在表示概率分布函数和概率密度时，为了区别不同的随机变量，常把随机变量作为下角标。

在 $X \le x$ 的条件下，随机变量 $Y$ 的条件概率分布函数和条件概率密度函数可分别表示为

$$F_Y(y \mid x) = \frac{F_{XY}(x, y)}{F_X(x)} \tag{1.1.19}$$

$$f_Y(y \mid x) = \frac{f_{XY}(x, y)}{f_X(x)} \tag{1.1.20}$$

与概率论中定义两个事件独立相似，我们定义两个随机变量 $X,Y$ 独立的条件。对于所有的 $x$ 和 $y$，若

$$f_X(x \mid y) = f_X(x) \tag{1.1.21a}$$

$$f_Y(y \mid x) = f_Y(y) \tag{1.1.21b}$$

成立，则称 $X,Y$ 是相互统计独立的两个随机变量。将式(1.1.20)与式(1.1.21)联合，便得到两个随机变量 $X,Y$ 相互统计独立的充要条件

$$f_{XY}(x, y) = f_X(x)f_Y(y) \tag{1.1.22}$$

即随机变量 $X,Y$ 的二维联合概率密度等于 $X$ 和 $Y$ 的边缘概率密度的乘积。

二维分布律是多维分布律最简单的情况，对于 $n$ 维随机变量 $(X_1, X_2, X_3, \cdots, X_n)$，仍可仿式(1.1.13)和式(1.1.14)定义 $n$ 维分布函数和概率密度

$$F_X(x_1, x_2, \cdots, x_n) = P(X_1 \le x_1, X_2 \le x_2, \cdots, X_n \le x_n) \tag{1.1.23}$$

$$f_X(x_1, x_2, \cdots, x_n) = \frac{\partial^n F_X(x_1, x_2, \cdots, x_n)}{\partial x_1 \partial x_2 \cdots \partial x_n} \tag{1.1.24}$$

$n$ 维概率密度的性质也类似二维概率密度的性质，对应式(1.1.18)的一条重要性质为

$$f_X(x_1, x_2, \cdots, x_m) = \underbrace{\int_{-\infty}^{\infty} \cdots \int_{-\infty}^{\infty}}_{n-m} f_X(x_1, x_2, \cdots, x_m, \cdots, x_n) \mathrm{d}x_{m+1}, \cdots, \mathrm{d}x_n \tag{1.1.25}$$

上式说明了高维概率密度可以通过积分降低维数。式(1.1.18)是 $n=2$，$m=1$ 时的情况。

$n$ 维随机变量相互统计独立的充要条件为：对于所有的 $x_1, x_2, x_3, \cdots, x_n$，满足

$$f_X(x_1, x_2, \cdots, x_n) = f_{X_1}(x_1) f_{X_2}(x_2) \cdots f_{X_n}(x_n) = \prod_{i=1}^{n} f_{X_i}(x_i) \tag{1.1.26}$$

若 $n=2$，上式简化为式(1.1.22)。

### 1.1.2 随机变量的数字特征

分布律描述随机变量的统计特征是利用随机变量取值与取值概率的对应关系。在许多实际问题中，概率分布函数和概率密度需要大量的试验才能得到。幸运的是有时我们并不需要对随机变量进行完整的描述，而只要求知道随机变量统计规律的主要特征。另一方面，有时虽然掌握了随机变量的概率分布函数和概率密度，但需要更直观地了解它的平均值和偏离平均值的程度，这时也用到数字特征。

数字特征也称为特征数。数字特征有很多，但主要的数字特征是描述随机变量的集中特性、离散特性和随机变量之间的相关性。

#### 一、数学期望

数学期望又称为统计平均或集合平均，有时更简单地称为均值。数学期望描述随机变量的集中特性，用 $E[X]$ 或 $m_X$ 表示。对于离散随机变量 $X$，其数学期望

$$E[X] = \sum_{i=1}^{\infty} x_i P(X = x_i) = \sum_{i=1}^{\infty} x_i P_i \tag{1.1.27}$$

如果 $X$ 是连续随机变量，则有

$$E[X] = \int_{-\infty}^{\infty} x f_X(x) \mathrm{d}x \tag{1.1.28}$$

数学期望有着明确的物理意义，如果把概率密度看成是具有一定密度的曲线，那么数学期望便是曲线的重心。

描述随机变量集中特性的统计量还有中位数和众数。使下式成立的 $M_e$ 称为随机变量的中位数

$$P(X < M_e) = P(X > M_e) \tag{1.1.29}$$

连续随机变量的中位数将随机变量概率密度下的面积一分为二。离散随机变量的中位数不唯一。概率最大（离散随机变量）或概率密度最大（连续随机变量）的点 $x_M$ 称为众数，记为 $M_o$。在图像处理中，灰度直方图描述了一幅图像的灰度分布。灰度直方图的众数反映了图像的基调，在图像上众数这一点的灰度最多。

数学期望、中位数和众数的相对关系如图 1.6 所示，若概率密度曲线有单峰且关于峰值点对称，三者重合。

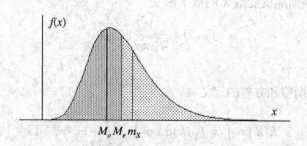

图 1.6　表示随机变量集中特性的数字特征

## 二、方差

方差是用来度量随机变量偏离其数学期望的程度，或者说是随机变量在数学期望附近的离散程度。因此它描述的是随机变量取值分布的离散特性，方差用 $D[X]$ 或 $\sigma_X^2$ 表示。对于离散和连续随机变量，分别有

$$D[X] = E\{(X - E[X])^2\} = \sum_{i=1}^{\infty} (x_i - E[X])^2 P_i \tag{1.1.30a}$$

$$D[X] = E\{(X - E[X])^2\} = \int_{-\infty}^{\infty} (x - E[X])^2 f_X(x)\mathrm{d}x \tag{1.1.30b}$$

方差开方后称为均方差或标准差

$$\sigma_X = \sqrt{D[X]} \tag{1.1.31}$$

在图像处理中，灰度直方图的方差大致反映了图像的反差。

数学期望和方差是随机变量分布的两个重要的特征，图 1.7 给出了具有不同数学期望和方差的概率密度。因为概率密度曲线下的面积恒为 1，数学期望的不同表现为概率密度曲线在横轴上的平移，而方差的不同则表现为概率密度曲线在数学期望附近集中的程度。

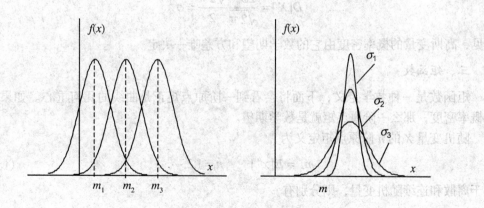

图 1.7　具有不同数学期望和方差的随机变量的概率密度

7

**例 1.1.1** 已知高斯随机变量 $X$ 的概率密度

$$f_X(x) = \frac{1}{\sqrt{2\pi}\sigma} \mathrm{e}^{-\frac{(x-m)^2}{2\sigma^2}}$$

求它的数学期望和方差。

**解：** 根据数学期望和方差的定义

$$E[X] = \int_{-\infty}^{\infty} x\, f_X(x)\mathrm{d}x = \int_{-\infty}^{\infty} \frac{x}{\sqrt{2\pi}\sigma} \mathrm{e}^{-\frac{(x-m)^2}{2\sigma^2}} \mathrm{d}x$$

令    $t = \dfrac{x-m}{\sigma}$,    $\mathrm{d}x = \sigma\, \mathrm{d}t$

代入上式并整理

$$E[X] = \frac{\sigma}{\sqrt{2\pi}} \int_{-\infty}^{\infty} t\, \mathrm{e}^{-\frac{t^2}{2}} \mathrm{d}t + \frac{m}{\sqrt{2\pi}} \int_{-\infty}^{\infty} \mathrm{e}^{-\frac{t^2}{2}} \mathrm{d}t = 0 + \frac{m}{\sqrt{2\pi}} \sqrt{2\pi} = m$$

$$D[X] = \int_{-\infty}^{\infty} (x-m)^2 f_X(x)\mathrm{d}x = \int_{-\infty}^{\infty} \frac{(x-m)^2}{\sqrt{2\pi}\sigma} \mathrm{e}^{-\frac{(x-m)^2}{2\sigma^2}} \mathrm{d}x$$

与前面做同样的变换，即令 $t = \dfrac{x-m}{\sigma}$，整理后

$$D[X] = \frac{2\sigma^2}{\sqrt{2\pi}} \int_{0}^{\infty} t^2\, \mathrm{e}^{-\frac{t^2}{2}} \mathrm{d}t$$

查数学手册中的积分表

$$\int_{0}^{\infty} x^{2n}\, \mathrm{e}^{-ax^2} \mathrm{d}x = \frac{1\cdot 3 \cdots (2n-1)}{2^{n+1} a^n} \sqrt{\frac{\pi}{a}}$$

令 $n=1$ 及 $a=1/2$，利用上式的积分结果，可得

$$D[X] = \frac{2\sigma^2}{\sqrt{2\pi}} \frac{\sqrt{2\pi}}{2} = \sigma^2$$

可见，高斯变量的概率密度由它的数学期望和方差唯一决定。

### 三、矩函数

矩函数是一种数学定义，下面将会看到一阶原点矩正是曲线的几何重心。如果曲线是概率密度，那么一阶原点矩就是数学期望。

随机变量 $X$ 的 $n$ 阶原点矩定义为

$$m_n = E[x^n] \qquad n = 1, 2, \cdots \tag{1.1.32}$$

对于离散和连续随机变量，则分别有

$$m_n = \sum_{i=1}^{\infty} x_i^n P_i \qquad n = 1, 2, \cdots \tag{1.1.33a}$$

$$m_n = \int_{-\infty}^{\infty} x^n f_X(x)\mathrm{d}x \qquad n=1,2,\cdots \tag{1.1.33b}$$

随机变量 $X$ 的 $n$ 阶中心矩定义为

$$\mu_n = E\{(X - E[x])^n\} \qquad n=1,2,\cdots \tag{1.1.34}$$

类似式(1.1.33)也可分别写出离散随机变量和连续随机变量中心矩的具体表达式。

当 $n=1$ 时，一阶原点矩就是数学期望。

当 $n=2$ 时，二阶中心矩就是方差。

当 $n=3$ 时，$s=\mu_3/\sigma^3$ 定义为偏态系数，偏态系数描述概率密度的非对称性，这是因为当概率密度 $f(x)$ 对称时，奇数阶中心矩为零。在图像处理中，灰度直方图的偏态系数是对图像灰度分布偏离对称程度的一种度量。当灰度直方图 $s<0$ 时，图像呈高色调；而当灰度直方图 $s>0$ 时，图像呈低色调。图 1.8 给出了具有不同偏态系数的概率密度。

当 $n=4$ 时，$K=\mu_4/\sigma^4$ 定义为峰态系数，峰态系数描述概率密度的尖锐或平坦程度。高斯分布的峰态系数等于 3，如图 1.9 所示。比较方差相同、具有不同分布的随机变量概率密度，当概率密度的主峰比高斯分布尖锐时，其峰态系数大于 3，反之当概率密度的主峰比高斯分布平坦时，峰态系数小于 3。图像的灰度直方图的峰态系数反映了图像灰值分布是聚集在数学期望附近还是散布在两端的情况。图像灰度直方图呈现窄峰时，图像的反差小。而当灰度直方图峰态系数较小，灰度分布较宽时，图像具有较多的层次。

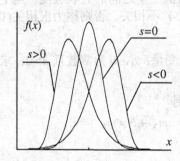 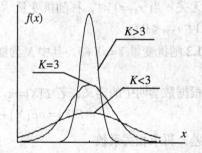

图 1.8　不同偏态系数的概率密度　　图 1.9　不同峰态系数的概率密度

仿一维随机变量，我们给出二维随机变量的矩函数。二维随机变量 $X$ 和 $Y$ 的 $n+k$ 阶联合原点矩为

$$m_{nk} = E[X^n Y^k] = \int_{-\infty}^{\infty}\int_{-\infty}^{\infty} x^n y^k f_{XY}(x,y)\mathrm{d}x\mathrm{d}y \tag{1.1.35}$$

$n+k$ 阶联合中心矩为

$$\mu_{nk} = E\{(X-E[X])^n (Y-E[Y])^k\} = \\ \int_{-\infty}^{\infty}\int_{-\infty}^{\infty} (x-E[X])^n (y-E[Y])^k f_{XY}(x,y)\mathrm{d}x\mathrm{d}y \tag{1.1.36}$$

这里只给出了连续随机变量的表达式，参考式(1.1.33a)也可得到离散随机变量的矩函

数表达式。

当 $n=1$，$k=0$ 和 $n=0$，$k=1$ 时，一阶原点矩分别是 $X$ 和 $Y$ 的数学期望

$$m_{10} = E[X] = m_X \tag{1.1.37a}$$

$$m_{01} = E[Y] = m_Y \tag{1.1.37b}$$

当 $n=2$，$k=0$ 和 $n=0$，$k=2$ 时，二阶中心矩分别是 $X$ 和 $Y$ 的方差

$$\mu_{20} = E\{(X - E[X])^2\} = \sigma_X^2 \tag{1.1.38a}$$

$$\mu_{02} = E\{(Y - E[Y])^2\} = \sigma_Y^2 \tag{1.1.38b}$$

当 $n=1$，$k=1$ 时，二阶联合原点矩和二阶联合中心矩分别是 $X$ 和 $Y$ 的相关矩和协方差

$$m_{11} = E[XY] = R_{XY} \tag{1.1.39a}$$

$$\mu_{11} = E\{(X - E[X])(Y - E[Y])\} = C_{XY} \tag{1.1.39b}$$

这两个统计量反映了两个随机变量之间的关联程度，此外协方差还反映了两个随机变量各自的离散程度。为了去除两个随机变量离散程度对相关程度的影响，可将协方差对两个随机变量的均方差进行归一化

$$r_{XY} = \frac{C_{XY}}{\sigma_X \sigma_Y} \qquad -1 \le r_{XY} \le 1 \tag{1.1.40}$$

归一化协方差也称相关系数，它只反映两个随机变量之间的关联程度，与它们的数学期望和方差无关。当 $r_{XY}=0$ 时，称随机变量 $X$ 和 $Y$ 不相关，否则称为正相关($0 < r_{XY} \le 1$)或负相关($-1 \le r_{XY} < 0$)。

**例 1.1.2** 随机变量 $Y=aX+b$，其中 $X$ 为随机变量，$a$，$b$ 为常数且 $a>0$，求 $X$ 与 $Y$ 的相关系数。

**解：** 根据数学期望的定义，若 $E[X]=m_X$，则

$$E[Y] = aE[X] + b = am_X + b = m_Y$$

先求协方差，再求相关系数

$$C_{XY} = E\{(X - E[X])(Y - E[Y])\} =$$

$$\int_{-\infty}^{\infty} \int_{-\infty}^{\infty} (x - E[X])(y - E[Y]) f_{XY}(x, y) \mathrm{d}x \mathrm{d}y$$

将 $Y = aX + b$，$m_Y = am_X + b$ 代入，并由概率密度性质，消去 $y$，得到

$$C_{XY} = a \int_{-\infty}^{\infty} (x - m_X)^2 [\int_{-\infty}^{\infty} f_{XY}(x, y) \mathrm{d}y] \mathrm{d}x =$$

$$a \int_{-\infty}^{\infty} (x - m_X)^2 f_X(x) \mathrm{d}x = a\sigma_X^2$$

同理，将 $X = (Y - b)/a$，$m_X = (m_Y - b)/a$ 代入，并由概率密度性质，消去 $x$，则有

$$C_{XY} = \frac{1}{a} \int_{-\infty}^{\infty} (y - m_Y)^2 [\int_{-\infty}^{\infty} f_{XY}(x, y) \mathrm{d}x] \mathrm{d}y =$$

$$\frac{1}{a}\int_{-\infty}^{\infty}(y-m_Y)^2 f_Y(y)\mathrm{d}y = \frac{\sigma_Y^2}{a}$$

由前两式联立，解得

$$\sigma_Y^2 = a^2 \sigma_X^2$$

$$C_{XY} = \sigma_X \sigma_Y$$

可见，当 $X$ 与 $Y$ 呈线性关系 $Y=aX+b$，且 $a>0$ 时，二者的相关系数

$$r_{XY} = \frac{C_{XY}}{\sigma_X \sigma_Y} = 1$$

即 $X$ 与 $Y$ 是完全相关的。

**例 1.1.3** $X$ 与 $Y$ 为互相独立的随机变量，求二者的相关系数。

**解**：由于 $X$，$Y$ 互相独立，根据式(1.1.22)

$$f_{XY}(x,y) = f_X(x)f_Y(y)$$

$$C_{XY} = E\{(X-E[X])(Y-E[Y])\} =$$

$$\int_{-\infty}^{\infty}\int_{-\infty}^{\infty}(x-m_X)(y-m_Y)f_{XY}(x,y)\mathrm{d}x\mathrm{d}y =$$

$$\int_{-\infty}^{\infty}(x-m_X)f_X(x)\mathrm{d}x\int_{-\infty}^{\infty}(y-m_Y)f_Y(y)\mathrm{d}y = 0$$

所以，$r_{XY}=0$。

这个例子说明了两个互相独立的随机变量一定是不相关的。

**四、统计独立与不相关**

统计独立是由概率论中的事件独立推广而来的，对于随机变量而言，体现在概率密度满足式(1.1.22)。统计独立可以这样理解：如果把二维随机变量看成平面的一个随机点，那么这个随机点的两个坐标说明了随机点在二维平面上所处的位置，两个坐标之间是随机的，没有任何关系。而相关是指两个坐标之间的线性相关程度。如果两个随机变量是完全相关的，那么随机点在平面上的分布是一条直线，每个随机点的两个坐标严格遵循线性方程。如果两个随机变量的相关系数介于 0 和 ±1 之间，则它们可能用一个除直线方程之外的其它方式联系起来。

统计独立与不相关的概念是不同的，相比之下统计独立的条件更严格一些。下面讨论它们满足的条件以及相互之间的关系。

1．随机变量 $X$ 与 $Y$ 统计独立的充要条件是

$$f_{XY}(x,y) = f_X(x)f_Y(y) \tag{1.1.41}$$

2．随机变量 $X$ 与 $Y$ 不相关的充要条件是

$$r_{XY} = 0 \tag{1.1.42}$$

由式(1.1.39b)

$$C_{XY} = E\{(X-E[X])(Y-E[Y])\} = R_{XY} - E[X]E[Y] \tag{1.1.43}$$

当两个随机变量不相关时 $C_{XY}=0$，此时有

$$R_{XY} = E[X]E[Y] \tag{1.1.44}$$

在不相关的定义上，式(1.1.42)和式(1.1.44)是等价的。

3．两个随机变量统计独立，它们必然是不相关的。例 1.1.3 已经说明了这个结论。

4．两个随机变量不相关，不一定互相独立。下面的例子可以充分说明这个问题。

**例 1.1.4** 二维随机变量$(X,Y)$满足

$$\begin{cases} X = \cos\Phi \\ Y = \sin\Phi \end{cases}$$

式中，$\Phi$是在$[0,2\pi]$上均匀分布的随机变量，讨论 $X$，$Y$ 的独立性和相关性。

**解：** 根据已知条件，$X^2 + Y^2 = 1$，显然它们的取值互相依赖于对方，或者说是通过参变量 $\Phi$ 互相联系，因此不可能是互相独立的。另一方面，它们却是不相关的，因为

$$E[X] = \int_{-\infty}^{\infty} \cos\varphi \, f_\Phi(\varphi)\mathrm{d}\varphi = \int_0^{2\pi} \frac{1}{2\pi}\cos\varphi \, \mathrm{d}\varphi = 0$$

$$E[Y] = \int_{-\infty}^{\infty} \sin\varphi \, f_\Phi(\varphi)\mathrm{d}\varphi = \int_0^{2\pi} \frac{1}{2\pi}\sin\varphi \, \mathrm{d}\varphi = 0$$

$$R_{XY} = E[XY] = E[\sin\varphi \, \cos\varphi \,] = \frac{1}{2}E[\sin 2\varphi] = 0$$

$$C_{XY} = E[(X - m_X)(Y - m_Y)] = E[XY] = 0$$

所以，$r_{XY}=0$，$X$ 与 $Y$ 不相关。

5．若随机变量 $X$，$Y$ 的相关矩为零，即

$$R_{XY} = E[XY] = 0 \tag{1.1.45}$$

则称 $X$，$Y$ 互相正交。对于互相正交的随机变量，如果其中一个随机变量的数学期望也为零，则二者一定不相关，因为

$$C_{XY} = R_{XY} - E[X]E[Y]$$

若 $E[X]$，$E[Y]$之一为零，必有 $C_{XY}$ 为零。

上面讨论的独立、不相关和正交是三个不同的概念，要认真地加以区分，不可混淆。

### 1.1.3 随机变量的函数变换

一般来讲，随机变量的分布是由大量的试验取得的。那么，是否所有的随机变量的分布都需要用试验的方法得到呢？试验的高复杂性和高代价促使人们寻求一种间接的方法来确定一个随机变量的分布。

在无线电信号的传输过程中避免不了地掺杂一些噪声，如果发射的信号为 $X$，信道中的噪声表示为 $Y$，那么接收的信号是 $X+Y$。在已知 $X$，$Y$ 分布的前提下，我们希望能通过一种运算，求得二者之和的分布。如果把随机变量 $X_i$ 作为系统的输入，把随机变量 $X_o$ 作为系统的输出，它们也应满足某种函数关系。直观上看，知道了输入的分布，通过二者的函数关系，一定能求出输出的分布。在进行系统仿真时，常常需要仿真某个分布的信号，当有了均匀分布的随机信号的产生方法后，也可利用函数关系来产生需要的随机

信号。这些都是随机变量函数变换的例子。

## 一、一维变换

设随机变量 $X$, $Y$ 满足下列函数关系

$$Y = \varphi(X) \tag{1.1.46}$$

如果随机变量 $X$, $Y$ 之间的关系是单调的, 并且存在反函数

$$X = \varphi^{-1}(Y) = h(Y)$$

若反函数 $h(Y)$ 的导数也存在, 则可利用 $X$ 的概率密度求出 $Y$ 的概率密度。

图 1.10 给出了一维随机变量 $X$ 和 $Y$ 的函数关系。根据 $X$ 和 $Y$ 的函数关系, 如果 $h(Y)$

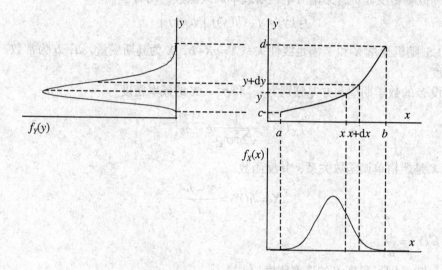

图 1.10　一维函数单调变换

是单调增加的, 那么随机变量 $Y$ 的分布函数为

$$F_Y(y) = P(Y \le y) = P(\varphi(X) \le y) =$$

$$P(X \le h(y)) = \int_{-\infty}^{h(y)} f(x)\mathrm{d}x$$

将上式对 $y$ 求导, 得到随机变量 $Y$ 的概率密度

$$f_Y(y) = \frac{\mathrm{d}}{\mathrm{d}y} F_Y(y) = f(h(y)) \frac{\mathrm{d}}{\mathrm{d}y} h(y)$$

同理, 可得到当 $h(Y)$ 是单调下降时随机变量 $Y$ 的概率密度

$$f_Y(y) = \frac{\mathrm{d}}{\mathrm{d}y} F_Y(y) = -f(h(y)) \frac{\mathrm{d}}{\mathrm{d}y} h(y)$$

综合以上两种情况, 得到

$$f_Y(y) = f_X(h(y)) \left| h'(y) \right| \tag{1.1.47}$$

事实上, 也可以从另一个角度来推导上式。设 $X$ 的所有可能值都在区间 $(a,b)$ 内, 对

于 $Y$，所有可能值都在区间$(c,d)$内，此时

$$P_X(a < X < b) = 1$$
$$P_Y(c < Y < d) = 1$$

由于 $X$ 和 $Y$ 是单调关系，随机变量 $X$ 取值落在子区间$(x,x+\mathrm{d}x)$和 $Y$ 的取值落在子区间$(y,y+\mathrm{d}y)$的概率应该相等，即

$$f_X(x)\mathrm{d}x = f_Y(y)\mathrm{d}y$$

因此

$$f_Y(y) = f_X(x)\frac{\mathrm{d}x}{\mathrm{d}y} = f_X(x)h'(y)$$

考虑到概率密度非负，无论对单调增或单调减函数，均有

$$f_Y(y) = f_X(h(y)) \left| h'(y) \right|$$

**例 1.1.5** 随机变量 $X$ 和 $Y$ 满足线性关系 $Y=aX+b$，$X$ 为高斯变量，$a$，$b$ 为常数，求 $Y$ 的概率密度。

**解**：设 $X$ 的数学期望和方差分别为 $m_X$ 和 $\sigma_X^2$，$X$ 的概率密度

$$f_X(x) = \frac{1}{\sqrt{2\pi}\sigma_X}e^{\frac{(x-m_X)^2}{2\sigma_X^2}}$$

因为 $Y$ 和 $X$ 是严格单调函数关系，其反函数

$$X = h(Y) = \frac{Y-b}{a}$$

且

$$h'(Y) = \frac{1}{a}$$

代入式(1.1.47)，即可得到 $Y$ 的概率密度

$$f_Y(y) = \frac{1}{\sqrt{2\pi}\sigma_X}e^{\frac{(\frac{y-b}{a}-m_X)^2}{2\sigma_X^2}} \left| \frac{1}{a} \right| =$$

$$\frac{1}{\sqrt{2\pi}|a|\sigma_X}e^{\frac{(y-am_X-b)^2}{2a^2\sigma_X^2}} = \frac{1}{\sqrt{2\pi}\sigma_Y}e^{\frac{(y-m_Y)^2}{2\sigma_Y^2}}$$

上式表明了高斯变量 $X$ 经过线性变换后的随机变量 $Y$ 仍然是高斯分布，其数学期望和方差分别为

$$m_Y = am_X + b$$
$$\sigma_Y^2 = a^2\sigma_X^2$$

如果 $X$ 和 $Y$ 不是单调关系，那么 $Y$ 的取值 $y$ 就对应 $X$ 的两个或更多的值 $x_1, x_2, x_3, \cdots, x_n$。以双值函数为例（图1.11），反函数应为

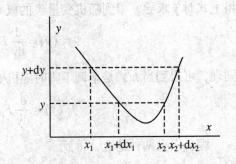

图 1.11　一维函数多值变换

14

$$\begin{cases} X_1 = h_1(Y) \\ X_2 = h_2(Y) \end{cases} \tag{1.1.48}$$

这时随机变量 $Y$ 的取值落在子区间 $(y, y + \mathrm{d}y)$ 时，对应随机变量 $X$ 的取值应落在两个子区间 $(x_1, x_1 + \mathrm{d}x_1)$ 和 $(x_2, x_2 + \mathrm{d}x_2)$ 中，遵循等概率原理，有

$$f_Y(y)\mathrm{d}y = f_X(x_1)\mathrm{d}x_1 + f_X(x_2)\mathrm{d}x_2 \tag{1.1.49}$$

于是

$$f_Y(y) = f_X(h_1(y))\left| h_1'(y) \right| + f_X(h_2(y))\left| h_2'(y) \right| \tag{1.1.50}$$

当 $Y$ 的取值 $y$ 对应多个 $X$ 的值时，其概率密度可由式(1.1.50)推广。

求出随机变量函数的概率密度后，就可以继续求随机变量函数的数学期望和方差。实际上，利用导出的概率密度变换公式，可直接求随机变量函数的数字特征，而不需要先求出随机变量函数的概率密度。因为随机变量函数 $Y$ 的数学期望

$$E[Y] = \int_{-\infty}^{\infty} y f_Y(y)\mathrm{d}y = \int_{-\infty}^{\infty} \varphi(x) f_X(x) \frac{\mathrm{d}x}{\mathrm{d}y}\mathrm{d}y =$$

$$\int_{-\infty}^{\infty} \varphi(x) f_X(x)\mathrm{d}x = E[\varphi(X)] \tag{1.1.51}$$

显然，不求 $Y$ 的概率密度就能直接由 $X$ 的概率密度和它们的函数关系求得数学期望。仿此可求出随机变量函数 $Y$ 的方差

$$D[Y] = \int_{-\infty}^{\infty} [\varphi(x) - m_y]^2 f_X(x)\mathrm{d}x = D[\varphi(X)] \tag{1.1.52}$$

其它一些矩函数也可用这种方法来求。这种直接求随机变量函数数字特征的方法，大大地简化了运算过程。

### 二、二维变换

在讨论二维随机变量变换时，我们仍假定函数的映射关系是单值的。如果我们已知二维随机变量 $(X_1, X_2)$ 的联合概率密度 $f_X(x_1, x_2)$，以及二维随机变量 $(Y_1, Y_2)$ 与 $(X_1, X_2)$ 之间的函数关系

$$\begin{cases} Y_1 = \varphi_1(X_1, X_2) \\ Y_2 = \varphi_2(X_1, X_2) \end{cases} \tag{1.1.53}$$

它们的反函数存在

$$\begin{cases} X_1 = h_1(Y_1, Y_2) \\ X_2 = h_2(Y_1, Y_2) \end{cases}$$

我们可以求出随机变量 $(Y_1, Y_2)$ 的联合概率密度。仿照图 1.10，给出它们之间的映射关系，见图 1.12。如果 $(X_1, X_2)$ 的联合概率密度和 $(Y_1, Y_2)$ 的联合概率密度之间是单值映射，随机变量 $(X_1, X_2)$ 的取值落在 $\mathrm{d}s_{X_1 X_2}$ 区域内的概率应等于随机变量 $(Y_1, Y_2)$ 取值落在 $\mathrm{d}s_{Y_1 Y_2}$ 区域内的概率。一维随机变量在某区间取值的概率等于一维概率密度(曲线)在该区间积分的面积；而二维随机变量 $(X_1, X_2)$ 或 $(Y_1, Y_2)$ 在某区域取值的概率应为二维概率密度(曲面)下的体积，于

是有

$$f_X(x_1, x_2)\,\mathrm{d}s_{X_1X_2} = f_Y(y_1, y_2)\,\mathrm{d}s_{Y_1Y_2}$$

注意到联合概率密度非负，应该有

$$f_Y(y_1, y_2) = f_X(x_1, x_2)\left|\frac{\mathrm{d}s_{X_1X_2}}{\mathrm{d}s_{Y_1Y_2}}\right| \tag{1.1.54}$$

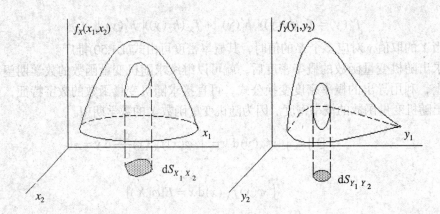

图 1.12　二维随机变量函数变换

在用二重积分求体积时，若积分区域由 $\mathrm{d}s_{X_1X_2}$ 变为 $\mathrm{d}s_{Y_1Y_2}$，其变换关系即为雅可比行列式

$$J = \frac{\mathrm{d}s_{X_1X_2}}{\mathrm{d}s_{Y_1Y_2}} = \begin{vmatrix} \dfrac{\partial x_1}{\partial y_1} & \dfrac{\partial x_1}{\partial y_2} \\[3mm] \dfrac{\partial x_2}{\partial y_1} & \dfrac{\partial x_2}{\partial y_2} \end{vmatrix} \tag{1.1.55}$$

代入式(1.1.54)，并将式中的 $x_1$，$x_2$ 换成 $h_1(y_1, y_2)$ 和 $h_2(y_1, y_2)$，便得到二维函数变换的最后表达式

$$f_Y(y_1, y_2) = |J|f_X(x_1, x_2) = |J|f_X(h_1(y_1, y_2), h_2(y_1, y_2)) \tag{1.1.56}$$

下面通过具体的例子来说明二维函数变换的应用。

**例 1.1.6** 设 $X$，$Y$ 是互相独立的高斯变量，数学期望为零，方差相等 $\sigma_X^2 = \sigma_Y^2 = \sigma^2$，$A$ 和 $\Phi$ 为随机变量，且

$$\begin{cases} X = A\cos\Phi \\ Y = A\sin\Phi \end{cases} \quad A > 0,\ 0 \le \Phi \le 2\pi$$

求 $f_{A\Phi}(a, \varphi)$，$f_A(a)$ 和 $f_\Phi(\varphi)$。

**解：** 由于 $X$，$Y$ 互相独立，它们的联合概率密度

$$f_{XY}(x, y) = f_X(x)f_Y(y) = \frac{1}{2\pi\sigma^2}\mathrm{e}^{\frac{x^2+y^2}{2\sigma^2}}$$

由于给出的条件即为反函数，可直接求雅可比行列式

$$J = \begin{vmatrix} \dfrac{\partial x}{\partial a} & \dfrac{\partial x}{\partial \varphi} \\ \dfrac{\partial y}{\partial a} & \dfrac{\partial y}{\partial \varphi} \end{vmatrix} = \begin{vmatrix} \cos\varphi & -a\sin\varphi \\ \sin\varphi & a\cos\varphi \end{vmatrix} = a$$

代入式(1.1.56)，得到 $A$，$\varPhi$ 的联合概率密度

$$f_{A\varPhi}(a,\varphi) = \frac{a}{2\pi\sigma^2}\mathrm{e}^{-\frac{x^2+y^2}{2\sigma^2}} = \frac{a}{2\pi\sigma^2}\mathrm{e}^{-\frac{a^2}{2\sigma^2}}$$

式中 $a^2 = x^2 + y^2$，再利用概率密度的性质求 $A$ 的概率密度

$$f_A(a) = \int_0^{2\pi} \frac{a}{2\pi\sigma^2}\mathrm{e}^{-\frac{a^2}{2\sigma^2}}\mathrm{d}\varphi = \frac{a}{\sigma^2}\mathrm{e}^{-\frac{a^2}{2\sigma^2}}$$

这就是瑞利分布，是通信与电子系统中应用很广的分布。同样可利用概率密度降维的性质求 $\varPhi$ 的概率密度

$$f_\varPhi(\varphi) = \int_0^\infty \frac{a}{2\pi\sigma^2}\mathrm{e}^{-\frac{a^2}{2\sigma^2}}\mathrm{d}a = \int_0^\infty \frac{1}{2\pi}\mathrm{e}^{-\frac{a^2}{2\sigma^2}}\mathrm{d}\frac{a^2}{2\sigma^2}$$

令 $t = a^2/2\sigma^2$

$$f_\varPhi(\varphi) = \frac{1}{2\pi}\int_0^\infty \mathrm{e}^{-t}\mathrm{d}t = \frac{1}{2\pi}$$

可见，$\varPhi$ 为在 $[0,2\pi]$ 上均匀分布的随机变量。

**例 1.1.7** 已知二维随机变量 $(X_1, X_2)$ 的联合概率密度 $f_X(x_1, x_2)$，求 $X_1$，$X_2$ 之和 $Y = X_1 + X_2$ 的概率密度。

**解：** 设

$$\begin{cases} Y_1 = X_1 \\ Y_2 = X_1 + X_2 \end{cases}$$

这种假设是为了保证运算过程的简单，也可做其它形式的假设。先求随机变量 $Y_1$，$Y_2$ 的反函数及雅可比行列式

$$\begin{cases} X_1 = Y_1 \\ X_2 = Y_2 - Y_1 \end{cases}$$

$$J = \begin{vmatrix} \dfrac{\partial x_1}{\partial y_1} & \dfrac{\partial x_1}{\partial y_2} \\ \dfrac{\partial x_2}{\partial y_1} & \dfrac{\partial x_2}{\partial y_2} \end{vmatrix} = \begin{vmatrix} 1 & 0 \\ -1 & 1 \end{vmatrix} = 1$$

代入式(1.1.56)即可得到二维随机变量 $(Y_1, Y_2)$ 的联合概率密度

$$f_Y(y_1, y_2) = |J| f_X(x_1, x_2) = f_X(x_1, x_2) = f_X(y_1, y_2 - y_1)$$

利用概率密度性质求 $Y_2$ 的边缘概率密度

$$f_{Y_2}(y_2) = \int_{-\infty}^{\infty} f_X(y_1, y_2 - y_1) \mathrm{d} y_1$$

最后用 $Y$ 和 $X_1$ 代替 $Y_2$ 和 $Y_1$

$$f_Y(y) = \int_{-\infty}^{\infty} f_X(x_1, y - x_1) \mathrm{d} x_1 \tag{1.1.57}$$

这就是两个随机变量之和的概率密度。进一步，如果 $X_1$，$X_2$ 互相独立

$$f_Y(y) = \int_{-\infty}^{\infty} f_{X_1}(x_1) f_{X_2}(y - x_1) \mathrm{d} x_1 = f_{X_1}(y) * f_{X_2}(y) \tag{1.1.58}$$

这是我们常见的卷积公式，也就是说两个互相独立随机变量之和的概率密度等于两个随机变量概率密度的卷积。这个例子给出了两个随机变量之和的概率密度，用同样的方法也可求出两个随机变量之差、积、商的概率密度。

**例 1.1.8** 任选两个标有阻值 20kΩ 的电阻 $R_1$ 和 $R_2$ 串联，两个电阻的误差都在 ±5% 之内，并且在误差之内它们是均匀分布的。求 $R_1$ 和 $R_2$ 串联后误差不超过 ±2.5% 的概率有多大？

**解：** 由题意已知，电阻 $R_1$ 和 $R_2$ 应在 19~21kΩ 内均匀分布。另一方面，我们知道虽然电子元件出厂时都存在一定的误差，但由于 $R_1$ 和 $R_2$ 是任选的，它们之间应该是互相独立的。因此 $R_1$ 和 $R_2$ 之和的分布应满足式 (1.1.58)。

我们已知两个矩形脉冲的卷积是三角形，若假定 $a$=19kΩ，$b$=21kΩ，$R$ 的分布为

$$f_R(r) = \begin{cases} \dfrac{r - 2a}{(b-a)^2} & 2a \le r < a + b \\[2mm] -\dfrac{r - 2b}{(b-a)^2} & a + b \le r \le 2b \\[2mm] 0 & 其它 \end{cases}$$

$R_1$ 和 $R_2$ 串联后，$R=R_1+R_2$ 的阻值应是 40kΩ，绝对误差范围增大，这时 $R$ 的取值在 38~42kΩ 之间。求串联后 $R$ 的相对误差在 ±2.5% 之内的概率，也就是求 $R$ 的取值区间在 39~41kΩ 之内的概率

$$P(39 \le R \le 41) = \int_{39}^{41} f_R(r) \mathrm{d} r =$$

$$\int_{39}^{40} \frac{r - 2a}{(b-a)^2} \mathrm{d} r - \int_{40}^{41} \frac{r - 2b}{(b-a)^2} \mathrm{d} r = \frac{3}{4}$$

$R_1$ 和 $R_2$ 串联后误差不超过 ±2.5% 的概率是 0.75。

如同一维随机变量一样，在只需要求函数变换后的数学期望、方差等数字特征的情况时，不用先求出二维随机变量函数的概率密度，直接用原随机变量的联合概率密度和函数关系即可。

下面给出一些经常用到且很容易证明的运算法则。设 $X_1$，$X_2$ 为任意分布的两个随机变量，$a$ 为常数

$$E[a] = a$$
$$E[aX] = aE[X]$$
$$E[X_1 \pm X_2] = E[X_1] \pm E[X_2]$$
$$D[a] = 0$$
$$D[aX] = a^2 D[X]$$
$$D[X_1 \pm X_2] = D[X_1] + D[X_2] \pm 2C_{X_1 X_2}$$

当 $X_1$，$X_2$ 不相关时

$$E[X_1 X_2] = E[X_1] E[X_2]$$
$$D[X_1 \pm X_2] = D[X_1] + D[X_2]$$

# 1.2 随机变量的特征函数

随机变量的特征函数不像分布律和数字特征那样具有明显的物理意义，但它的应用价值是不可估量的。一方面，作为一个数学工具，可使很多运算大大简化；另一方面，它又是高阶谱估计的数学基础。

## 1.2.1 特征函数的定义与性质

特征函数也是一个统计平均量，随机变量 $X$ 的特征函数就是由 $X$ 组成的一个新的随机变量 $e^{j\omega X}$ 的数学期望，记为

$$\Phi(\omega) = E[e^{j\omega X}] \tag{1.2.1}$$

离散随机变量和连续随机变量的特征函数分别表示为

$$\Phi(\omega) = \sum_{i=0}^{\infty} P_i e^{j\omega x_i} \tag{1.2.2}$$

$$\Phi(\omega) = \int_{-\infty}^{\infty} f(x) e^{j\omega x} dx \tag{1.2.3}$$

随机变量 $X$ 的第二特征函数定义为特征函数的对数

$$\Psi(\omega) = \ln \Phi(\omega) \tag{1.2.4}$$

下面讨论特征函数的性质。

**性质 1**  $|\Phi(\omega)| \leq \Phi(0) = 1$ \tag{1.2.5}

由于概率密度非负，且 $|e^{j\omega X}| = 1$，所以

$$\left| \int_{-\infty}^{\infty} f(x) e^{j\omega x} dx \right| \leq \int_{-\infty}^{\infty} f(x) dx = \Phi(0) = 1$$

**性质 2**  若 $Y = aX + b$，$a$ 和 $b$ 为常数，$Y$ 的特征函数为

$$\Phi_Y(\omega) = e^{j\omega b} \Phi(a\omega) \tag{1.2.6}$$

因为特征函数定义为数学期望，故

$$\Phi_Y(\omega) = E[e^{j\omega Y}] = E[e^{j\omega(aX+b)}] = e^{j\omega b}E[e^{j\omega aX}]$$

**性质 3**  互相独立随机变量之和的特征函数等于各随机变量特征函数之积，即若

$$Y = \sum_{n=1}^{N} X_n$$

则

$$\Phi_Y(\omega) = E[\exp(j\omega\sum_{n=1}^{N}X_n)] = E[\prod_{n=1}^{N}e^{j\omega X_n}] \tag{1.2.7}$$

如果 $X_n(n=1,2,\cdots,N)$ 之间互相独立

$$\Phi_Y(\omega) = \prod_{n=1}^{N}E[e^{j\omega X_n}] = \prod_{n=1}^{N}\Phi_{X_n}(\omega) \tag{1.2.8}$$

### 1.2.2  特征函数与概率密度的关系

根据特征函数的定义，特征函数与概率密度有类似傅氏变换的关系，即

$$\Phi_X(\omega) = \int_{-\infty}^{\infty} f_X(x)e^{j\omega x}dx \tag{1.2.9a}$$

$$f_X(x) = \frac{1}{2\pi}\int_{-\infty}^{\infty} \Phi_X(\omega)e^{-j\omega x}d\omega \tag{1.2.9b}$$

式(1.2.9a)是特征函数的定义，我们只要证明式(1.2.9b)成立即可。从式(1.2.9b)右端开始，将式(1.2.9a)代入并交换积分顺序

$$\frac{1}{2\pi}\int_{-\infty}^{\infty}\Phi_X(\omega)e^{-j\omega x}d\omega = \frac{1}{2\pi}\int_{-\infty}^{\infty}e^{-j\omega x}[\int_{-\infty}^{\infty}f_X(\lambda)e^{j\omega\lambda}d\lambda]d\omega =$$

$$\int_{-\infty}^{\infty}f_X(\lambda)[\frac{1}{2\pi}\int_{-\infty}^{\infty}e^{-j\omega(x-\lambda)}d\omega]d\lambda =$$

$$\int_{-\infty}^{\infty}f_X(\lambda)\delta(x-\lambda)d\lambda = f_X(x)$$

即可得证。值得注意的是，特征函数与概率密度之间的关系与傅氏变换略有不同，指数项差一负号。

**例 1.2.1**  随机变量 $X_1,X_2$ 为互相独立的高斯变量，数学期望为零，方差为 1。求 $Y=X_1+X_2$ 的概率密度。

**解**：已知数学期望为零、方差为 1 的高斯变量概率密度为

$$f_X(x) = \frac{1}{\sqrt{2\pi}}e^{-\frac{x^2}{2}}$$

先根据定义求 $X_1, X_2$ 的特征函数

$$\Phi_{X_1}(\omega) = \int_{-\infty}^{\infty}f_{X_1}(x)e^{j\omega x}dx = e^{-\frac{\omega^2}{2}}$$

$$\Phi_{X_2}(\omega) = e^{-\frac{\omega^2}{2}}$$

由特征函数的性质 3

$$\Phi_Y(\omega) = \Phi_{X_1}(\omega)\Phi_{X_2}(\omega) = e^{-\omega^2}$$

再由式(1.2.9b)，便可求得 $Y$ 的概率密度

$$f_Y(y) = \frac{1}{2\pi}\int_{-\infty}^{\infty}\Phi_Y(\omega)e^{-j\omega y}d\omega =$$

$$\frac{1}{2\pi}\int_{-\infty}^{\infty}e^{-\omega^2}e^{-j\omega y}d\omega = \frac{1}{2\sqrt{\pi}}e^{-\frac{y^2}{4}}$$

由此可见，借助傅氏变换，比起直接求两个随机变量之和的概率密度要简单得多。

### 1.2.3 特征函数与矩函数的关系

特征函数与矩函数是一一对应的，因此特征函数也称为矩生成函数。我们先证明矩函数由特征函数唯一确定，即证 $n$ 阶矩函数与特征函数的关系

$$E[X] = \int_{-\infty}^{\infty} xf_X(x)dx = -j\frac{d\Phi_X(\omega)}{d\omega}\Big|_{\omega=0} \tag{1.2.10a}$$

$$E[X^n] = \int_{-\infty}^{\infty} x^n f_X(x)dx = (-j)^n\frac{d^n\Phi_X(\omega)}{d\omega^n}\Big|_{\omega=0} \tag{1.2.10b}$$

对特征函数求一阶导数，再令 $\omega=0$

$$\frac{d\Phi_X(\omega)}{d\omega}\Big|_{\omega=0} = j\int_{-\infty}^{\infty} xe^{j\omega x}f_X(x)dx\Big|_{\omega=0} =$$

$$j\int_{-\infty}^{\infty} xf_X(x)dx = jE[X] \tag{1.2.11}$$

由此可得式(1.2.10a)。对特征函数求 $n$ 阶导数，然后令 $\omega=0$，可证得式(1.2.10b)

$$\frac{d^n\Phi_X(\omega)}{d\omega^n}\Big|_{\omega=0} = j^n\int_{-\infty}^{\infty} x^n e^{j\omega x}f_X(x)dx\Big|_{\omega=0} =$$

$$j^n\int_{-\infty}^{\infty} x^n f_X(x)dx = j^n E[X^n] \tag{1.2.12}$$

再证逆过程：特征函数由各阶矩函数唯一确定。将特征函数展开成麦克劳林级数，并将式(1.2.12)代入

$$\Phi_X(\omega) = \Phi_X(0) + \Phi_X'(0)\omega + \Phi_X''(0)\frac{\omega^2}{2} + \cdots + \Phi_X^{(n)}(0)\frac{\omega^n}{n!} + \cdots =$$

$$\sum_{n=0}^{\infty}\frac{d^n\Phi_X(\omega)}{d\omega^n}\Big|_{\omega=0}\frac{\omega^n}{n!} = \sum_{n=0}^{\infty} E[x^n]\frac{(j\omega)^n}{n!} \tag{1.2.13}$$

显然，特征函数也由各阶矩唯一地确定。同样也可把第二特征函数展开成麦克劳林级数

21

$$\Psi_X(\omega) = \ln \Phi_X(\omega) = \sum_{n=0}^{\infty} c_n \frac{(\mathrm{j}\omega)^n}{n!} \qquad (1.2.14)$$

式中 $c_n$ 由下式确定

$$c_n = (-\mathrm{j})^n \frac{\mathrm{d}^n}{\mathrm{d}\omega^n} \ln \Phi_X(\omega)\Big|_{\omega=0} = (-\mathrm{j})^n \frac{\mathrm{d}^n}{\mathrm{d}\omega^n} \Psi_X(\omega)\Big|_{\omega=0} \qquad (1.2.15)$$

$c_n$ 称随机变量 $X$ 的 $n$ 阶累积量，由于 $c_n$ 是用第二特征函数定义的，因此第二特征函数也称为累积量生成函数。比较式(1.2.15)与式(1.2.10b)可知：随机变量 $X$ 的 $n$ 阶矩和 $n$ 阶累积量有着密切的联系。有关累积量的性质和更多的知识请参考其它文献。

**例 1.2.2** 求数学期望为零的高斯变量 $X$ 的各阶矩和各阶累积量。

**解**：数学期望为零、方差为 $\sigma^2$ 的高斯变量 $X$ 的概率密度

$$f_X(x) = \frac{1}{\sqrt{2\pi}\sigma} e^{-\frac{x^2}{2\sigma^2}}$$

由 $X$ 的概率密度求特征函数

$$\Phi_X(\omega) = \int_{-\infty}^{\infty} f_X(x) e^{\mathrm{j}\omega x} \mathrm{d}x = e^{-\frac{\sigma^2 \omega^2}{2}}$$

再利用式(1.2.10)来求一、二阶矩

$$E[X] = -\mathrm{j}(-\sigma^2 \omega e^{-\frac{\sigma^2 \omega^2}{2}})\Big|_{\omega=0} = 0$$

$$E[X^2] = (-\mathrm{j})^2 [(-\sigma^2 \omega)^2 e^{-\frac{\sigma^2 \omega^2}{2}} - \sigma^2 e^{-\frac{\sigma^2 \omega^2}{2}}]\Big|_{\omega=0} = \sigma^2$$

继续求出 $n$ 阶矩

$$E[X^n] = \begin{cases} 1 \cdot 3 \cdot 5 \cdots (n-1)\sigma^n & n \text{为偶} \\ 0 & n \text{为奇} \end{cases}$$

可见，高斯变量的 $n$ 阶矩除与阶数有关，主要与方差有关。另一方面由第二特征函数

$$\Psi_X(\omega) = \ln \Phi_X(\omega) = \frac{-\sigma^2 \omega^2}{2}$$

根据累积量与第二特征函数的关系式(1.2.15)，得各阶累积量

$$c_1 = 0$$
$$c_2 = \sigma^2$$
$$c_n = 0 \qquad (n > 2)$$

数学期望为零的高斯变量的前三阶矩与相应阶的累积量相同。

这个例子得到的结论是：高斯变量高阶矩的信息并不比二阶矩多。从高阶累积量也可得到类似的结果，因高斯变量的 $n$ 阶累积量在 $n>2$ 时为零。它给我们的启示是，当存在加性高斯噪声时，由于高斯噪声的高阶累积量为零，在高阶累积量上检测非高斯信号。

### 1.2.4 联合特征函数与联合累积量

二维随机变量$(X,Y)$的特征函数称为联合特征函数，它定义为

$$\Phi_{XY}(\omega_1,\omega_2) = E[e^{j(\omega_1 X+\omega_2 Y)}] \tag{1.2.16}$$

与一维随机变量相似，联合特征函数与联合概率密度的关系可表示为

$$\Phi_{XY}(\omega_1,\omega_2) = \int_{-\infty}^{\infty}\int_{-\infty}^{\infty} f_{XY}(x,y)e^{j(\omega_1 x+\omega_2 y)}\mathrm{d}x\mathrm{d}y \tag{1.2.17a}$$

$$f_{XY}(x,y) = \frac{1}{(2\pi)^2}\int_{-\infty}^{\infty}\int_{-\infty}^{\infty} \Phi_{XY}(\omega_1,\omega_2)e^{-j(\omega_1 x+\omega_2 y)}\mathrm{d}\omega_1\mathrm{d}\omega_2 \tag{1.2.17b}$$

同样，联合特征函数和各阶联合矩有如下的关系

$$m_{nk} = (-j)^{n+k}\frac{\partial^{n+k}\Phi_{XY}(\omega_1,\omega_2)}{\partial\omega_1^n\partial\omega_2^k}\Big|_{\substack{\omega_1=0\\\omega_2=0}} \tag{1.2.18}$$

与联合特征函数有关的两个边缘特征函数是

$$\Phi_X(\omega_1) = \Phi_{XY}(\omega_1,0)$$
$$\Phi_Y(\omega_2) = \Phi_{XY}(0,\omega_2)$$

第二联合特征函数定义为

$$\Psi_{XY}(\omega_1,\omega_2) = \ln\Phi_{XY}(\omega_1,\omega_2) \tag{1.2.19}$$

联合累积量与第二特征函数的关系式和联合矩与特征函数的关系式相似

$$c_{nk} = (-j)^{n+k}\frac{\partial^{n+k}\Psi_{XY}(\omega_1,\omega_2)}{\partial\omega_1^n\partial\omega_2^k}\Big|_{\substack{\omega_1=0\\\omega_2=0}} \tag{1.2.20}$$

多维随机变量的联合特征函数可由式(1.2.16)推广得到。$N$维联合特征函数的一个重要性质是：当$N$个随机变量互相独立时，它们的联合特征函数是$N$个随机变量的特征函数的乘积，即

$$\Phi_{X_1 X_2\cdots X_N}(\omega_1,\omega_2,\cdots,\omega_N) = \prod_{n=1}^{N}\Phi_{X_n}(\omega_n) \tag{1.2.21}$$

# 1.3  随机信号实用分布律

## 1.3.1  一些简单的分布律

### 一、二项式分布

在$n$次独立试验中，若每次试验事件$A$出现的概率为$p$，不出现的概率是$1-p$，那么事件$A$在$n$次试验中出现$m$次的概率$P_n(m)$为二项式分布

$$P_n(m) = C_n^m p^m(1-p)^{n-m} \tag{1.3.1}$$

其概率分布函数为

$$F(x) = \begin{cases} 0 & x < 0 \\ \sum_{m=0}^{[x]} P_n(m) & 0 \le x < n \\ 1 & x \ge n \end{cases} \tag{1.3.2}$$

式中，[x]表示小于 x 的最大整数，式(1.3.2)也可表示成

$$F(x) = \sum_{m=0}^{n} C_n^m p^m (1-p)^{n-m} u(x-m) \tag{1.3.3}$$

式中二项式系数

$$C_n^m = \frac{n!}{m!(n-m)!}$$

图 1.13 表示二项式分布的取值概率 $P_n(m)$，而二项式分布函数是阶梯形式的曲线。

在信号检测理论中，非参量检测时单次探测的秩值为某一值的概率服从二项式分布。

## 二、泊松分布

当事件 A 在每次试验中出现的概率 p 很小，试验次数 n 很大，且 $np = \lambda$ 为常数时，泊松分布可作为二项式分布的近似

$$P_n(m) = \frac{\lambda^m}{m!} e^{-\lambda} \tag{1.3.4}$$

若 λ 为整数，$P_n(m)$ 在 $m = \lambda$ 及 $m = \lambda - 1$ 时达到最大值。以图 1.14 中 λ =2 为例，当 m=1 和 m=2 时，$P_n(m)$=0.27。泊松分布是非对称的，但 λ 越大，非对称性越不明显。为了比较方便，图 1.14 将不同 λ 值的 $P_n(m)$ 画在一起。需要注意的是，由于泊松分布是离散随机变量的分布，因此，只有当 m 为整数时才有意义。

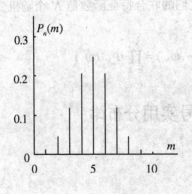

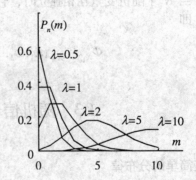

图 1.13　二项式分布　　　　　　　　图 1.14　泊松分布

## 三、均匀分布

如果随机变量 X 的概率密度满足

$$f_X(x) = \begin{cases} \dfrac{1}{b-a} & a \leq x \leq b \\[3mm] 0 & \text{其它} \end{cases} \qquad (1.3.5)$$

则称 $X$ 为在[a,b]区间内均匀分布的随机变量。很容易证明其概率分布函数为

$$F_X(x) = \begin{cases} 0 & x < a \\[2mm] \dfrac{x-a}{b-a} & a \leq x < b \\[2mm] 1 & x \geq b \end{cases} \qquad (1.3.6)$$

均匀分布是常用的分布律之一。图 1.15 是均匀分布的概率密度和概率分布函数。

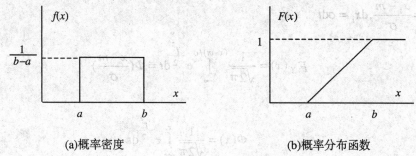

(a)概率密度      (b)概率分布函数

图 1.15 均匀分布随机变量

均匀分布的数学期望和方差分别为

$$m = \frac{a+b}{2} \qquad (1.3.7a)$$

$$\sigma^2 = \frac{(b-a)^2}{12} \qquad (1.3.7b)$$

在误差分析时经常遇到均匀分布，如数字信号中的量化噪声。由于 A/D 转换器的字长有限，模拟信号通过 A/D 转换时，势必要舍弃部分信息。丢失信息后相当于使信号附加了一部分噪声，称为量化噪声。量化噪声分为截尾噪声和舍入噪声，它们都是均匀分布的，且方差相同，不同的是分布的区间。若量化的最小单位为$\varepsilon$，舍入噪声是在[-$\varepsilon$/2,$\varepsilon$/2]内均匀分布，数学期望为零；而截尾噪声在[-$\varepsilon$,0]内均匀分布，因此数学期望为-$\varepsilon$/2。

在以上的三个分布中，前两个是离散随机变量，后一个为连续随机变量。在通信与信息处理领域中经常用到的分布律还有高斯分布、瑞利分布、指数分布、莱斯分布和$\chi^2$分布等等，下面分别讨论。

### 1.3.2 高斯分布（正态分布）

高斯分布律不仅在统计数学中占有重要的位置，在通信与信息处理领域中也是应用最广泛的分布。高斯分布有很多独特的性质，我们将陆续地介绍，这一节我们集中讨论

它的一些主要性质。

## 一、一维高斯变量

高斯分布也称正态分布，高斯分布的随机变量 $X$ 的概率密度为

$$f_X(x) = \frac{1}{\sqrt{2\pi}\sigma} e^{-\frac{(x-m)^2}{2\sigma^2}} \tag{1.3.8a}$$

式中，$m$ 及 $\sigma(\sigma>0)$ 为常数。有的科技文献将高斯分布记为 $N(m,\sigma^2)$。对上式积分可求出概率分布函数

$$F_X(x) = \int_{-\infty}^{x} f_X(x_1)\mathrm{d}x_1 = \int_{-\infty}^{x} \frac{1}{\sqrt{2\pi}\sigma} e^{-\frac{(x_1-m)^2}{2\sigma^2}} \mathrm{d}x_1$$

令　　$t = \dfrac{x_1-m}{\sigma}, \mathrm{d}x_1 = \sigma\mathrm{d}t$

$$F_X(x) = \frac{1}{\sqrt{2\pi}} \int_{-\infty}^{(x-m)/\sigma} e^{-\frac{t^2}{2}} \mathrm{d}t = \Phi\left(\frac{x-m}{\sigma}\right) \tag{1.3.8b}$$

式中

$$\Phi(x) = \frac{1}{\sqrt{2\pi}} \int_{-\infty}^{x} e^{-\frac{t^2}{2}} \mathrm{d}t \tag{1.3.9}$$

称为概率积分函数，它的值可通过数学手册中的概率积分表查到。

由第一节的例 1.1.1 我们知道式中的 $m$ 和 $\sigma^2$ 恰好是高斯变量的数学期望和方差，因此一维高斯分布律唯一地由它的数学期望和方差决定，见图 1.16。概率密度曲线一阶导数为零时，极值(最大值)$1/\sqrt{2\pi\sigma^2}$ 发生在数学期望 $x=m$ 处。$m$ 决定概率密度曲线在横轴所处的位置，$\sigma^2$ 决定纵向高度。因概率密度曲线下的面积为 1，当 $\sigma$ 减小时，曲线变得尖锐，取值落在 $m$ 附近固定区间的概率增大，这意味着取值离散程度减小。概率密度曲线二阶导数为零时，拐点发生在 $x=m\pm\sigma$ 处。

对高斯变量进行归一化处理后的随机变量，称为归一化高斯变量（图 1.17）。令 $Y=(X-m)/\sigma$，归一化后的概率密度为

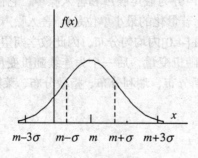

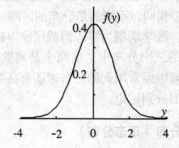

图 1.16　高斯变量的概率密度　　图 1.17　归一化高斯变量的概率密度

$$f_Y(y) = \frac{1}{\sqrt{2\pi}} e^{-\frac{y^2}{2}} \qquad (1.3.10)$$

归一化高斯变量也就是数学期望为零、方差为 1 的高斯变量。归一化高斯变量的概率密度曲线对称于纵轴，最大值为 $1/\sqrt{2\pi}$。

由于分布函数定义为随机变量不超过某值的概率，因此式(1.3.9)表示的概率积分函数有以下三个主要性质：

**性质 1** $\quad \Phi(-x) = 1 - \Phi(x)$ $\qquad (1.3.11)$

**性质 2** $\quad F(m) = \Phi(0) = 0.5$ $\qquad (1.3.12)$

**性质 3** $\quad P(\alpha < X \le \beta) = F(\beta) - F(\alpha) = \Phi\left(\frac{\beta-m}{\sigma}\right) - \Phi\left(\frac{\alpha-m}{\sigma}\right)$ $\qquad (1.3.13)$

式(1.3.13)是通过概率积分函数给出的随机变量在区间$(\alpha,\beta)$的取值概率。图 1.18 给出了概率积分函数的性质。

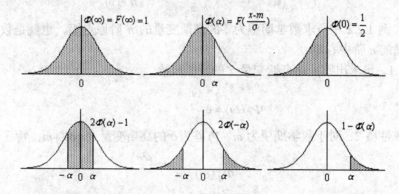

图 1.18 概率积分函数的性质

**例1.3.1** 求高斯变量在 $m \pm 3\sigma$ 区间上的取值概率（参见图 1.16）。

**解**：由式(1.3.13)

$$P(m-3\sigma < X < m+3\sigma) = \Phi\left(\frac{m+3\sigma-m}{\sigma}\right) - \Phi\left(\frac{m-3\sigma-m}{\sigma}\right) =$$

$$\Phi(3) - \Phi(-3) = 2\Phi(3) - 1 = 0.997$$

式中，$\Phi(3) = 0.998\,65$ 是查数学手册中的概率积分表得到的。这说明虽然高斯变量的取值区间在$(-\infty,\infty)$，但实际上取值落在 $x = m \pm 3\sigma$ 区间上的概率已高达 99.7%以上。

下面讨论高斯变量的各阶中心矩。

$$\mu_n = E[(X-m)^n] = \frac{1}{\sqrt{2\pi}\sigma} \int_{-\infty}^{\infty} (x-m)^n e^{-\frac{(x-m)^2}{2\sigma^2}} \, dx \qquad (1.3.14)$$

令 $\qquad t = \frac{x-m}{\sqrt{2}\sigma}, \quad dt = \frac{1}{\sqrt{2}\sigma} dx$

整理后得到

$$\mu_n = \frac{(\sqrt{2}\sigma)^n}{\sqrt{\pi}} \int\limits_{-\infty}^{\infty} t^n e^{-t^2} dt$$

由于 $e^{-t^2}$ 是偶函数，当 $n$ 为奇数时，上式积分为零。当 $n$ 为非零偶数时，令 $n=2m$，$(m=1,2,\cdots)$，根据第一节中的例 1.1.1 给出的积分

$$\mu_n = \frac{(\sqrt{2}\sigma)^{2m}}{\sqrt{\pi}} \cdot 2\int\limits_{0}^{\infty} t^{2m} e^{-t^2} dt =$$

$$\frac{(\sqrt{2}\sigma)^{2m}}{\sqrt{\pi}} \cdot \frac{2(2m-1)!!}{2^{m+1}} \sqrt{\pi} = (2m-1)!!\sigma^{2m}$$

再将 $n=2m$ 回代，并考虑 $n$ 为奇数的情况

$$\mu_n = \begin{cases} (n-1)!!\sigma^n & n\text{为偶} \\ 0 & n\text{为奇} \end{cases} \tag{1.3.15}$$

实际上，例 1.2.2 中所求数学期望为零的高斯变量的 $n$ 阶原点矩，也就是数学期望为 $m$ 的高斯变量的 $n$ 阶中心矩。

由例 1.2.1，已求出归一化高斯变量 $Y$ 的特征函数

$$\Phi_Y(\omega) = e^{-\frac{\omega^2}{2}}$$

根据特征函数性质 2，对于数学期望为 $m$、方差为 $\sigma^2$ 的高斯变量 $X=\sigma Y+m$，特征函数则为

$$\Phi_X(\omega) = e^{j\omega m - \frac{\omega^2\sigma^2}{2}} \tag{1.3.16}$$

高斯分布律的另一个特点是：高斯变量之和仍为高斯变量。我们以两个高斯变量之和为例来说明这个结论。

**例 1.3.2** 求两个数学期望和方差不同且互相独立的高斯变量 $X_1$，$X_2$ 之和的概率密度。

**解**：设 $Y = X_1 + X_2$，由式(1.1.58)，两个互相独立的随机变量之和的概率密度为

$$f_Y(y) = \int\limits_{-\infty}^{\infty} f_{X_1}(x_1) f_{X_2}(y-x_1) dx_1$$

将 $X_1$，$X_2$ 的概率密度代入上式

$$f_Y(y) = \frac{1}{2\pi\sigma_1\sigma_2} \int\limits_{-\infty}^{\infty} e^{-\frac{(x_1-m_1)^2}{2\sigma_1^2}} e^{-\frac{(y-x_1-m_2)^2}{2\sigma_2^2}} dx_1 =$$

$$\frac{1}{2\pi\sigma_1\sigma_2} \int\limits_{-\infty}^{\infty} e^{-Ax_1^2+2Bx_1-C} dx_1$$

利用欧拉积分

$$f_Y(y) = \frac{1}{2\pi\sigma_1\sigma_2} \sqrt{\frac{\pi}{A}} \cdot e^{-\frac{AC-B^2}{A}} = \frac{1}{\sqrt{2\pi(\sigma_1^2+\sigma_2^2)}} e^{-\frac{[y-(m_1+m_2)]^2}{2(\sigma_1^2+\sigma_2^2)}}$$

显然，$Y$ 也是高斯变量，且数学期望和方差分别为

$$m_Y = m_1 + m_2$$

$$\sigma_Y^2 = \sigma_1^2 + \sigma_2^2$$

推广到多个互相独立的随机变量，其和也是高斯分布。当

$$Y = \sum_{i=1}^{n} X_i \tag{1.3.17}$$

若 $X_i(i=1,2,\cdots,n)$ 的数学期望和方差为 $m_i$ 和 $\sigma_i^2$，其和的数学期望和方差分别为

$$m_Y = \sum_{i=1}^{n} m_i \tag{1.3.18a}$$

$$\sigma_Y^2 = \sum_{i=1}^{n} \sigma_i^2 \tag{1.3.18b}$$

如果求和的高斯变量间不是互相独立的，可以证明上例中的方差应修正为

$$\sigma_Y^2 = \sigma_1^2 + \sigma_2^2 + 2r\sigma_1\sigma_2$$

式中，$r$ 是 $X_1$ 与 $X_2$ 的相关系数，而对于多个非独立高斯变量之和，式(1.3.18b)修正为

$$\sigma_Y^2 = \sum_{i=1}^{n} \sigma_i^2 + 2\sum_{i<j} r_{ij}\sigma_i\sigma_j \tag{1.3.19}$$

式中，$r_{ij}$ 是 $X_i$ 与 $X_j$ 之间的相关系数。

如果 $n$ 个独立随机变量的分布是相同的，并且具有有限的数学期望和方差，当 $n$ 无穷大时，它们之和的分布趋近于高斯分布。这就是中心极限定理中的一个定理。它说明了如果每个随机变量对和的贡献相同，在一定条件下，其和是高斯分布的。中心极限定理还指出：即使 $n$ 个独立随机变量不是相同分布的，当 $n$ 无穷大时，如果满足任意一个随机变量都不占优或对和的影响足够小，那么它们之和的分布仍然趋于高斯分布。关于中心极限定理及证明，请参考有关书籍。

我们以均匀分布为例，来解释这个定理。若 $n$ 个随机变量 $X_i$ $(i=1,2,\cdots,n)$ 都为[0,1]区间上的均匀分布的随机变量，且互相独立，当 $n$ 足够大时，其和 $Y = \sum_{i=1}^{n} X_i$ 的分布接近高斯分布。由于随机变量 $X_i$ 间是互相独立的，因而有

$$m_Y = \sum_{i=1}^{n} m_{X_i}$$

$$\sigma_Y^2 = \sum_{i=1}^{n} \sigma_{X_i}^2$$

均匀分布的概率密度无峰，在对称分布中是最不利的分布。$n=1$ 自然是均匀分布，数学期望为 1，方差为 1/12。当 $n=2$ 时，$Y$ 为三角分布

$$f(y) = \begin{cases} y & 0 \le y < 1 \\ 2-y & 1 \le y < 2 \\ 0 & 其它 \end{cases} \tag{1.3.20}$$

它的数学期望为 1，方差为 1/6。$n=3$ 时，$Y$ 是三段抛物线分布

$$f(y) = \begin{cases} \dfrac{1}{2}y^2 & 0 \le y < 1 \\ \dfrac{1}{2}(-2y^2 + 6y - 3) & 1 \le y < 2 \\ \dfrac{1}{2}(y-3)^2 & 2 \le y < 3 \\ 0 & \text{其它} \end{cases} \tag{1.3.21}$$

其数学期望为 1.5，方差为 1/4。当 $n=12$ 时 $Y$ 就相当接近高斯分布，其数学期望为 6，方差为 1，如图 1.19。以上的讨论给我们的启示是：在仿真高斯变量时，如果有足够数量的高质量的均匀分布随机数，可以通过相加的方法得到高斯变量（具体方法请见下节）。

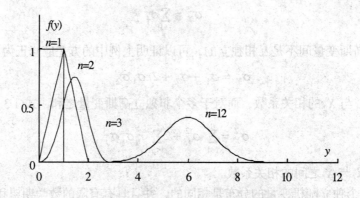

图 1.19　$n$ 个独立均匀随机变量之和的分布

　　在实际应用中，许多独立噪声之和若满足中心极限定理中某一定理的条件，就认为是高斯分布的。一般情况下，不同分布律的随机变量之和趋向高斯分布的速度是不同的。在工程上，如果不是某个或某些随机变量对和的贡献很大，7~10 个随机变量之和的分布就认为是高斯分布了。

### 二、二维高斯分布

#### 1．联合概率密度

　　对于互相独立的两个高斯变量 $X_1$，$X_2$，如果数学期望为零，方差分别为 $\sigma_1^2$ 和 $\sigma_2^2$，它们的联合概率密度是

$$f_X(x_1, x_2) = \frac{1}{2\pi\sigma_1\sigma_2} e^{(-\frac{x_1^2}{2\sigma_1^2} - \frac{x_2^2}{2\sigma_2^2})} \tag{1.3.22}$$

　　下面我们用 $X_1$ 和 $X_2$ 构造两个相关的高斯变量 $Y_1$ 和 $Y_2$。令

$$\begin{cases} Y_1 = X_1\cos\theta - X_2\sin\theta \\ Y_2 = X_1\sin\theta + X_2\cos\theta \end{cases} \tag{1.3.23}$$

从上式可看出 $Y_1$，$Y_2$ 的数学期望仍为零，但方差变为

$$\begin{cases} \sigma_{Y_1}^2 = \sigma_1^2 \cos^2\theta + \sigma_2^2 \sin^2\theta \\ \sigma_{Y_2}^2 = \sigma_1^2 \sin^2\theta + \sigma_2^2 \cos^2\theta \end{cases} \tag{1.3.24}$$

$Y_1$，$Y_2$ 的协方差为

$$\mu_{11} = E[Y_1 Y_2] = (\sigma_1^2 - \sigma_2^2) \sin\theta \cos\theta \tag{1.3.25}$$

下一步我们利用二维函数变换求 $Y_1$，$Y_2$ 的联合概率密度。先求反函数及雅可比行列式

$$\begin{cases} X_1 = Y_1 \cos\theta + Y_2 \sin\theta \\ X_2 = -Y_1 \sin\theta + Y_2 \cos\theta \end{cases} \tag{1.3.26}$$

$$J = \begin{vmatrix} \cos\theta & -\sin\theta \\ \sin\theta & \cos\theta \end{vmatrix} = 1$$

于是

$$f_Y(y_1, y_2) = \frac{1}{2\pi\sigma_1\sigma_2} e^{\{-\frac{(y_1\cos\theta + y_2\sin\theta)^2}{2\sigma_1^2} - \frac{(-y_1\sin\theta + y_2\cos\theta)^2}{2\sigma_2^2}\}} =$$

$$\frac{1}{2\pi\sqrt{\sigma_{Y_1}^2 \sigma_{Y_2}^2 - \mu_{11}^2}} e^{\{-\frac{\sigma_{Y_1}^2 y_1^2 - 2\mu_{11} y_1 y_2 + \sigma_{Y_2}^2 y_2^2}{2(\sigma_{Y_1}^2 \sigma_{Y_2}^2 - \mu_{11}^2)}\}} \tag{1.3.27}$$

对于归一化随机变量，$\sigma_{Y_1}^2 = \sigma_{Y_2}^2 = 1$，$m_{Y_1} = m_{Y_2} = 0$，则

$$f_Y(y_1, y_2) = \frac{1}{2\pi\sqrt{1-r^2}} e^{(-\frac{y_1^2 - 2ry_1y_2 + y_2^2}{2(1-r^2)})} \tag{1.3.28}$$

式中，$r$ 是 $Y_1$，$Y_2$ 的相关系数。更一般的形式是

$$f_Y(y_1, y_2) = \frac{1}{2\pi\sigma_{Y_1}\sigma_{Y_2}\sqrt{1-r^2}} \cdot e^{\{-\frac{1}{2(1-r^2)}[\frac{(y_1-m_{Y_1})^2}{\sigma_{Y_1}^2} - \frac{2r(y_1-m_{Y_1})(y_2-m_{Y_2})}{\sigma_{Y_1}\sigma_{Y_2}} + \frac{(y_2-m_{Y_2})^2}{\sigma_{Y_2}^2}]\}} \tag{1.3.29}$$

式中，$m_{Y_1}$，$m_{Y_2}$ 分别为 $Y_1$，$Y_2$ 的数学期望。显而易见，两个非独立的高斯变量的联合概率密度与它们的数学期望、方差和相关系数都有关。

如果令(1.3.29)中的 $r$ 为零，即假设 $Y_1$ 和 $Y_2$ 是不相关的，于是有

$$f_Y(y_1, y_2) = \frac{1}{2\pi\sigma_{Y_1}\sigma_{Y_2}} e^{\{-\frac{1}{2}[\frac{(y_1-m_{Y_1})^2}{\sigma_{Y_1}^2} + \frac{(y_2-m_{Y_2})^2}{\sigma_{Y_2}^2}]\}} =$$

$$\frac{1}{\sqrt{2\pi}\sigma_{Y_1}} e^{-\frac{(y_1-m_{Y_1})^2}{2\sigma_{Y_1}^2}} \cdot \frac{1}{\sqrt{2\pi}\sigma_{Y_2}} e^{-\frac{(y_2-m_{Y_2})^2}{2\sigma_{Y_2}^2}} = f_{Y_1}(y_1) f_{Y_2}(y_2) \tag{1.3.30}$$

上式说明不相关的高斯变量一定是互相独立的。也就是说，对于高斯变量不相关与统计独立是等价的。

2．联合特征函数

对于数学期望为零且互相独立的高斯变量 $X_1$，$X_2$，根据式(1.2.21)和例 1.2.2，其联合特征函数为

$$\Phi_X(\omega_1, \omega_2) = \Phi_{X_1}(\omega_1) \Phi_{X_2}(\omega_2) = \mathrm{e}^{-\frac{1}{2}(\sigma_1^2 \omega_1^2 + \sigma_2^2 \omega_2^2)} \tag{1.3.31}$$

经过(1.3.23)的变换后，$Y_1$，$Y_2$ 的联合特征函数为

$$\Phi_Y(\omega_1, \omega_2) = \mathrm{e}^{-\frac{1}{2}(\sigma_{Y_1}^2 \omega_1^2 + 2r\sigma_{Y_1}\sigma_{Y_2}\omega_1\omega_2 + \sigma_{Y_2}^2 \omega_2^2)} \tag{1.3.32}$$

如果 $Y_1$，$Y_2$ 是归一化高斯变量，则有

$$\Phi_Y(\omega_1, \omega_2) = \mathrm{e}^{-\frac{1}{2}(\omega_1^2 + 2r\omega_1\omega_2 + \omega_2^2)} \tag{1.3.33}$$

而联合特征函数的一般形式为

$$\Phi_Y(\omega_1, \omega_2) = \mathrm{e}^{\mathrm{j}(m_{Y_1}\omega_1 + m_{Y_2}\omega_2)} \mathrm{e}^{-\frac{1}{2}(\sigma_{Y_1}^2 \omega_1^2 + 2r\sigma_{Y_1}\sigma_{Y_2}\omega_1\omega_2 + \sigma_{Y_2}^2 \omega_2^2)} \tag{1.3.34}$$

对于多维高斯变量，一般写成矩阵形式比较简洁。设 $n$ 维随机变量向量为 $Y$，数学期望和方差向量分别为 $m$ 和 $s$，它们具有如下形式

$$Y = \begin{pmatrix} Y_1 \\ Y_2 \\ \vdots \\ Y_n \end{pmatrix}, \quad m = \begin{pmatrix} m_1 \\ m_2 \\ \vdots \\ m_n \end{pmatrix}, \quad s = \begin{pmatrix} \sigma_1^2 \\ \sigma_2^2 \\ \vdots \\ \sigma_n^2 \end{pmatrix}$$

相关矩和协方差则为矩阵形式，这里我们只给出协方差矩阵

$$C = \begin{pmatrix} C_{11} & C_{12} & \cdots & C_{1n} \\ C_{21} & C_{22} & \cdots & C_{2n} \\ \vdots & \vdots & & \vdots \\ C_{n1} & C_{n2} & \cdots & C_{nn} \end{pmatrix} = \begin{pmatrix} \sigma_1^2 & C_{12} & \cdots & C_{1n} \\ C_{21} & \sigma_2^2 & \cdots & C_{2n} \\ \vdots & \vdots & & \vdots \\ C_{n1} & C_{n2} & \cdots & \sigma_n^2 \end{pmatrix}$$

式中，$C_{ij}$ 是 $Y_i$ 和 $Y_j$ 的协方差。由于 $C_{ii}$ 是第 $i$ 个随机变量的方差，$n$ 维协方差阵的对角线为各随机变量的方差。如果 $n$ 维随机变量是方差均不为零的实随机变量，那么协方差阵是实对称的正定矩阵。方差均不为零的复随机变量的协方差阵是埃尔密特阵。

对应式(1.3.29)形式的 $n$ 维概率密度函数为

$$f_Y(y) = \frac{1}{\sqrt{(2\pi)^n |C|}} \mathrm{e}^{\{-\frac{1}{2}(y-m)^{\mathrm{T}} C^{-1}(y-m)\}} \tag{1.3.35}$$

式中，T 表示矩阵转置，$C^{-1}$ 表示协方差阵的逆矩阵。相应的 $n$ 维特征函数矩阵形式为

$$\Phi_Y(w) = \mathrm{e}^{\mathrm{j}m^{\mathrm{T}}w - \frac{1}{2}w^{\mathrm{T}}Cw} \tag{1.3.36}$$

式中，$w = (\omega_1, \omega_2, \cdots, \omega_n)^{\mathrm{T}}$

### 1.3.3  $\chi^2$分布

在无线电信号的传输过程中，信号一般是窄带形式，这样不可避免要用到包络检波。在小信号检波时，通常采用平方律检波，因此检波器输出是信号与噪声包络的平方。有时为了减小对信号检测的错误概率，还要对检波器的输出信号进行积累。

如果随机变量 $X$ 是高斯分布，那么平方律检波器的输出 $X^2$ 是什么分布呢？对检波器的输出信号 $X^2$ 进行采样后积累的信号 $Y = \sum_{i=1}^{n} X_i^2$ 又是什么分布呢？

下面我们将说明 $Y$ 为 $\chi^2$ 分布。当 $X_i$ 的数学期望为零时，$Y$ 为中心 $\chi^2$ 分布；当 $X_i$ 的数学期望不为零，则 $Y$ 为非中心 $\chi^2$ 分布。积累的次数 $n$ 称为 $\chi^2$ 分布的自由度。

#### 一、中心 $\chi^2$ 分布

如果 $n$ 个互相独立的高斯变量 $X_1, X_2, \cdots, X_n$ 的数学期望都为零，方差各为 1，它们的平方和

$$Y = \sum_{i=1}^{n} X_i^2 \tag{1.3.37}$$

的分布是具有 $n$ 个自由度的 $\chi^2$ 分布。

由于每个高斯变量 $X_i$ 都是归一化高斯变量，其概率密度

$$f_{X_i}(x_i) = \frac{1}{\sqrt{2\pi}} e^{-\frac{x_i^2}{2}}$$

如果令 $Y_i = X_i^2$，经函数变换后 $Y_i$ 的分布为

$$f_{Y_i}(y_i) = \frac{1}{\sqrt{2\pi y_i}} e^{-\frac{y_i}{2}} \qquad y_i \geq 0 \tag{1.3.38}$$

利用傅氏变换求 $Y_i$ 的特征函数

$$\Phi_{Y_i}(\omega) = \int_{-\infty}^{\infty} f_{Y_i}(y_i) e^{j\omega y_i} dy_i = (1 - 2j\omega)^{-\frac{1}{2}} \tag{1.3.39}$$

由于 $X_i$ 之间互相独立，$Y_i$ 之间也必然互相独立。根据特征函数的性质，互相独立的随机变量之和的特征函数等于各特征函数之积，所以 $Y$ 的特征函数

$$\Phi_Y(\omega) = \frac{1}{(1 - 2j\omega)^{n/2}} \tag{1.3.40}$$

相应的概率密度可用反傅氏变换求得

$$f_Y(y) = \frac{1}{2\pi} \int_{-\infty}^{\infty} \Phi_Y(\omega) e^{-j\omega y} d\omega = \frac{1}{2^{n/2}\Gamma(n/2)} y^{\frac{n}{2}-1} e^{-\frac{y}{2}} \qquad y \geq 0 \tag{1.3.41}$$

式(1.3.41)就是 $\chi^2$ 分布。式中的伽马函数由下式计算

$$\Gamma(x) = \int_0^{\infty} t^{x-1} e^{-t} dt \tag{1.3.42}$$

当 $x$ 可表示为 $n$ 或 $n+1/2$ 的形式时

$$\Gamma\left(n+\frac{1}{2}\right)=\frac{(2n-1)!!}{2^n}\sqrt{\pi} \tag{1.3.43a}$$

$$\Gamma(n+1)=n! \tag{1.3.43b}$$

对于不同的自由度 $n$，其概率密度曲线示于图 1.20。

当 $n=1$ 时，1 个自由度的 $\chi^2$ 分布为

$$f_Y(y)=\frac{1}{2^{1/2}\,\Gamma(1/2)}y^{-\frac{1}{2}}\mathrm{e}^{-\frac{y}{2}}=\frac{1}{\sqrt{2\pi y}}\mathrm{e}^{-\frac{y}{2}} \tag{1.3.44a}$$

当 $n=2$ 时，2 个自由度的 $\chi^2$ 分布简化为指数分布

$$f_Y(y)=\frac{1}{2\,\Gamma(1)}\mathrm{e}^{-\frac{y}{2}}=\frac{1}{2}\mathrm{e}^{-\frac{y}{2}} \tag{1.3.44b}$$

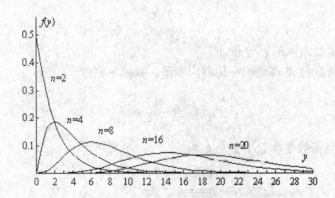

图 1.20　不同自由度的 $\chi^2$ 分布 $(\sigma^2=1)$

如果互相独立的高斯变量 $X_i$ 的方差不是 1 而是 $\sigma^2$，则可做 $\varphi(Y)=\sigma^2 Y$ 的变换。变换后的分布为

$$f_Y(y)=\frac{1}{(2\sigma^2)^{n/2}\,\Gamma(n/2)}y^{\frac{n}{2}-1}\mathrm{e}^{-\frac{y}{2\sigma^2}}\qquad y\geq 0 \tag{1.3.45}$$

此时 $Y$ 的数学期望和方差为

$$\begin{cases}m_Y=n\sigma^2\\ \sigma_Y^2=2n\sigma^4\end{cases} \tag{1.3.46}$$

$\chi^2$ 分布有一条重要的性质，两个互相独立的具有 $\chi^2$ 分布的随机变量之和仍为 $\chi^2$ 分布，若它们的自由度分别为 $n_1$ 和 $n_2$，其和的自由度为 $n=n_1+n_2$。

在第四章中我们将看到，对窄带信号加窄带高斯噪声进行平方律检波之后，再进行积累就是 $\chi^2$ 分布。$\chi^2$ 分布在正态总体方差的统计检验以及独立性检验中也有着重要的应用。

## 二、非中心χ²分布

如果互相独立的高斯变量 $X_i(i=1,2,\cdots,n)$ 的方差为 $\sigma^2$，数学期望不是零而是 $m_i$，则 $Y=\sum\limits_{i=1}^{n}X_i^2$ 为 $n$ 个自由度的非中心χ²分布。也可把 $X_i$ 看成是数学期望仍然为零的高斯变量与确定信号之和。

仍令 $Y_i=X_i^2$，经函数变换后 $Y_i$ 的分布为

$$f_{Y_i}(y_i)=\frac{1}{2\sqrt{2\pi\sigma^2 y_i}}\{e^{-\frac{(\sqrt{y_i}-m_i)^2}{2\sigma^2}}+e^{\frac{(-\sqrt{y_i}-m_i)^2}{2\sigma^2}}\} \qquad y_i\geq 0 \tag{1.3.47}$$

经过简化，得到

$$f_{Y_i}(y_i)=\frac{1}{\sqrt{2\pi\sigma^2 y_i}}e^{-\frac{y_i+m_i^2}{2\sigma^2}}\mathrm{ch}\frac{m_i\sqrt{y_i}}{\sigma^2} \qquad y_i\geq 0 \tag{1.3.48}$$

$Y_i$ 的特征函数

$$\Phi_{Y_i}(\omega)=\frac{1}{\sqrt{1-j2\sigma^2\omega}}e^{\frac{m_i^2}{2\sigma^2}}e^{\frac{m_i^2}{2\sigma^2}\frac{1}{1-j2\sigma^2\omega}} \tag{1.3.49}$$

$Y$ 的特征函数

$$\Phi_Y(\omega)=\prod_{i=1}^{n}\Phi_{Y_i}(\omega)=\frac{1}{(1-j2\sigma^2\omega)^{n/2}}e^{-\frac{1}{2\sigma^2}\sum_{i=1}^{n}m_i^2}e^{\frac{1}{2\sigma^2}\sum_{i=1}^{n}m_i^2\frac{1}{1-j2\sigma^2\omega}} \tag{1.3.50}$$

通过反傅氏变换求得 $Y$ 的概率密度

$$f_Y(y)=\frac{1}{2\sigma^2}\left(\frac{y}{\lambda}\right)^{\frac{n-2}{4}}e^{-\frac{y+\lambda}{2\sigma^2}}\mathrm{I}_{n/2-1}\left(\frac{\sqrt{\lambda y}}{\sigma^2}\right) \qquad y\geq 0 \tag{1.3.51}$$

式中，$\lambda=\sum\limits_{i=1}^{n}m_i^2$ 称做非中心分布参量，$\mathrm{I}_{n/2-1}(x)$ 为第一类 $n/2$-1 阶修正贝塞尔函数

$$\mathrm{I}_n(x)=\sum_{m=0}^{\infty}\frac{(x/2)^{n+2m}}{m!\,\Gamma(n+m+1)} \tag{1.3.52}$$

非中心χ²分布的概率密度曲线见图1.21。

非中心χ²分布 $Y$ 的数学期望和方差分别为

$$\begin{cases}m_Y=n\sigma^2+\lambda\\ \sigma_Y^2=2n\sigma^4+4\sigma^2\lambda\end{cases} \tag{1.3.53}$$

非中心χ²分布也具有与中心χ²分布类似的特点，两个互相独立的非中心χ²分布的随机变量之和仍为非中心χ²分布。若它们的自由度分别为 $n_1$ 和 $n_2$，非中心分布参量分别为 $\lambda_1$ 和 $\lambda_2$，其和的自由度为 $n=n_1+n_2$，非中心分布参量为 $\lambda=\lambda_1+\lambda_2$。

χ²分布的例子将在第四章介绍。

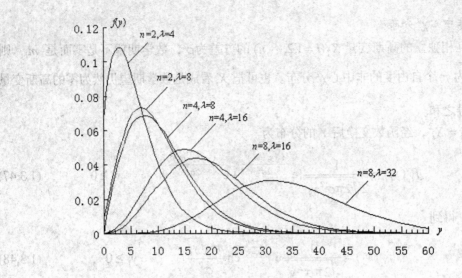

图 1.21　不同自由度的非中心$\chi^2$分布($\sigma^2=1$)

### 1.3.4　瑞利分布和莱斯分布

在统计数学上，很少用到瑞利分布和莱斯分布，它们主要用于窄带随机信号。瑞利分布和莱斯分布与高斯分布有着一定的联系，确切地说，它们都是高斯分布通过一些变换得到的。另一方面，瑞利分布和莱斯分布又与$\chi^2$分布和非中心$\chi^2$分布联系密切，因为它们分别是由$\chi^2$分布和非中心$\chi^2$分布进行开方变换得来的。

#### 一、瑞利分布

对于两个自由度的$\chi^2$分布，当$Y = X_1^2 + X_2^2$时，$X_i (i=1,2)$是数学期望为零、方差为$\sigma^2$且互相独立的高斯变量，$Y$服从指数分布

$$f_Y(y) = \frac{1}{2\sigma^2} e^{-\frac{y}{2\sigma^2}} \qquad y \geq 0 \qquad (1.3.54)$$

令　　　$R = \sqrt{Y} = \sqrt{X_1^2 + X_2^2}$

通过函数变换后，得到$R$的概率密度

$$f_R(r) = \frac{r}{\sigma^2} e^{-\frac{r^2}{2\sigma^2}} \qquad r \geq 0 \qquad (1.3.55)$$

$R$就是瑞利分布。在讨论窄带信号时，我们将看到窄带高斯过程的幅度即为瑞利分布。瑞利分布的各阶原点矩为

$$E[R^k] = (2\sigma^2)^{k/2} \Gamma\left(1+\frac{k}{2}\right) \qquad (1.3.56)$$

式中的伽马函数由式(1.3.43)计算。当$k=1$时，得数学期望

$$m_R = E[R] = (2\sigma^2)^{1/2} \Gamma\left(1+\frac{1}{2}\right) = \sqrt{\frac{\pi}{2}}\sigma \qquad (1.3.57)$$

可见瑞利分布的数学期望与原高斯变量的均方差成正比。反过来说，当需要估计高斯变量的方差（功率）时，往往通过估计瑞利分布的均值（数学期望）来得到，因为估计均值一般比估计方差容易得多。瑞利分布的方差可由二阶原点矩和一阶原点矩获得

$$\sigma_R^2 = E[R^2] - (E[R])^2 = (2 - \frac{\pi}{2})\sigma^2 \tag{1.3.58}$$

对 $n$ 个自由度的 $\chi^2$ 分布，若令

$$R = \sqrt{Y} = \sqrt{\sum_{i=1}^{n} X_i^2}$$

则 $R$ 为广义瑞利分布

$$f_R(r) = \frac{r^{n-1}}{2^{(n-2)/2}\sigma^n \Gamma(n/2)} e^{-\frac{r^2}{2\sigma^2}} \qquad r \geq 0 \tag{1.3.59}$$

当 $n=2$ 时，式(1.3.59)简化为式(1.3.55)。

广义瑞利分布的各阶原点矩为

$$E[R^k] = (2\sigma^2)^{k/2} \frac{\Gamma([n+k]/2)}{\Gamma(n/2)} \tag{1.3.60}$$

当 $n=2$ 时，上式简化为式(1.3.56)。数学期望和方差仍可按上面的方法来求，这里给出数学期望

$$E[R] = (2\sigma^2)^{1/2} \frac{\Gamma(n/2+1/2)}{\Gamma(n/2)} \tag{1.3.61}$$

## 二、莱斯分布

当高斯变量 $X_i (i=1,2,\cdots,n)$ 的数学期望 $m_i$ 不为零时，$Y = \sum_{i=1}^{n} X_i^2$ 是非中心 $\chi^2$ 分布，而 $R = \sqrt{Y}$ 则是莱斯分布。当 $n=2$ 时

$$f_R(r) = \frac{r}{\sigma^2} e^{-\frac{r^2+\lambda}{2\sigma^2}} I_0(\frac{r\sqrt{\lambda}}{\sigma^2}) \qquad r \geq 0 \tag{1.3.62}$$

式中，$I_0(x)$ 为零阶修正贝塞尔函数，可由下式计算

$$I_0(x) = 1 + \sum_{n=1}^{\infty} [\frac{(x/2)^n}{n!}]^2 \tag{1.3.63}$$

作为式(1.3.62)的推广，对于任意的 $n$

$$f_R(r) = \frac{r^{n/2}}{\sigma^2 \lambda^{n-2}} e^{\frac{r^2+\lambda}{2\sigma^2}} I_{n/2-1}(\frac{r\sqrt{\lambda}}{\sigma^2}) \qquad r \geq 0 \tag{1.3.64}$$

式中，$I_{n/2-1}(x)$ 为 $n/2-1$ 阶修正贝塞尔函数，由式(1.3.52)计算。

特别地，当 $n=2$ 时，式(1.3.64)简化为式(1.3.62)；进一步，当 $\lambda=0$ 时，式(1.3.64)即简化为式(1.3.55)，因此瑞利分布是莱斯分布当 $\lambda=0$ 时的特例。

一些基于高斯变量变换后的随机变量之间有着密切的关系，在一定的条件下，某个

分布可转换为另外的分布。或者说某个分布是另一个分布在某种条件下的特例。表 1.1 给出了高斯分布和一些基于高斯变量变换后的随机变量之间的关系。

表 1.1 基于高斯变量变换的随机变量分布

| 概率密度<br>数学期望<br>方差 | 非中心 $\chi^2$ 分布<br>式(1.3.51)<br>$n\sigma^2+\lambda$<br>$2n\sigma^4+4\sigma^2\lambda$ | $\chi^2$ 分布<br>式(1.3.41)<br>$n\sigma^2$<br>$2n\sigma^4$ | 指数分布<br>式(1.3.54)<br>$2\sigma^2$<br>$4\sigma^4$ | 莱斯分布<br>式(1.3.64) | 广义瑞利分布<br>式(1.3.59) | 瑞利分布<br>式(1.3.55)<br>$(\pi/2)^{1/2}\sigma$<br>$(2-\pi/2)\sigma^2$ |
|---|---|---|---|---|---|---|
| $X_i$ 高斯分布<br>互相独立<br>方差 $\sigma^2$ | $Y=\sum_{i=1}^{n} X_i^2$<br>$X_i$ 均值不为零 | $Y=\sum_{i=1}^{n} X_i^2$<br>$X_i$ 均值为零 | $Y=X_1^2+X_2^2$<br>$X_1,X_2$ 均值为零 | $R=\sqrt{\sum_{i=1}^{n} X_i^2}$<br>$X_i$ 均值不为零 | $R=\sqrt{\sum_{i=1}^{n} X_i^2}$<br>$X_i$ 均值为零 | $R=\sqrt{X_1^2+X_2^2}$<br>$X_1,X_2$ 均值为零 |
| 非中心 $\chi^2$ 分布 | | $X_i$ 均值为零, $\lambda=0$ | $X_i$ 均值为零, $\lambda=0,n=2$ | $R=Y^{1/2}$ | $X_i$ 均值为零, $\lambda=0$ | $X_i$ 均值为零, $\lambda=0,n=2$ |
| $\chi^2$ 分布 | | | $n=2$ | | $R=Y^{1/2}$ | $R=Y^{1/2}, n=2$ |
| 指数分布 | | | | | | $R=Y^{1/2}$ |
| 莱斯分布 | | | | | $X_i$ 均值为零 | $X_i$ 均值为零<br>$n=2$ |
| 广义瑞利分布 | | | | | | $n=2$ |

由表 1.1，瑞利分布的概率密度由式(1.3.55)给出，它可由 $R=\sqrt{X_1^2+X_2^2}$ 变换而来。其中 $X_1$, $X_2$ 是数学期望为零、方差为 $\sigma^2$ 且互相独立的高斯变量。瑞利分布的数学期望为 $(\pi/2)^{1/2}\sigma$，方差为 $(2-\pi/2)\sigma^2$。此外，瑞利分布还可由 2 个自由度的 $\chi^2$ 分布做 $R=Y^{1/2}$ 的变换得到，或对指数分布做 $R=Y^{1/2}$ 的变换得到。

## 1.4 离散随机变量的仿真与计算

计算技术的发展和计算机的普及使计算机仿真的应用越来越广泛。尤其是在实际的系统试验消耗人力物力太多或风险代价太大的情况下，就更能体现出仿真的价值所在。

不论是系统数学模型的建立，还是原始试验数据的产生，最基本的需求是产生一个所需分布的随机变量。比如在通信与信息处理领域中，电子设备的热噪声、通信信道的畸变、图像中的灰度失真、飞行器高度表接收的地面杂波，甚至机械系统的振动噪声等都是遵循某一分布的随机信号。

在很多系统仿真的过程中，需要产生不同分布的随机变量。而随机变量的仿真需要大量的运算，在没有计算机的情况下，其工作量是可想而知的。在产生随机变量时，虽然运算量很大，但基本上是简单的重复。利用计算机可以很方便地产生不同分布的随机变量，各种分布的随机变量的基础是均匀分布的随机变量。有了均匀分布的随机变量，就可以用函数变换等方法得到其它分布的随机变量。

### 1.4.1 均匀分布随机数的产生

一般来讲，由计算机产生随机变量时首先要产生均匀分布的随机变量。一个均匀分布的连续随机变量是由若干个样本组成的，而这些样本则是一个个随机的数据。由于计算机的算术单元（如累加器）是由有限个二进制组成，它所完成的计算毕竟只能由有限字长的数字来表示，所以能计算出的样本数也是有限的。例如，当计算机的算术单元是 8 位时，它只能表示 256 个不同的数；而当算术单元是 16 位时，它可以表示 65536 个不同的数。与真正均匀分布的连续随机变量相比，这些样本并不是连续地占据某个取值区间。我们想象把这些样本看成数轴上的随机点，它实质上是图 1.1(a)表示的离散随机变量。但当运算器字长足够长时，它所能表示或计算的数就能比较密集地充满某一区间，我们仍可把它当作连续随机变量。尽管如此，在一个区间内，计算机能计算出的随机数毕竟是有限的。为了区别真正意义下的随机数，我们常称计算机计算出来的随机数为伪随机数。

产生伪随机数的一种实用方法是同余法，它利用同余运算递推产生伪随机数序列。最简单的方法是加同余法

$$y_{n+1} = y_n + c \quad (\bmod M) \tag{1.4.1a}$$

$$x_{n+1} = \frac{y_{n+1}}{M} \tag{1.4.1b}$$

式中，$\bmod M$ 为取模运算。利用式(1.4.1)递推公式，可产生[0,1]上均匀分布的随机数。为了保证产生的伪随机数能在[0,1]内均匀分布，需要 $M$ 为正整数，此外常数 $c$ 和初值 $y_o$ 亦为正整数。加同余法虽然简单，但产生的伪随机数效果不好。另一种同余法为乘同余法，它需要两次乘法才能产生一个[0,1]上均匀分布的随机数

$$y_{n+1} = a y_n \quad (\bmod M) \tag{1.4.2a}$$

$$x_{n+1} = \frac{y_{n+1}}{M} \tag{1.4.2b}$$

式中，$a$ 为正整数。用加法和乘法完成递推运算的称为混合同余法，即

$$y_{n+1} = a y_n + c \quad (\bmod M) \tag{1.4.3a}$$

$$x_{n+1} = \frac{y_{n+1}}{M} \tag{1.4.3b}$$

用混合同余法产生的伪随机数具有较好的特性，一些程序库中都有成熟的程序供选择。

实际上，由以上几式产生的随机数到了一定数目后，会出现周而复始的现象，或者说产生的随机数存在周期。为了使产生的伪随机数有较大的周期，更接近真正的随机数，$M$ 越大越好。但 $M$ 的取值也不是无限的，一般选择 $M=2^b$，$b$ 是所选计算机中运算器的字长。$M$ 选择为 2 的幂也有利于减小运算量，因为除以 $M$ 的运算可用移位代替。

周期的大小除了与 $M$ 有关，还与其它几个参数有关。很多人研究过随机数的周期问题，由于要涉及到一些数论方面的知识，这里我们只给出混合同余法达到最大周期的条

件。在式(1.4.3)中，若满足：(1)$c$ 与 $M$ 互素；(2)对 $M$ 的任意素因子 $p$，$a \equiv 1 (\mod p)$；(3)如果 4 是 $M$ 的一个因子，$a \equiv 1 (\mod 4)$，则产生的随机数可获得的最大周期是 $M$。而乘同余法和加同余法却不能获得最大周期。能达到最大周期的混合同余法递推公式为

$$y_{n+1} = (4a+1)y_n + (2b+1) \ (\mod M) \tag{1.4.4a}$$

$$x_{n+1} = \frac{y_{n+1}}{M} \tag{1.4.4b}$$

式中，$a$ 和 $b$ 为任意正整数。

BASIC 语言和 C 语言都有产生均匀分布随机数的函数可以调用。在 BASIC 语言中，RND(X)产生[0,1]区间均匀分布的随机数，调用该函数之前需用 RANDOMIZE 来初始化随机数产生器，以便利用不同的初值产生不同的随机数。

对于 C 语言，主要有两个函数可以调用。在标准 C 中，rand（）可产生 0 到 $2^{15}-1$ 之间均匀分布的随机数。在 BORLAND C 4.0 以上版本中，rand（）可产生 0 到 $2^{32}-1$ 之间均匀分布的随机数。random(num)是 BORLAND C 的一个库函数，random(num)可产生 0 到 num-1 内均匀分布的随机数，它还同时提供了初始化函数 randomize（）。

**例 1.4.1** 用 C 语言编制产生一组[0,1]区间上均匀分布随机数的程序。

**解：**

```
#include <time.h>
#include <stdlib.h>
#include <stdio.h>
#include <math.h>
#define   N   128
#define   PI 3.14159
void UniformRandomNumbers(int   n,   float   x[N]);
void main(void)
{    float x[N];
     int j;
     UniformRandomNumbers(N,x);
     for(j=0; j<N; j++)
          printf("%f ",x[j]);
}


void UniformRandomNumbers(int   n,   float   x[N])
{   int j;
    randomize();                        /*初始化随机数产生器；*/
    for(j=0; j<n; j++)
         x[j]=random(1000)/1000.0;   /*产生 n 个[0,1]内均匀分布的随机数。*/
}
```

函数 UniformRandomNumbers（）可以产生一组均匀分布的随机数，参数 n 为随机数

的个数，x[N]用于存放产生的均匀分布随机数。宏定义 PI 为圆周率，N 是为产生的随机数开辟的数组大小，注意调用时 N 至少要等于 n。熟悉 C 语言的读者也可选择指针而不用数组。

函数 randomize（）在 time.h 中说明，调用它时需包含 time.h。randomize（）的功能是初始化随机数产生器，这样可在不同的时间执行时产生不同的随机数。函数 rand（）与 random(num)的不同之处是 rand（）不需要初始化，但每次执行的结果都是相同的。

在实际应用中，随机数产生之后，必须对它的统计特性做严格的检验。一般来讲，统计特性的检验包括参数检验、均匀性检验和独立性检验等。事实上，我们如果在二阶矩范围内讨论随机信号，那么参数检验只对产生的随机数一、二阶矩进行检验。此外，参数检验还包括最小值、最大值和周期等。参数检验、均匀性检验和独立性检验的方法请参考有关书籍。

### 1.4.2 随机变量的仿真

根据随机变量函数变换的原理，如果能将两个分布之间的函数关系用显式表达，那么就可以利用一种分布的随机变量通过变换得到另一种分布的随机变量。

若 $X$ 是分布函数为 $F_X(x)$ 的随机变量，且分布函数 $F_X(x)$ 为严格单调升函数，令 $Y=F_X(X)$，则 $Y$ 必为在[0,1]上均匀分布的随机变量。反之，若 $Y$ 是在[0,1]上均匀分布的随机变量，那么

$$X = F_X^{-1}(Y) \tag{1.4.5}$$

即是分布函数为 $F_X(x)$ 的随机变量。式中 $F_X^{-1}(\cdot)$ 为 $F_X(\cdot)$ 的反函数。这样，欲求某个分布的随机变量，先产生在[0,1]区间上的均匀分布随机数，再经式(1.4.5)的变换，便可求得所需分布的随机数。

**例 1.4.2** 假定已有均匀分布的随机数，给出产生指数分布随机数的计算公式。

**解**：指数分布的概率密度为

$$f_X(x) = ae^{-ax}, \quad x \geq 0$$

根据概率密度可求出概率分布函数

$$F_X(x) = \int_0^x ae^{-a\tau}d\tau = 1 - e^{-ax}, \quad x \geq 0$$

那么　　　$Y = F_X(X) = 1 - e^{-aX}$

就是在[0,1]区间上均匀分布的随机数。而

$$X = F_X^{-1}(Y) = -\frac{\ln(1-Y)}{a}$$

即为指数分布。考虑到 1-$Y$ 也是在[0,1]上均匀分布随机数，上式改写为

$$X = F_X^{-1}(Y) = -\frac{\ln Y}{a}$$

当分布函数的反函数比较复杂时，这种函数变换的过程也比较复杂。实际上，产生一个非均匀分布的随机数序列有很多方法，上面讨论的变换法仅是其中的一种。

### 1.4.3 高斯分布随机数的仿真

由于高斯变量的重要性，我们单独讨论一下高斯随机数的产生。目前，广泛应用的有两种产生高斯随机数的方法，一种是变换法，一种是近似法。

如果 $X_1,X_2$ 是两个互相独立的均匀分布随机数，那么下式给出的 $Y_1,Y_2$

$$\begin{cases} Y_1 = \sigma\sqrt{-2\ln X_1}\cos(2\pi X_2)+m \\ Y_2 = \sigma\sqrt{-2\ln X_1}\sin(2\pi X_2)+m \end{cases} \tag{1.4.6}$$

便是数学期望为 $m$，方差为 $\sigma^2$ 的高斯分布随机数，且互相独立，这就是变换法。我们证明一种简单情况，即令数学期望 $m=0$，方差为 $\sigma^2=1$。由式(1.4.6)求反函数

$$\begin{cases} X_1 = e^{\dfrac{Y_1^2+Y_2^2}{2}} \\ X_2 = \dfrac{1}{2\pi}\mathrm{tg}^{-1}\left(\dfrac{Y_2}{Y_1}\right) \end{cases} \tag{1.4.7}$$

雅可比行列式

$$J = \begin{vmatrix} \dfrac{\partial x_1}{\partial y_1} & \dfrac{\partial x_1}{\partial y_2} \\ \dfrac{\partial x_2}{\partial y_1} & \dfrac{\partial x_2}{\partial y_2} \end{vmatrix} = \begin{vmatrix} e^{\frac{y_1^2+y_2^2}{2}}(-y_1) & e^{\frac{y_1^2+y_2^2}{2}}(-y_2) \\ \dfrac{1}{2\pi}\cdot\dfrac{(y_2/y_1^2)}{1+(y_2/y_1)^2} & \dfrac{1}{2\pi}\cdot\dfrac{1/y_1}{1+(y_2/y_1)^2} \end{vmatrix} = -\dfrac{1}{2\pi}e^{\frac{y_1^2+y_2^2}{2}} \tag{1.4.8}$$

既然 $X_1$，$X_2$ 是两个互相独立的均匀分布随机数，那么 $Y_1$，$Y_2$ 的二维联合概率密度满足

$$f_Y(y_1,y_2) = \frac{1}{2\pi}e^{-\frac{y_1^2+y_2^2}{2}} = \frac{1}{\sqrt{2\pi}}e^{-\frac{y_1^2}{2}}\frac{1}{\sqrt{2\pi}}e^{-\frac{y_2^2}{2}} = f_{y_1}(y_1)f_{y_2}(y_2) \tag{1.4.9}$$

显然，$Y_1$ 和 $Y_2$ 是高斯分布的，它们的数学期望为零，方差为 1，且互相独立。

**例1.4.3** 用 C 语言编制一个函数，产生数学期望为 $m$、方差为 $\sigma^2$ 的高斯分布随机数。

```c
void GaussRandomNumbers_1(int  n,  float  xr[N],  float  xi[N],
                    float   mean, float   variance)
{   int j;
    float a,b;
    randomize();                /*初始化随机数产生器；*/
    for(j=0; j<n; j++)
    {
        a=sqrt(-2.0*log(random(2048)/2048.0));
        b=2*PI*random(2048)/2048.0;
        xr[j]=variance*a*cos(b)+mean;
        xi[j]=variance*a*sin(b)+mean;
    }
}
```

这个函数可以产生两组互相独立的高斯分布随机数。n 为每组随机数的个数，xr[N]

和 xi[N]分别存放产生的互相独立的高斯随机数；mean 和 varience 分别为数学期望和方差。

主函数与例 1.4.1 基本相同，在例 1.4.1 中用 GaussRandomNumbers_1（）函数取代 UniformRandomNumbers（）函数即可。用这种方法产生的两组高斯分布随机数，特别适合仿真复随机变量的情况。一组作为复随机变量的实部，另一组作为虚部，且实部与虚部是互相独立的。

另外一种产生高斯随机数的方法是近似法。在学习中心极限定理时，我们曾提到 $n$ 个在[0,1]区间上均匀分布的互相独立随机变量 $X_i$ $(i=1,2\cdots,n)$，当 $n$ 足够大时，其和的分布接近高斯分布。当然，只要 $n$ 不是无穷大，这个高斯分布是近似的。由于近似法避免了开方和三角函数运算，计算量大大降低。在不要求太高的精度时，近似法还是具有很大应用价值的。

**例 1.4.4** 用近似法编制一个 C 函数用以产生服从 $N(m, \sigma^2)$ 的高斯分布随机数。

**解：** 首先考虑获得数学期望为零，方差为 1 的高斯分布随机数。由于在[0,1]区间上均匀分布的随机变量 $X_i$ 的数学期望为 1/2，方差为 1/12，因此

$$Y = \frac{\sum_{i=1}^{n}(X_i - \frac{1}{2})}{\sqrt{n/12}}$$

即是数学期望为零，方差为 1 的高斯分布随机数。为方便起见，我们取 $n=12$，这是因为[0,1]区间上均匀分布随机数的方差是 1/12，可以省去一次乘法和一次除法

$$Y = \sum_{i=1}^{n}(X_i - \frac{1}{2}) = \sum_{i=1}^{n}X_i - 6$$

做变换 $Z = \sigma Y + m$ 即为所求。

```
void GaussRandomNumbers_2(int  n,  float  y[N],  float  mean, float  variance)
{   int j,k;
    float x[12];
    randomize();                    /*初始化随机数产生器；*/
    for(j=0; j<n; j++)    y[j]=0.0;        /*清零，以便做累加；*/
    for(j=0; j<n; j++)
    {
        for(k=0; k<12; k++)
        {    x[k]=random(2048)/2048.0);      /*产生均匀分布随机数；*/
             y[j]+=x[k];                 /*累加；*/
        }
    }
    for(j=0; j<n; j++)    y[j]=variance*(y[j]-6)+mean;   /*变换为 N(m,σ²)高斯分布。*/
}
```

在计算过程中有两重循环，外层是高斯随机数的序号，内层是产生 12 个均匀随机数并累加。每计算一个高斯随机数，需要产生 12 个均匀随机数。产生 $N(0,1)$ 分布随机数之后，最后考虑数学期望和方差。

### 1.4.4 随机变量数字特征的计算

我们可以把产生的随机数序列作为一个随机变量，也可以看成是下一章要讨论的随机过程中的一个样本函数。不论是随机变量还是随机过程的样本函数，都会遇到求其数字特征的情况。在图像处理时，也时常需要计算图像灰度直方图的均值、方差、峰态和偏态系数等。

事实上，在很多情况下我们不能得到或不能利用随机变量的全部样本，只能利用一部分样本（子样）来获得随机变量数字特征的估计值。这时，子样的个数 $N$ 就决定了估计的精度。当 $N$ 增大时，估计值将依概率收敛于被估计的参数。

在实际计算时，根据强调计算速度或精度的不同，可选择不同的算法。

### 一、均值的计算

设随机数序列 $\{x_1, x_2, \cdots, x_N\}$，一种计算均值的方法是直接计算下式

$$m = \frac{1}{N} \sum_{n=1}^{N} x_n \tag{1.4.10}$$

式中，$x_n$ 为随机数序列中的第 $n$ 个随机数。

另一种方法是利用递推算法，第 $n$ 次迭代的均值也亦即前 $n$ 个随机数的均值为

$$m_n = \frac{n-1}{n} m_{n-1} + \frac{1}{n} x_n = m_{n-1} + \frac{1}{n}(x_n - m_{n-1}) \tag{1.4.11a}$$

迭代结束后，便得到随机数序列的均值

$$m = m_N \tag{1.4.11b}$$

递推算法的优点是可以实时计算均值，这种方法常用在实时获取数据的场合。

当数据量较大时，为防止计算误差的积累，也可采用

$$m = m_1 + \frac{1}{N} \sum_{n=1}^{N} (x_n - m_1) \tag{1.4.12}$$

式中，$m_1$ 是取一小部分随机数计算的均值。

### 二、方差的计算

计算方差也分为直接法和递推法。仿照均值的做法

$$\sigma^2 = \frac{1}{N} \sum_{n=1}^{N} (x_n - m)^2 \tag{1.4.13a}$$

$$\sigma^2 = \frac{1}{N} \sum_{n=1}^{N} x_n^2 - m^2 \tag{1.4.13b}$$

式(1.4.13a) 的运算误差小，而式(1.4.13b)可节省运算次数。

方差的递推算法需要同时递推均值和方差

$$m_n = m_{n-1} + \frac{1}{n}(x_n - m_{n-1})$$

$$\sigma_n^2 = \frac{n-1}{n} [\sigma_{n-1}^2 + \frac{1}{n}(x_n - m_{n-1})^2] \tag{1.4.14a}$$

迭代结束后，得到随机数序列的方差为

$$\sigma^2 = \sigma_N^2 \qquad\qquad (1.4.14b)$$

其它矩函数也可用类似的方法得到。

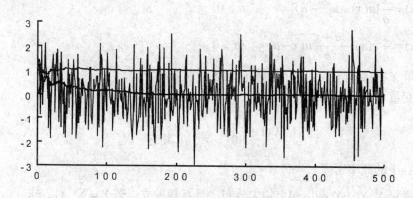

图 1.22  高斯分布随机数与递推的均值和方差

图 1.22 是用计算机产生的一组均值为零、方差为 1 的高斯分布随机数。这组随机数共有 500 个样本，用式(1.4.10)和式(1.4.13a)计算的均值和方差分别为 0.033 和 1.047。根据式(1.4.11a)和式(1.4.14a)递推计算的均值和均方差示于图中，每次递推计算的均值 $m_n$ 和方差 $\sigma_n^2$ 是在此之前产生的 $n$ 个随机数的均值和方差。当随机数个数不多时，递推计算的均值 $m_n$ 和方差 $\sigma_n^2$ 与用式(1.4.10)和式(1.4.13a)计算的均值 $m$ 和方差 $\sigma^2$ 有一定的差距。随着所产生的随机数个数的增加，均值和方差分别稳定在均值 $m$ 和方差 $\sigma^2$ 附近。显然，最终递推计算的均值 $m_N$ 与用式(1.4.10)计算的结果相同，但方差 $\sigma_N^2$ 要有些误差。

# 习　题　一

1.1  离散随机变量 $X$ 由 0,1,2,3 四个样本组成，相当于四元通信中的四个电平，四个样本的取值概率顺序为 1/2， 1/4， 1/8 和 1/8。求随机变量的数学期望和方差。

1.2  设连续随机变量 $X$ 的概率分布函数为

$$F(x) = \begin{cases} 0 & x < 0 \\ 0.5 + A\sin[\dfrac{\pi}{2}(x-1)] & 0 \le x < 2 \\ 1 & x \ge 2 \end{cases}$$

求(1)系数 $A$；(2)$X$ 取值在(0.5,1)内的概率 $P(0.5 < x < 1)$。

1.3  试确定下列各式是否为连续随机变量的概率分布函数，如果是概率分布函数，求其概率密度。

$$(1)\quad F(x) = \begin{cases} 1 - e^{-\frac{x}{2}} & x \ge 0 \\ 0 & x < 0 \end{cases}$$

(2) $F(x) = \begin{cases} 0 & x < 0 \\ Ax^2 & 0 \le x < 1 \\ 1 & x \ge 1 \end{cases}$

(3) $F(x) = \dfrac{x}{a}[u(x) - u(x-a)]$      $a > 0$

(4) $F(x) = \dfrac{x}{a}u(x) - \dfrac{a-x}{a}u(x-a)$      $a > 0$

1.4 随机变量 $X$ 在 $[\alpha, \beta]$ 上均匀分布，求它的数学期望和方差。

1.5 设随机变量 $X$ 的概率密度为

$$f(x) = \begin{cases} 1 & 0 \le x \le 1 \\ 0 & 其它 \end{cases}$$

求 $Y = 5X + 1$ 的概率密度。

1.6 设随机变量 $X_1, X_2 \cdots X_n$ 在 $[a, b]$ 上均匀分布，且互相独立。若 $Y = \sum\limits_{i=1}^{n} X_i$，求

(1) $n = 2$ 时，随机变量 $Y$ 的概率密度；

(2) $n = 3$ 时，随机变量 $Y$ 的概率密度。

1.7 设随机变量 $X$ 的数学期望和方差分别为 $m$ 和 $\sigma$，求随机变量 $Y = -3X - 2$ 的数学期望、方差及 $X$ 和 $Y$ 的相关矩。

1.8 已知二维随机变量 $(X, Y)$ 的二阶混合原点矩 $m_{11}$ 及数学期望 $m_X$ 和 $m_Y$，求随机变量 $X, Y$ 的二阶混合中心矩。

1.9 随机变量 $X$ 和 $Y$ 分别在 $[0, a]$ 和 $[0, \pi/2]$ 上均匀分布，且互相独立。对于 $b < a$，证明：

$$P(x < b \cos Y) = \dfrac{2b}{\pi a}$$

1.10 已知二维随机变量 $(X_1, X_2)$ 的联合概率密度为 $f_{X_1 X_2}(x_1, x_2)$，随机变量 $(X_1, X_2)$ 与随机变量 $(Y_1, Y_2)$ 的关系由下式唯一确定

$$\begin{cases} X_1 = a_1 Y_1 + b_1 Y_2 \\ X_2 = c_1 Y_1 + d_1 Y_2 \end{cases}, \quad \begin{cases} Y_1 = a X_1 + b X_2 \\ Y_2 = c X_1 + d X_2 \end{cases}$$

证明 $(Y_1, Y_2)$ 的联合概率密度为

$$f_{Y_1 Y_2}(y_1, y_2) = \dfrac{1}{|ad - bc|} f_{X_1 X_2}(a_1 y_1 + b_1 y_2, c_1 y_1 + d_1 y_2)$$

式中，$ad - bc \ne 0$。

1.11 随机变量 $X$，$Y$ 的联合概率密度为

$$f_{XY}(x, y) = A \sin(x + y) \quad\quad 0 \le x, y \le \pi/2$$

求：(1) 系数 $A$；(2) 数学期望 $m_X$，$m_Y$；(3) 方差 $\sigma_X^2$ 和 $\sigma_Y^2$；(4) 相关矩 $R_{XY}$ 及相关系数 $r_{XY}$。

1.12 求随机变量 $X$ 的特征函数，已知随机变量 $X$ 的概率密度

$$f_X(x) = 2e^{-ax} \quad\quad x \ge 0$$

1.13 已知随机变量 $X$ 服从柯西分布 $f(x) = \dfrac{1}{\pi} \dfrac{\alpha}{\alpha^2 + x^2}$ ，求它的特征函数。

1.14 求概率密度为 $f(x) = \dfrac{1}{2} e^{-|x|}$ 的随机变量 $X$ 的特征函数。

1.15 已知互相独立随机变量 $X_1, X_2, \cdots, X_n$ 的特征函数，求 $X_1, X_2, \cdots, X_n$ 线性组合

$$Y = \sum_{i=1}^{n} a_i X_i + c$$

的特征函数。$a_i$ 和 $c$ 是常数。

1.16 平面上的随机点 $(X_1, Y_1)$ 和 $(X_2, Y_2)$ 服从高斯分布，所有坐标的数学期望均为零，所有坐标的方差都等于 10，同一坐标的相关矩相等，且 $E[X_1 X_2] = E[Y_1 Y_2] = 2$ ，不同坐标不相关。求 $(X_1, X_2, Y_1, Y_2)$ 的相关矩阵和概率密度。

1.17 已知高斯随机变量 $X$ 的数学期望为零，方差为 1，求 $Y = aX^2$ $(a>0)$ 的概率密度。

1.18 已知 $X_1, X_2, X_3$ 是数学期望为零、方差为 1 的高斯变量，用特征函数法求 $E[X_1 X_2 X_3]$ 。

1.19 如果随机变量 $X$ 服从 $[0,1]$ 区间的均匀分布，随机变量 $Y$ 的概率密度为

$$f_y(y) = \begin{cases} y & 0 \le y \le 1 \\ 2 - y & 1 \le y \le 2 \\ 0 & \text{其它} \end{cases}$$

$X$ 与 $Y$ 互相独立。求 $X$ 与 $Y$ 之和的概率密度。

1.20 若 $X$ 为在 $[0,1]$ 区间上均匀分布的随机变量，求 $X$ 的特征函数及所有原点矩。

1.21 编制一个程序，产生三组互相独立的均匀分布随机数，画出题 1.6 中 $n$ 分别为 1,2,3 时的直方图，并与题 1.6 中得到的概率密度比较。（提示：在随机数检验时，先将随机变量的取值区间分为 $k$ 个相等的子区间，然后求产生的随机数落在所有子区间的个数。将 $k$ 个子区间落入随机数的个数画成图，称为直方图。）

1.22 编制一个产生均值为 1，方差为 4 的高斯分布随机数程序，求最大值、最小值、均值和方差，并与理论值相比较。

# 第二章　随机过程和随机序列

随机过程和随机序列广泛地应用在自动控制、通信、信号与信息处理等领域。尤其在信号与信息的统计模型的建立、仿真与处理等方面有着重要的应用背景。

## 2.1　从随机变量到随机过程

随机试验的所有可能结果都可以用随机变量的取值来定量表示。有时这些随机变量随着某些参量变化，或者说是某些参量的函数。譬如大气温度和大气压力的随机起伏都是时间或高度的函数，信道上传输的音频信号或视频信号也是随时间变化的随机信号。这种随某些参量变化的随机变量称做随机函数。在通信与信息处理领域，经常遇到的是以时间作为参变量的随机函数。我们把以时间作为参变量的随机函数称为随机过程，相对以前所学的确定信号，也把随机过程称为随机信号。

既然随机过程是随时间变化的随机变量，那么我们就要考虑在时间变化的情况下，用随机变量的一些统计特性来描述随机过程。这一节我们将把随机变量和随机过程放在一起考虑，并时刻注意到它们之间的联系。

### 2.1.1　随机过程定义

在电子设备中，电阻上的噪声电压是最典型的随机过程，图 2.1(a)给出了噪声电压的例子。图 2.1(a)中的每一条曲线都代表一个噪声电压波形。

我们在观察噪声电压的波形时，可能观察到 $x_1(t)$ 或 $x_2(t)$，也可能观察到 $x_n(t)$，所有这

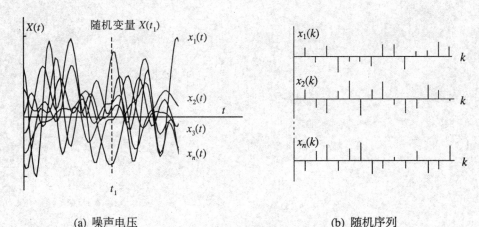

(a) 噪声电压　　　　　　　　　　　　(b) 随机序列

图 2.1　随机过程和随机序列波形

些波形的集合就是随机过程，用 $X(t)$ 表示。每次观察到的电压波形称为随机过程的样本函数，通常这个集合中的样本函数是非常多的，随机过程在任意时刻的状态都是一个随机变量。换句话说，在一段时间上，图 2.1(a)中表示的噪声电压波形是随机过程，而在一个时刻上则是一个随机变量。这个随机变量是连续的还是离散的决定了这个随机过程是连续随机过程还是离散随机过程。如果随机过程在时间轴上是等间隔间断的，且在任意离散时刻上其随机变量是连续的，称为连续随机序列，如图 2.1(b)。进一步，如果在任意时刻随机变量是离散的，则称其为离散随机序列。

如上所述，随机过程与随机变量有着密切的联系。虽然随机变量不能用解析式表达，但多数情况下随机过程却可以用随机变量的解析式来表达。如一个通信系统或广播系统，在某一时刻，对某一台确定的接收机而言，其幅度 $a_n$ 和相位 $\varphi_n$ 是确定的；但对不同的接收机，接收的信号幅度与相位确是随机的。因此，在不同的时间里对所有的接收机来讲，它们所接收的信号的总体就是随机过程，其幅度 $A$ 和相位 $\varPhi$ 是随机变量，如图 2.2 所示。用解析式表示为

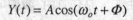

$$Y(t) = A\cos(\omega_o t + \varPhi)$$

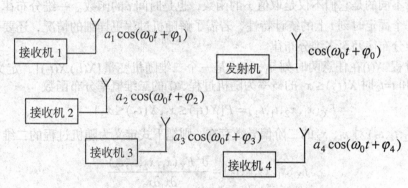

图 2.2　广播通信系统中的随机过程

**定义**　设随机试验的样本空间 $S=\{e_i\}$，对于空间的每一个样本 $e_i \in S$，总有一个时间函数 $X(t,e_i)$ 与之对应($t \in T$)，对于空间的所有样本 $e \in S$，可有一族时间函数 $X(t,e)$ 与其对应，这族时间函数称为随机过程。

随机过程是一族时间函数的集合，随机过程的每个样本函数是一个确定的时间函数 $x(t)$，随机过程在一个确定的时刻 $t_1$ 是一个随机变量 $X(t_1)$。

仿随机变量，我们用大写字母 $X(t)$，$Y(t)$ 等表示随机过程，用小写字母 $x(t)$，$y(t)$ 等表示随机过程的样本函数。

### 2.1.2　随机过程的分布律

一个随机过程是定义在一个时间区间上，而在这个时间区间上的任意一个时刻，随机过程表现为一个随机变量，那么我们是否可以用随机变量的分布律来表征随机过程的分布律呢？

如果 $t_1, t_2, t_3, \cdots, t_n (t_i \in T)$ 是随机过程在时间区间 $T$ 上的 $n$ 个时刻，对于确定的时刻 $t_i$，

$X(t_i)$是一维随机变量。对所有的 $t_i$（$i=1,2,\cdots,n$），我们得到的是 $n$ 维随机变量 $\{X(t_1),X(t_2),\cdots,X(t_n)\}$。如果 $n$ 足够大，所取的间隔充分小，就可以用 $n$ 维随机变量近似表示一个随机过程。这样，我们研究的多维随机变量的结果就可以用到随机过程中。换句话说，我们是通过研究随机变量的统计特性来研究随机过程的。我们不仅可以通过随机变量的分布律来描述随机过程的分布律，还可以用随机变量的数字特征来描述随机过程的一些数字特征。

在任意时刻 $t_1$，随机过程 $X(t_1)$ 都是一维随机变量，类似一维随机变量的定义，我们把随机变量 $X(t_1) \leq x_1$ 的概率 $P\{X(t_1) \leq x_1\}$ 定义为随机过程 $X(t)$ 的一维分布函数，记为

$$F_X(x_1,t_1) = P\{X(t_1) \leq x_1\} \tag{2.1.1}$$

同样，若 $F_X(x_1,t_1)$ 对 $x_1$ 的偏导数存在，则称

$$f_X(x_1,t_1) = \frac{\partial F_X(x_1,t_1)}{\partial x_1} \tag{2.1.2}$$

为随机过程 $X(t)$ 的一维概率密度。由于 $t_1$ 是任意的，我们可省去下标，写成 $F_X(x,t)$ 和 $f_X(x,t)$。与随机变量不同的是它们不仅是取值 $x$ 的函数，也是时间 $t$ 的函数。一维分布律只表征随机过程在一个固定时刻 $t$ 上的统计特性，若需了解随机过程更详细的情况，还要研究随机过程的二维分布律乃至多维分布律。

随机过程 $X(t)$ 在任意两时刻 $t_1$，$t_2$，是一个二维随机变量 $\{X(t_1),X(t_2)\}$，定义 $t=t_1$ 时 $X(t_1) \leq x_1$ 和 $t=t_2$ 时 $X(t_2) \leq x_2$ 的概率为随机过程 $X(t)$ 的二维概率分布函数

$$F_X(x_1,x_2;t_1,t_2) = P\{X(t_1) \leq x_1, X(t_2) \leq x_2\} \tag{2.1.3}$$

若 $F_X(x_1,x_2;t_1,t_2)$ 对 $x_1$，$x_2$ 的二阶偏导数存在，则把下式定义为随机过程的二维概率密度

$$f_X(x_1,x_2;t_1,t_2) = \frac{\partial^2 F_X(x_1,x_2;t_1,t_2)}{\partial x_1 \partial x_2} \tag{2.1.4}$$

随机过程的二维分布律不仅表征了随机过程在两个时刻上的统计特性，还可表征随机过程两个时刻间的关联程度。如果需要知道随机过程在 $n$ 个时刻上和 $n$ 个时刻间的统计特性，可定义 $n$ 维分布律。这里我们只给出随机过程的 $n$ 维概率密度

$$f_X(x_1,x_2,\cdots,x_n;t_1,t_2,\cdots,t_n) = \frac{\partial^n F_X(x_1,x_2,\cdots,x_n;t_1,t_2,\cdots,t_n)}{\partial x_1 \partial x_2 \cdots \partial x_n} \tag{2.1.5}$$

上面讨论的是一个随机过程的分布律，同样的方法也可定义两个随机过程的联合分布律，以随机过程 $X(t)$ 和 $Y(t)$ 的四维联合概率密度为例

$$f_{XY}(x_1,x_2,y_1,y_2;t_1,t_2,t_1',t_2') = \frac{\partial^4 F_{XY}(x_1,x_2,y_1,y_2;t_1,t_2,t_1',t_2')}{\partial x_1 \partial x_2 \partial y_1 \partial y_2} \tag{2.1.6}$$

随机过程分布律的性质可由随机变量分布律的性质得到。此外，若两个随机过程互相独立，则有

$$\begin{aligned} &f_{XY}(x_1,\cdots,x_n,y_1,\cdots,y_m;t_1,\cdots,t_n,t_1',\cdots,t_m') = \\ &f_X(x_1,\cdots,x_n;t_1,\cdots,t_n)f_Y(y_1,\cdots,y_m;t_1',\cdots,t_m') \end{aligned} \tag{2.1.7}$$

必须注意的是两个随机过程互相独立与一个随机过程不同时刻（即 $n$ 维随机变量）互相独

立在概念上是不同的。

**例 2.1.1** 随机过程 $Y(t) = X\cos\omega t$，$X$ 为高斯分布的随机变量，$\omega$ 是常数。求 $Y(t)$ 的一维概率密度。

**解**：已知 $X$ 的概率密度

$$f_X(x) = \frac{1}{\sqrt{2\pi}\sigma_X}\mathrm{e}^{-\frac{(x-m_X)^2}{2\sigma_X^2}}$$

在 $t = t_1$ 时刻，$Y(t_1)$ 是一个随机变量，令

$$Y_1 = Y(t_1) = X\cos\omega t_1$$

根据一维随机变量的函数变换，需求出反函数及其导数

$$X = \frac{Y_1}{\cos\omega t_1}, \qquad \frac{\mathrm{d}x}{\mathrm{d}y_1} = \frac{1}{\cos\omega t_1}$$

于是，得到 $Y(t_1)$ 的概率密度

$$f_Y(y_1, t_1) = f_X(x)\left|\frac{\mathrm{d}x}{\mathrm{d}y_1}\right| = \frac{1}{\sqrt{2\pi}\sigma_X}\mathrm{e}^{-\frac{1}{2\sigma_X^2}\left(\frac{y_1}{\cos\omega t_1} - m_X\right)^2} \cdot \frac{1}{|\cos\omega t_1|} = $$

$$\frac{1}{\sqrt{2\pi}\sigma_X|\cos\omega t_1|}\mathrm{e}^{-\frac{(y_1 - m_X\cos\omega t_1)^2}{2(\sigma_X\cos\omega t_1)^2}}$$

对于固定时刻 $t_1$，$\cos\omega t_1$ 是常数（相当于例 1.1.5 中的 $a$）。这个变换是线性变换，因此变换后 $Y_1$ 仍然是高斯变量。随机变量 $Y_1$ 的数学期望为 $m_X\cos\omega t_1$，方差为 $(\sigma_X\cos\omega t_1)^2$。把 $t_1$ 改为 $t$，上式则表示随机过程 $Y(t)$ 的分布。解这个题的关键是要注意在 $t = t_1$ 时刻，$Y(t_1)$ 是一个随机变量，最终归结为随机变量的变换问题。

全面描述一个随机过程除利用分布律，还可利用特征函数，它的定义方法与随机变量的特征函数一致。

对任意时刻 $t$，随机过程的一维特征函数

$$\Phi_X(\omega, t) = E[\mathrm{e}^{\mathrm{j}\omega X(t)}] = \int_{-\infty}^{\infty} \mathrm{e}^{\mathrm{j}\omega x} f_X(x, t)\mathrm{d}x \tag{2.1.8}$$

$n$ 维特征函数

$$\Phi_X(\omega_1, \omega_2, \cdots, \omega_n; t_1, t_2, \cdots, t_n) = E[\mathrm{e}^{\mathrm{j}\omega_1 X(t_1) + \mathrm{j}\omega_2 X(t_2) + \cdots + \mathrm{j}\omega_n X(t_n)}] \tag{2.1.9}$$

随机过程的特征函数与概率密度之间的关系如同随机变量，也具有类似傅里叶变换对的性质。

### 2.1.3 随机过程的数字特征

如同研究随机变量一样，有时不需要完整的统计特性。实际上要想得到一个随机过程的 $n$ 维分布律也非常之不易，因此主动避开实际上很难求到的 $n$ 维分布律问题，就转到研究随机过程的数字特征这一简单且具体的问题上。

随机过程数字特征的概念可由随机变量的数字特征推广而来。但一般情况下，对于随

机过程而言，诸如数学期望、方差等均是时间的函数。实际上遇到的随机过程，有些概率密度可以简单地由一、二阶矩来确定。高斯过程就是由数学期望和方差唯一决定其概率密度的典型例子。数字特征还可表征一个随机信号（随机过程）的一些物理意义。

### 一、数学期望

仿照定义随机过程概率密度的方法，也可定义随机过程的数学期望。

在任意时刻 $t_1$，随机过程是一个一维随机变量 $X(t_1)$，随机变量 $X(t_1)$ 的数学期望 $E[X(t_1)]$ 就是 $t_1$ 时刻随机过程的数学期望。对于不同的时刻 $t$，随机过程的数学期望是一个确定的时间函数，记为 $E[X(t)]$ 或 $m_X(t)$

$$m_X(t) = E[X(t)] = \int_{-\infty}^{\infty} x f_X(x,t)\mathrm{d}x \tag{2.1.10}$$

图 2.3 给出了随机过程的数学期望。图中细实线是随机过程的样本函数，中间的粗实线即是数学期望。可以这样理解：随机过程的数学期望是随机过程在某时刻 $t$ 的统计平均，每个样本函数都是在它的上下摆动。如果 $X(t)$ 是噪声电压，$m_X(t)$ 就是电压的瞬时统计平均值。

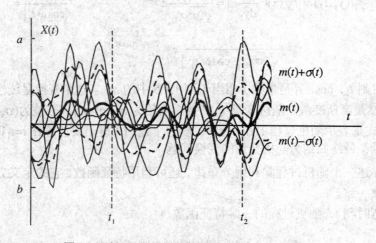

图 2.3　随机过程的数学期望和方差

### 二、方差

方差的定义与数学期望类似，它也是时间的函数，记为 $D[X(t)]$ 或 $\sigma_X^2(t)$

$$\sigma_X^2(t) = D[X(t)] = \int_{-\infty}^{\infty} [x - m_X(t)]^2 f_X(x,t)\mathrm{d}x \tag{2.1.11}$$

方差 $\sigma_X^2(t)$ 描述的是随机过程所有的样本函数相对于数学期望 $m_X(t)$ 的离散程度。所谓离散程度不仅与它的所有取值的最大值和最小值有关(图 2.3 中的 $a$ 与 $b$)，还与取值偏离数学期望的密度有关，见图 2.3 中的粗虚线 $m(t)+\sigma(t)$ 与 $m(t)-\sigma(t)$。一般来讲，随机过程对数学期望的离散程度随时间不同而不同，在图 2.3 中，$t_1$ 时刻随机过程 $X(t)$ 相对数学期望 $m(t)$ 的离散程度 $\sigma(t_1)$ 较小，而 $t_2$ 时刻的离散程度 $\sigma(t_2)$ 较大。如果仍以噪声电压为例，那么方差就表征消耗在单位电阻上的瞬时交流功率的统计平均值。

另外，$\sigma(t)$ 也称为随机过程的均方差或标准差。

### 三、自相关函数

数学期望和方差描述了随机过程在任意一个时刻 $t$ 的集中和离散程度。为了反映随机过程不同时刻间的联系，引出自相关函数的概念。图 2.4 给出了两个具有相同数学期望和方差的随机过程。从图上可粗略看出，在任意时刻它们的数学期望和方差都大体相同，但两个随机过程样本函数的内部结构却截然不同。$X(t)$ 起伏慢，$Y(t)$ 则起伏较快，这种差异是因为它们的相关性不同造成的。相关的概念表征了随机过程在两时刻之间的关联程度，进而说明了随机过程起伏变化的快慢。

如果随机过程 $X(t)$ 所有样本函数都是实函数，则 $X(t)$ 为实随机过程。对任意的两个时

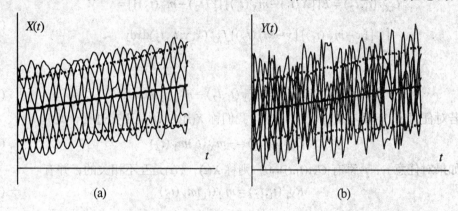

图 2.4　随机过程的相关性

刻 $t_1$，$t_2$，实随机过程的自相关函数定义为

$$R_X(t_1,t_2) = E[X(t_1)X(t_2)] = \int_{-\infty}^{\infty}\int_{-\infty}^{\infty} x_1 x_2 f_X(x_1,x_2;t_1,t_2)\mathrm{d}x_1\mathrm{d}x_2 \tag{2.1.12}$$

这实际上是随机过程在 $t_1$，$t_2$ 时刻的两个状态 $X(t_1)$，$X(t_2)$ 的二阶混合原点矩。因此它描述的随机起伏变化不仅包括快慢的变化，还隐含着幅度的变化。自相关函数具有功率的量纲。描述随机过程相关性的另一个矩函数是二阶混合中心矩，称为协方差函数

$$C_X(t_1,t_2) = E[\{X(t_1)-m_X(t_1)\}\{X(t_2)-m_X(t_2)\}] =$$
$$\int_{-\infty}^{\infty}\int_{-\infty}^{\infty}\{x_1-m_X(t_1)\}\{x_2-m_X(t_2)\}f_X(x_1,x_2;t_1,t_2)\mathrm{d}x_1\mathrm{d}x_2 \tag{2.1.13}$$

协方差函数与自相关函数不同之处在于它描述的随机起伏是相对数学期望的幅度变化。如果用自相关函数表示协方差函数，则有

$$C_X(t_1,t_2) = R_X(t_1,t_2) - m_X(t_1)m_X(t_2) \tag{2.1.14}$$

若对于任意时刻随机过程的数学期望都等于零，则自相关函数和协方差函数完全相等。值得注意的是，在实际应用中经常将两个概念交叉使用，二者只是相差一个统计平均值。希望读者在应用时注意区分。

当 $t_1=t_2$ 时，协方差函数就退化为方差。如果对于任意的 $t_1$，$t_2$ 都有 $C_X(t_1,t_2)=0$，我们说随机过程的任意两个时刻间是不相关的，随机过程统计独立和不相关的关系也可从随机变量引申而来。

### 四、互相关函数

在描述两个随机过程之间的内在联系时，我们利用互相关的概念，它需要已知两个随机过程的联合概率密度，即

$$R_{XY}(t_1,t_2) = E[X(t_1)Y(t_2)] = \int_{-\infty}^{\infty}\int_{-\infty}^{\infty} xy f_{XY}(x,y;t_1,t_2)\mathrm{d}x\mathrm{d}y \tag{2.1.15}$$

与之对应的也有互协方差函数

$$C_{XY}(t_1,t_2) = E[\{X(t_1)-m_X(t_1)\}\{Y(t_2)-m_Y(t_2)\}] =$$
$$\int_{-\infty}^{\infty}\int_{-\infty}^{\infty}\{x-m_X(t_1)\}\{y-m_Y(t_2)\}f_{XY}(x,y;t_1,t_2)\mathrm{d}x\mathrm{d}y \tag{2.1.16}$$

且有

$$C_{XY}(t_1,t_2) = R_{XY}(t_1,t_2) - m_X(t_1)m_Y(t_2) \tag{2.1.17}$$

若对任意 $t_1$，$t_2$ 都有 $R_{XY}(t_1,t_2)=0$，我们称 $X(t)$，$Y(t)$ 是正交过程，此时

$$C_{XY}(t_1,t_2) = -m_X(t_1)m_Y(t_2) \tag{2.1.18}$$

如果对任意 $t_1$，$t_2$ 都有 $C_{XY}(t_1,t_2)=0$，则称 $X(t)$，$Y(t)$ 是互不相关的，并有

$$R_{XY}(t_1,t_2) = m_X(t_1)m_Y(t_2) \tag{2.1.19}$$

应该注意，当 $X(t)$，$Y(t)$ 互相独立时，即满足式(2.1.7)，$X(t)$ 和 $Y(t)$ 一定满足式(2.1.19)，也就是说 $X(t)$，$Y(t)$ 之间一定不相关，反之则不成立。

### 2.1.4 随机过程的微分与积分

我们用随机变量和随机过程表示随机试验的结果，是希望对它们进行某些数学处理，从而用数学工具来定量研究随机试验的结果。在讨论随机过程的微分和积分运算之前，先给出随机收敛的概念。

### 一、收 敛

序列 $x_n$ 的收敛定义为：对任意的正数 $\varepsilon > 0$，存在正整数 $N$，当 $n>N$ 时，有 $|x_n-x| < \varepsilon$；当 $n\to\infty$ 时，$x_n$ 以 $x$ 为极限，或称 $x_n$ 收敛于 $x$

$$\lim_{n\to\infty} x_n = x$$

随机变量是随机试验的结果，当随机试验样本空间的所有元素 $e \in S$ 对应的一族序列都收敛，称随机变量序列处处收敛。

$$\lim_{n\to\infty} X_n = X \tag{2.1.20}$$

这样定义的收敛有很大的局限性，实际上很难满足，应用受到限制，因此人们寻求较弱意义下的收敛。下面介绍几种常用的收敛定义。

1. 以概率 1 收敛(准处处收敛或 a.e 收敛，又称强收敛)

若随机变量序列 $X_n$ 满足 $\lim\limits_{n\to\infty} X_n(e) = X(e)$ 的概率为 1，则称序列 $X_n$ 以概率 1 收敛于 $X$，记为

$$\lim_{n\to\infty} P(X_n = X) = 1 \tag{2.1.21}$$

2. 均方收敛（Mean-Square 或 m.s 收敛，又称平均意义下收敛）

如果对所有的 $n$，$E[|X_n|^2] < \infty$，$E[|X|^2] < \infty$，且

$$\lim_{n\to\infty} E[|X_n - X|^2] = 0 \tag{2.1.22}$$

则称随机变量序列 $X_n$ 均方收敛于 $X$。均方收敛也可以表示为

$$\underset{n\to\infty}{\mathrm{l.i.m}}\, X_n = X \tag{2.1.23}$$

式中，l.i.m 表示均方意义下的极限。有时也用 $k$ 阶收敛的概念，如果随机变量序列 $X_n$ 满足

$$\lim_{n\to\infty} E[|X_n - X|^k] = 0, \quad k > 0$$

那么该序列 $k$ 阶收敛于 $X$。当 $k=2$ 时，$k$ 阶收敛即为均方收敛。

3. 依概率收敛（Probability 或 p 收敛，又称随机收敛）

如果对于任意给定的正数 $\varepsilon > 0$，随机变量序列 $X_n$ 满足

$$\lim_{n\to\infty} P(|X_n - X| < \varepsilon) = 1 \tag{2.1.24}$$

则称随机变量序列 $X_n$ 依概率收敛于 $X$。

4. 分布收敛（Distribution 或 d 收敛，又称弱收敛）

若 $X_n$ 的概率分布函数在 $x$ 的每一连续点收敛于 $X$ 的概率分布函数，则称随机变量序列依分布收敛于随机变量 $X$，记为

$$\lim_{n\to\infty} F_n(x) = F(x) \tag{2.1.25}$$

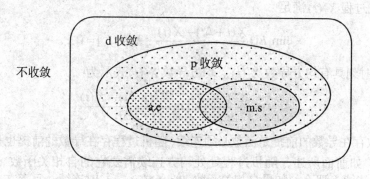

图 2.5　各种收敛定义之间的关系

几种收敛关系简单地示于图 2.5。

在信息处理与通信领域，用得较多的是均方收敛，在随机过程连续以及微积分中用到的都是均方收敛这一收敛定义。

## 二、随机过程的微分

在讨论随机过程微分之前，我们先介绍随机过程连续的概念。随机过程连续与一般的时间函数连续不同，它们的区别在于随机过程是由若干个时间函数（样本）组成，并且在确定的时刻 $t$，随机过程是一个随机变量。这样，在讨论随机过程在 $t$ 点的连续性时，就不能用一般的极限定义，而是要用上面定义的几种极限。一般情况下，随机过程连续及微积分常用的是均方收敛的定义。

若随机过程 $X(t)$ 满足

$$\lim_{\Delta t \to 0} E[|X(t+\Delta t)-X(t)|^2]=0 \tag{2.1.26}$$

则 $X(t)$ 在 $t$ 时刻均方意义下连续。

将上式展开，并用 $X(t)$ 的自相关函数表示

$$\lim_{\Delta t \to 0} \{R(t+\Delta t,t+\Delta t)-R(t,t+\Delta t)-R(t+\Delta t,t)+R(t,t)\}=0 \tag{2.1.27}$$

一般情况下，自相关函数是 $t_1, t_2$ 的函数。欲使上式为零，即随机过程在 $t$ 点上均方连续，需要 $R(t_1,t_2)$ 在 $t_1=t_2=t$ 点上连续。

如果随机过程 $X(t)$ 的自相关函数 $R(t_1,t_2)$ 在直线 $t_1=t_2$ 上处处连续，随机过程也是处处均方连续的。而对于下面要讨论的平稳随机过程 $X(t)$，由于它的自相关函数与时间起点无关，如果它的自相关函数 $R(\tau)$ 在 $\tau=t_2-t_1=0$ 处连续，那么，这个平稳过程就是处处均方连续的。

可以证明（见习题 2.2），若随机过程 $X(t)$ 在均方意义下连续，它的数学期望也必定连续

$$\lim_{\Delta t \to 0} E[X(t+\Delta t)]=E[X(t)]=E[\operatorname*{l.i.m}_{\Delta t \to 0} X(t+\Delta t)] \tag{2.1.28}$$

有了随机过程连续的概念，就可以讨论随机过程的微积分。由于我们在前面讨论的是随机过程的均方连续性，因此，这里给出的是随机过程 $X(t)$ 的均方导数定义。

如果随机过程 $X'(t)$ 满足

$$\lim_{\Delta t \to 0} E\left[\left\{\frac{X(t+\Delta t)-X(t)}{\Delta t}-X'(t)\right\}^2\right]=0 \tag{2.1.29}$$

则称 $X(t)$ 在 $t$ 时刻具有均方导数 $X'(t)$。均方导数 $X'(t)$ 表示为

$$X'(t)=\frac{\mathrm{d}X(t)}{\mathrm{d}t}=\operatorname*{l.i.m}_{\Delta t \to 0} \frac{X(t+\Delta t)-X(t)}{\Delta t} \tag{2.1.30}$$

一般函数存在导数的前提是函数必须连续，随机过程存在导数的前提也是需要随机过程必须连续。如前面所述，随机过程处处均方连续需要它的自相关函数 $R(t_1,t_2)$ 在直线 $t_1=t_2$ 上处处连续。那么，如果自相关函数 $R(t_1,t_2)$ 在 $t_1=t_2$ 时连续，且存在二阶偏导数，即

$$\frac{\partial^2 R(t_1, t_2)}{\partial t_1 \partial t_2}\bigg|_{t_1 = t_2}$$

则随机过程在均方意义下存在导数（见习题 2.3）。用 $Y(t)$ 表示随机过程 $X(t)$ 的均方导数 $X'(t)$

$$Y(t) = X'(t) = \frac{dX(t)}{dt}$$

下面给出有关随机过程导数运算的法则。

　　1．随机过程均方导数的数学期望等于它的数学期望的导数

$$E[Y(t)] = E[\underset{\Delta t \to 0}{l.i.m} \frac{X(t + \Delta t) - X(t)}{\Delta t}] =$$

$$\lim_{\Delta t \to 0} \frac{m_X(t + \Delta t) - m_X(t)}{\Delta t} = \frac{dm_X(t)}{dt} = m_Y(t) \tag{2.1.31}$$

上式说明均方导数运算和数学期望运算的次序可以交换。

　　2．随机过程均方导数的自相关函数等于随机过程自相关函数的二阶偏导数

　　如果随机过程 $X(t)$ 均方导数 $Y(t) = X'(t)$ 存在，那么它的自相关函数为

$$R_Y(t_1, t_2) = E[Y(t_1)Y(t_2)] = E[\underset{\Delta t_1 \to 0}{l.i.m} \frac{X(t_1 + \Delta t_1) - X(t_1)}{\Delta t_1} Y(t_2)] =$$

$$\lim_{\Delta t_1 \to 0} E[\frac{X(t_1 + \Delta t_1)Y(t_2) - X(t_1)Y(t_2)}{\Delta t_1}] = \tag{2.1.32a}$$

$$\lim_{\Delta t_1 \to 0} [\frac{R_{XY}(t_1 + \Delta t_1, t_2) - R_{XY}(t_1, t_2)}{\Delta t_1}] = \frac{\partial R_{XY}(t_1, t_2)}{\partial t_1}$$

而 $X(t)$ 与其均方导数 $Y(t) = X'(t)$ 的互相关函数为

$$R_{XY}(t_1, t_2) = E[X(t_1)Y(t_2)] = E[X(t_1) \underset{\Delta t_2 \to 0}{l.i.m} \frac{X(t_2 + \Delta t_2) - X(t_2)}{\Delta t_2}] =$$

$$\lim_{\Delta t_2 \to 0} E[\frac{X(t_1)X(t_2 + \Delta t_2) - X(t_1)X(t_2)}{\Delta t_2}] = \frac{\partial R_X(t_1, t_2)}{\partial t_2} \tag{2.1.32b}$$

根据以上两式得到

$$R_Y(t_1, t_2) = \frac{\partial R_{XY}(t_1, t_2)}{\partial t_1} = \frac{\partial^2 R_X(t_1, t_2)}{\partial t_1 \partial t_2} \tag{2.1.33}$$

除非特别指明，以下的 $\frac{d}{dt}X(t)$ 及 $X'(t)$ 都表明的是均方导数。

### 三、随机过程的积分

　　如同定义随机过程微分，我们同样可以定义随机过程的积分

$$Y = \int_a^b X(t)dt \tag{2.1.34}$$

但一般意义的积分需要 $X(t)$ 的每一个样本函数都可积，实际上我们仍然是利用均方极限来

定义随机过程的积分。当我们把积分区间$[a,b]$分成 $n$ 个小区间$\Delta t_i$，令 $\Delta t = \max \Delta t_i$，当 $n \to \infty$ 时

$$\lim_{\Delta t \to 0} E[\{Y - \sum_{i=1}^{n} X(t_i)\Delta t_i\}^2] = 0 \tag{2.1.35}$$

$Y$ 就定义为 $X(t)$在均方意义下的积分。随机过程的均方积分除可表示成式(2.1.34)的形式外，也可表示成极限和的形式

$$Y = \underset{\max \Delta t_i \to 0}{\mathrm{l.i.m}} \sum_i X(t_i)\Delta t_i$$

时间函数在区间$[a,b]$对 $t$ 积分是常数，随机过程在区间$[a,b]$对 $t$ 积分必然是随机变量。另外，线性时不变系统的输出是输入与系统冲激响应的卷积，当系统输入是随机过程时，将遇到随机过程的卷积问题

$$Y(t) = \int_{-\infty}^{\infty} X(\tau)h(t-\tau)d\tau$$

如果这个积分在均方意义下存在，输出将是一个随机过程。当式(2.1.34)的积分限是变量时，积分的结果也将是随机过程。

下面讨论随机过程均方积分的运算法则。

1．随机过程均方积分的数学期望等于它的数学期望的积分

若$Y = \int_a^b X(t)dt$，则它的数学期望为

$$E[Y] = E[\int_a^b X(t)dt] = E[\underset{\max \Delta t_i \to 0}{\mathrm{l.i.m}} \sum_i X(t_i)\Delta t_i] =$$
$$\lim_{\max \Delta t_i \to 0} \sum_i E[X(t_i)]\Delta t_i = \int_a^b m_X(t)dt = m_Y \tag{2.1.36}$$

上式说明了积分运算和数学期望运算可以交换次序。

2．随机过程均方积分的自相关函数等于随机过程自相关函数的二重积分

如果$Y(t) = \int_0^t X(\tau)d\tau$，它的自相关函数为

$$R_Y(t_1, t_2) = E[Y(t_1)Y(t_2)] =$$
$$E[\int_0^{t_1} \int_0^{t_2} X(\tau)X(\tau')d\tau d\tau'] = \int_0^{t_1} \int_0^{t_2} R_X(\tau, \tau')d\tau d\tau' \tag{2.1.37}$$

当积分上限是常数时，随机过程 $Y(t)$退化为随机变量 $Y$，上式的积分结果将是一个数值，这就是随机变量 $Y$ 的二阶矩。

如果不特别指明，本书以下对随机过程的积分都是均方意义下的积分。

## 2.2  平稳随机过程和各态历经过程

平稳随机过程是一类重要的随机过程。在信息处理与通信领域中，有很多随机过程都

是平稳的或近似平稳的。对平稳过程的分析要比一般随机过程简单得多，因此研究平稳过程有着重要的意义。

并不是一提到随机过程或随机信号，就什么都是随机的。当然典型的随机信号是图2.1(a)所示的噪声电压，它的幅度和相位都是随机的。但同样典型的随机信号还有随机相位的正弦信号

$$X(t) = a\cos(\omega t + \Phi)$$

图2.6(a)给出了这个随机信号。说它是随机信号，是因为它的每个样本函数的初相是随机的。对于一个确定的样本函数 $x_i(t)$，就是一条正弦函数曲线。一旦知道它的初相角 $\varphi_i$，它便是一个确定的正弦信号 $x_i(t) = a\cos(\omega t + \varphi_i)$。由此看来，随机信号的随机性可表现在信号的一个或几个特征上。另一种典型的随机信号是随机幅度的正弦信号（图2.6(b)）

$$X(t) = A\cos(\omega t + \varphi)$$

它的随机量是幅度，只要知道某个样本函数的幅度 $a_i$，这个样本函数也是一个确定的正弦信号 $x_i(t) = a_i\cos(\omega t + \varphi)$。类似的还有随机频率的情况（图2.6(c)）。即使正弦随机过程的幅度、相位和频率都是随机的（图2.6(d)）

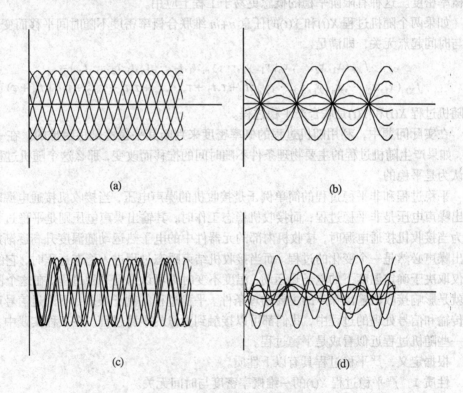

(a)　　　　　　　　　　　　(b)

(c)　　　　　　　　　　　　(d)

图2.6　各种正弦随机过程

$$X(t) = A\cos(\Omega t + \Phi)$$

对于某一个样本函数，它仍然是一个正弦信号 $x_i(t) = a_i\cos(\omega_i t + \varphi_i)$。

下面我们重新考虑图2.6，虽然这几个随机过程的所有样本函数均是正弦曲线，但若

以统计的观点看每个随机过程，它们的统计特性都有着各自的特点。当图 2.6(a)和(d)中的 $\Phi$ 服从某种分布时，它们的数学期望和方差很可能是不随时间而变化的，这便引出了平稳随机过程的概念。当图 2.6(a)中的 $\Phi$ 服从[0,2π]上均匀分布时，任何一个样本函数都可以代表这个随机过程。这就是在随机信号中非常重要的各态历经过程的概念。下面我们首先从平稳过程入手，然后讨论各态历经过程。

### 2.2.1 严平稳过程

严格地说，如果对于任意的 $\tau$，随机过程 $X(t)$ 的任意 $n$ 维概率密度满足

$$f_X(x_1,x_2,\cdots,x_n;t_1,t_2,\cdots,t_n) = \\ f_X(x_1,x_2,\cdots,x_n;t_1+\tau,t_2+\tau,\cdots,t_n+\tau)$$
(2.2.1)

则称 $X(t)$ 为严平稳过程。换句话说，严平稳过程的 $n$ 维概率密度不随时间起点不同而改变。研究平稳过程的意义在于：在任何时刻计算它的统计结果都是相同的。

如果式(2.2.1)不是对任意 $n$ 都成立，而是仅在 $n \leq N$ 时成立，我们称 $X(t)$ 是 $N$ 阶平稳的。事实上，只要 $n=N$ 时成立，那么 $n<N$ 时必成立，因为 $N$ 维概率密度包括任意 $n<N$ 维概率密度。这种有限阶平稳的概念更易于工程上应用。

如果两个随机过程 $X(t)$ 和 $Y(t)$ 的任意 $n+m$ 维联合概率密度不随时间平移而变化，或者说与时间起点无关，即满足

$$f_{XY}(x_1,x_2,\cdots,x_n,y_1,y_2,\cdots,y_m;t_1,t_2,\cdots,t_n,t_1',t_2',\cdots,t_m') = \\ f_{XY}(x_1,x_2,\cdots,x_n,y_1,y_2,\cdots,y_m;t_1+\tau,t_2+\tau,\cdots,t_n+\tau,t_1'+\tau,t_2'+\tau,\cdots,t_m'+\tau)$$

称随机过程 $X(t)$ 和 $Y(t)$ 是联合严平稳过程。

在实际问题中，利用随机过程的概率密度来判断其平稳性是很困难的。在一般情况下，如果产生随机过程的主要物理条件不随时间的推移而改变，那么这个随机过程基本上被认为是平稳的。

平稳过程和非平稳过程的简单例子是接收机的噪声电压，当接收机接通电源时，它的输出噪声电压是非平稳过程；而接收机稳态工作时，其输出噪声电压则是平稳过程。这是因为当接收机接通电源时，接收机内部的元器件中的电子热运动随温度升高逐渐加剧，其输出噪声必然是一个变化的过程。而当接收机结束瞬态过程进入稳态过程时，它的输出噪声仅取决于确定温度下的电子热运动，温度不变时则可认为是平稳过程。在这个例子中温度就是影响接收机输出噪声的主要物理条件。平稳过程的例子很多，不论是信号产生、信号传输和信号处理的过程中，我们都可以接触到大量的平稳过程。在工程实践中，有时也将一些随机过程近似看成是平稳过程。

根据定义，严平稳过程具有以下性质。

**性质 1** 严平稳过程 $X(t)$ 的一维概率密度与时间无关。

在式(2.2.1)中，令 $\tau = -t_1$，得到

$$f_X(x_1,t_1) = f_X(x_1,t_1+\tau) = f_X(x_1,0) = f_X(x_1)$$
(2.2.2)

这样，$X(t)$ 的数学期望和方差也将与时间无关

$$E[X(t)] = \int_{-\infty}^{\infty} x_1 f_X(x_1)\mathrm{d}x_1 = m$$
(2.2.3)

$$D[X(t)] = \int_{-\infty}^{\infty} (x_1 - m)^2 f_X(x_1)\mathrm{d}x_1 = \sigma^2 \qquad (2.2.4)$$

式(2.2.3)和式(2.2.4)的物理意义是：对于一个平稳随机过程，其所有样本函数都在水平直线 $m$ 的上下以 $\sigma^2$ 的离散度，比较均匀地摆动。图 2.7 是典型的平稳过程的例子。图中细实

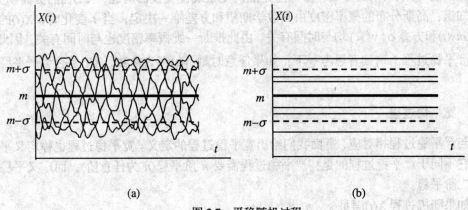

(a)          (b)

图 2.7 平稳随机过程

线表示随机过程的样本函数，粗实线表示随机过程的数学期望，虚线表示随机过程对数学期望的偏差。

**性质 2** 严平稳过程 $X(t)$ 的二维概率密度只与两个时刻 $t_1$ 和 $t_2$ 的间隔有关，与时间起点无关。

令 $\lambda = -t_1$

$$f_X(x_1, x_2; t_1, t_2) = f_X(x_1, x_2; t_1 + \lambda, t_2 + \lambda) = \\ f_X(x_1, x_2; 0, t_2 - t_1) = f_X(x_1, x_2; \tau) \qquad (2.2.5)$$

式中，$\tau = t_2 - t_1$。由此可得出以下结论：$X(t)$ 的自相关函数和协方差函数只是时间间隔 $\tau = t_2 - t_1$ 的函数

$$R_X(t_1, t_2) = \int_{-\infty}^{\infty}\int_{-\infty}^{\infty} x_1 x_2 f_X(x_1, x_2; t_1, t_2)\mathrm{d}x_1\mathrm{d}x_2 =$$

$$\int_{-\infty}^{\infty}\int_{-\infty}^{\infty} x_1 x_2 f_X(x_1, x_2; \tau)\mathrm{d}x_1\mathrm{d}x_2 = R_X(\tau) \qquad (2.2.6)$$

$$C_X(t_1, t_2) = R_X(t_1, t_2) - m_X(t_1)m_X(t_2) = R_X(\tau) - m_X^2 = C_X(\tau) \qquad (2.2.7)$$

当 $\tau = 0$ 时

$$C_X(0) = R_X(0) - m_X^2 = \sigma_X^2 \qquad (2.2.8)$$

一阶平稳过程的概率密度满足式(2.2.2)，而二阶平稳过程的概率密度需同时满足式(2.2.2)和式(2.2.5)。

联合严平稳过程也有与严平稳过程类似的性质。

**例 2.2.1** 随机过程 $X(t) = Ay(t)$，其中 $A$ 是高斯变量，$y(t)$ 为确定的时间函数。判断 $X(t)$ 是否为严平稳过程。

**解**：已知 $A$ 的概率密度

$$f_A(a) = \frac{1}{\sqrt{2\pi}\sigma} e^{-\frac{(a-m)^2}{2\sigma^2}}$$

在固定时刻，$y(t)$ 为常数。显然这是随机变量线性变换的问题，$X(t)$ 仍然为高斯分布。我们知道，高斯分布的概率密度由其数学期望和方差唯一决定，当 $t$ 变化时，$X(t)$ 的数学期望 $my(t)$ 和方差 $\sigma^2 y^2(t)$ 均与时间有关。由此推断一维概率密度也与时间有关，因此 $X(t)$ 不是严平稳过程。请读者思考一下：如果任意时刻 $y(t)$ 都为常数，$X(t)$ 是否为严平稳过程呢？

### 2.2.2 宽平稳过程

与严平稳过程相对应，下面我们给出宽平稳过程的定义。宽平稳过程也称广义平稳过程，它不同于严平稳过程的是：严平稳过程需要 $n$ 阶平稳（$n$ 为任意阶），而广义平稳过程只须二阶平稳。

如果随机过程 $X(t)$ 满足

$$E[X(t)] = m_X(t) = m_X \tag{2.2.9a}$$

$$R_X[t_1, t_2] = R_X(\tau) \tag{2.2.9b}$$

且

$$E[X^2(t)] < \infty \tag{2.2.9c}$$

则称 $X(t)$ 为广义平稳过程，式中 $\tau = t_2 - t_1$。

事实上，工程中很难用到严平稳过程，因为它的定义实在是太"严格"了。在大多数应用问题中，只限于研究相关理论，即一、二阶矩以内的问题，因此比较常用的是广义平稳过程。本书以下的章节中，如不特别指出均指广义平稳过程，并简称为平稳过程。对于二阶平稳过程，只要均方值有界即满足式(2.2.9c)，必定是广义平稳的，反之则未必成立，高斯过程则是一个例外。需要指出的是，工程上所涉及的随机过程一般都满足式(2.2.9c)。

当两个随机过程 $X(t)$ 和 $Y(t)$ 分别是广义平稳过程时，若它们的互相关函数满足

$$R_{XY}(\tau) = E[X(t_1)Y(t_1 + \tau)] \tag{2.2.10}$$

则 $X(t)$ 和 $Y(t)$ 是联合广义平稳过程，或称为联合宽平稳过程。

**例 2.2.2** 判断图 2.6 所示的四个随机过程是否平稳？

$$X(t) = a\cos(\omega t + \Phi)$$

$$X(t) = A\cos(\omega t + \varphi)$$

$$X(t) = a\cos(\Omega t + \varphi)$$

$$X(t) = A\cos(\Omega t + \Phi)$$

式中，$a, \omega, \varphi$ 是常数，$A, \Omega, \Phi$ 是互相独立的随机变量。随机变量 $\Phi$ 在 $[0, 2\pi]$ 上均匀分布。

**解**：这四个随机过程有一个相同点，即所有样本函数都是正弦信号。不同之处是幅度、相位和频率或为常数，或为随机变量。

(1) 当幅度为常数，$\Phi$在$[0,2\pi]$上均匀分布时，其数学期望和自相关函数分别为

$$E[X(t)] = \int_0^{2\pi} a\cos(\omega t + \varphi) \cdot \frac{1}{2\pi}\mathrm{d}\varphi = 0$$

$$R_X(t, t+\tau) = E[a\cos(\omega t + \varphi)a\cos\{\omega(t+\tau)+\varphi\}] = \frac{a^2}{2}\cos(\omega\tau)$$

且满足式(2.2.9c)，因此 $X(t)$ 为广义平稳过程。

(2) 当幅度为随机变量，相位$\varphi$为常数时，说明每个样本函数的幅度都是随机变量 $A$ 的一个可能取值。或者说每个正弦信号的相位相同，但幅度可能不同（图 2.6(b)），它们同时达到最大或零点。这样的随机过程，即使数学期望不随时间变化，方差也随时间变化，因此它不可能是平稳过程。

(3) 当幅度和相位都为常数，而频率为随机变量时，说明每个样本函数都是幅度、相位相同的正弦信号，但频率却可能不相同（图 2.6(c)）。不论其它时刻如何，至少当$\varphi = 0$时，在$t=0$附近其数学期望与时间有关。

(4) 当幅度、相位和频率都为随机变量时，说明每个样本函数的幅度、相位和频率都可能不同。由于 $A$ 与 $\Omega, \Phi$ 互相独立，且 $\Phi$ 在$[0,2\pi]$上均匀分布，因此其数学期望

$$E[X(t)] = E[A\cos(\Omega t + \Phi)] = E[A]E[\cos(\Omega t + \Phi)] = 0$$

与时间无关。自相关函数

$$R_X(t, t+\tau) = E[A\cos(\Omega t + \Phi)A\cos\{\Omega(t+\tau)+\Phi\}] =$$

$$\frac{1}{2}E[A^2]\{E[\cos(2\Omega t + 2\Phi + \Omega\tau)] + E[\cos(\Omega\tau)]\} =$$

$$\frac{1}{2}E[A^2]E[\cos(\Omega\tau)]$$

亦与时间起点无关，只与时间差有关。又由于 $X(t)$ 的平均功率有限，可以确定 $X(t)$ 为平稳过程。

### 2.2.3 各态历经过程

虽然处理平稳过程比一般随机过程简单了许多，但平稳过程毕竟也是大量样本函数的集合。数学期望、自相关函数等都是涉及大量样本统计平均，人们自然要寻求更简单的方法。辛钦证明：在具备一定的补充条件下，对平稳过程的一个样本函数取时间均值，当观察的时间充分长，将从概率意义上趋近它的统计均值。这样的平稳过程就是各态历经过程（图 2.8(a)）。各态历经过程的每个样本都经历了随机过程的各种可能状态，任何一个样本都能充分地代表随机过程的统计特性。而图 2.8(b)虽然也是平稳过程，但它的哪个样本也不能代表随机过程的统计特性，所以是非各态历经过程。各态历经过程的定义利用了平稳过程的统计特性与时间起点无关这一结论。

严格地说，各态历经过程是其各种时间平均值在观察时间充分长的条件下以概率 1 收敛于它的统计平均值。但在相关理论范围内，我们主要考虑广义各态历经过程。

对于二阶平稳过程 $X(t)$

1．若

$$\overline{X(t)} = E[X(t)] = m_X \tag{2.2.11}$$

以概率 1 成立，则称随机过程 $X(t)$ 的均值具有各态历经性。

在式(2.2.11)中，随机过程的时间均值定义为

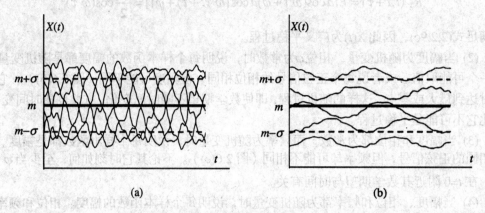

(a)                                                        (b)

图 2.8　各态历经过程(a)和非各态历经过程(b)

$$\overline{X(t)} = \lim_{T \to \infty} \frac{1}{2T} \int_{-T}^{T} X(t)\mathrm{d}t \tag{2.2.12}$$

2．若

$$\overline{X(t)X(t+\tau)} = E[X(t)X(t+\tau)] = R_X(\tau) \tag{2.2.13}$$

以概率 1 成立，则称随机过程 $X(t)$ 的自相关函数具有各态历经性。

式(2.2.13)中的时间自相关函数定义为

$$\overline{X(t)X(t+\tau)} = \lim_{T \to \infty} \frac{1}{2T} \int_{-T}^{T} X(t)X(t+\tau)\mathrm{d}t \tag{2.2.14}$$

3．若 $X(t)$ 的均值和自相关函数都具有各态历经性，且 $X(t)$ 是广义平稳过程，则称 $X(t)$ 是广义各态历经过程。在以后的章节中就简称为各态历经过程。

**例 2.2.3** 讨论随机过程 $X(t) = a\cos(\omega_o t + \Phi)$ 的各态历经性。其中 $a$ 为常数，$\Phi$ 是在 $[0,2\pi]$ 上均匀分布的随机变量。

**解：** 由例 2.2.2 已知，$X(t)$ 是平稳过程，如果能说明它满足式(2.2.11) 和式(2.2.13)，则 $X(t)$ 就是各态历经过程。$X(t)$ 的时间均值

$$\overline{X(t)} = \lim_{T \to \infty} \frac{1}{2T} \int_{-T}^{T} a\cos(\omega_o t + \Phi)\mathrm{d}t = \lim_{T \to \infty} \frac{a}{\omega_o T}\cos\Phi\sin\omega_o T = 0$$

时间自相关函数

$$\overline{X(t)X(t+\tau)} = \lim_{T \to \infty} \frac{1}{2T} \int_{-T}^{T} a^2\cos(\omega_o t + \Phi)\cos[\omega_o(t+\tau) + \Phi]\mathrm{d}t = \frac{a^2}{2}\cos(\omega_o \tau)$$

可见，随机过程 $X(t)$ 的时间均值和时间自相关函数满足

$$E[X(t)] = \overline{X(t)} = 0$$

$$R_X(\tau) = \overline{X(t)X(t+\tau)} = \frac{a^2}{2}\cos(\omega_o \tau)$$

因此，$X(t)$ 是各态历经过程。

**例 2.2.4** 随机过程 $X(t)=Y$，$Y$ 是方差不为零的随机变量，试讨论其各态历经性。

**解**：第一步，肯定地说 $X(t)$ 是平稳的。这是因为随机过程 $X(t)$ 本身与时间无关，其数学期望和自相关函数也当然与时间无关

$$E[X(t)] = E[Y]$$

$$R_X(\tau) = E[Y^2]$$

而 $X(t)$ 时间均值为

$$\overline{X(t)} = \lim_{T \to \infty} \frac{1}{2T} \int_{-T}^{T} Y \mathrm{d}t = Y$$

对于不同的样本函数，其时间均值不可能都相同，故 $E[X(t)] \neq \overline{X(t)}$。由于随机过程的均值不具备各态历经性，因此 $X(t)$ 为非各态历经过程。

如果两个随机过程 $X(t)$，$Y(t)$ 都是各态历经过程，且它们的时间互相关函数等于统计互相关函数

$$\overline{X(t)Y(t+\tau)} = \lim_{T \to \infty} \frac{1}{2T} \int_{-T}^{T} X(t)Y(t+\tau)\mathrm{d}t = R_{XY}(\tau) \tag{2.2.15}$$

则称它们是联合各态历经过程。

下面给出各态历经过程的必要条件和充分条件。

1．各态历经过程必须是平稳的，但平稳过程不一定都具有各态历经性。

2．平稳过程 $X(t)$ 的均值具有各态历经性的充要条件是

$$\lim_{T \to \infty} \frac{1}{T} \int_{0}^{2T} (1 - \frac{\tau}{2T})[R_X(\tau) - m_X^2]\mathrm{d}\tau = 0 \tag{2.2.16}$$

3．平稳过程 $X(t)$ 的自相关函数具有各态历经性的充要条件是

$$\lim_{T \to \infty} \frac{1}{T} \int_{0}^{2T} (1 - \frac{\tau_1}{2T})[B(\tau_1) - R_X^2(\tau)]\mathrm{d}\tau_1 = 0 \tag{2.2.17}$$

式中，$B(\tau_1) = E[X(t+\tau+\tau_1)X(t+\tau)X(t+\tau_1)X(t)]$

平稳过程 $X(t)$ 和 $Y(t)$ 的互相关函数具有联合各态历经性的充要条件与式(2.2.17)相似，只是将式(2.2.17)中相应的自相关函数改为互相关函数即可。

4．对于均值为零的高斯过程 $X(t)$，若自相关函数连续，各态历经的充要条件是

$$\int_{0}^{\infty} |R_X(\tau)|\mathrm{d}\tau < \infty \tag{2.2.18}$$

### 2.2.4 平稳随机过程的相关性分析

在相关理论范围内研究平稳过程，最重要的统计量就是相关函数。

## 一、自相关函数性质

**性质 1** 实平稳过程 $X(t)$ 的自相关函数是偶函数

$$R_X(\tau) = R_X(-\tau) \tag{2.2.19}$$

由于平稳过程的自相关函数只与时间间隔有关,利用定义便可得证

$$R_X(\tau) = E[X(t)X(t+\tau)] = E[X(t+\tau)X(t)] = R_X(-\tau)$$

由于协方差函数与自相关函数的内在联系,因此有

$$C_X(\tau) = C_X(-\tau)$$

**性质 2** 平稳过程 $X(t)$ 自相关函数的最大点在 $\tau = 0$ 处

$$R_X(0) \geq |R_X(\tau)| \tag{2.2.20}$$

我们先求平稳过程 $X(t) \pm X(t+\tau)$ 平方的均值,由定义

$$E[\{X(t) \pm X(t+\tau)\}^2] \geq 0$$

展开

$$E[X^2(t) \pm 2X(t)X(t+\tau) + X^2(t+\tau)] \geq 0$$

根据平稳过程自相关函数与时间起点无关的结论,得到

$$2R_X(0) \pm 2R_X(\tau) \geq 0$$

故有

$$R_X(0) \geq |R_X(\tau)|$$

同理可证协方差函数满足

$$C_X(0) \geq |C_X(\tau)| \tag{2.2.21}$$

**性质 3** 周期平稳过程 $X(t)$ 的自相关函数是周期函数,且与周期平稳过程的周期相同

$$R_X(\tau+T) = R_X(\tau) \tag{2.2.22}$$

周期过程定义为 $X(t) = X(t+T)$ ,代入上式

$$R_X(\tau+T) = E[X(t)X(t+\tau+T)] = E[X(t)X(t+\tau)] = R_X(\tau)$$

即得证。

**性质 4** 非周期平稳过程 $X(t)$ 的自相关函数满足

$$\lim_{\tau \to \infty} R_X(\tau) = R_X(\infty) = m_X^2 \tag{2.2.23}$$

$$\sigma_X^2 = R_X(0) - R_X(\infty) \tag{2.2.24}$$

这一点我们可从物理意义上解释。对于非周期平稳过程 $X(t)$ ,随着时间差 $\tau$ 的增加,势必会减小 $X(t)$ 与 $X(t+\tau)$ 的相关程度。由于自相关函数的对称性,当 $\tau \to \infty$ 时,二者不相关,则有

$$\lim_{\tau \to \infty} R_X(\tau) = \lim_{\tau \to \infty} E[X(t)X(t+\tau)] = \lim_{\tau \to \infty} E[X(t)]E[X(t+\tau)] = m_X^2$$

以及

$$\sigma_X^2 = R_X(0) - m_X^2$$

所以有

$$\sigma_X^2 = R_X(0) - R_X(\infty)$$

根据这一性质，图 2.9 给出了非周期平稳过程自相关函数各统计量之间的关系。

**例 2.2.5** 非周期平稳随机过程 $X(t)$ 的自相关函数

$$R_X(\tau) = 16 + \frac{9}{1 + 3\tau^2}$$

求数学期望及方差。

**解**：由式(2.2.23)，可求出随机过程 $X(t)$ 的数学期望

$$m_X^2 = R_X(\infty) = 16$$

$$m_X = \pm 4$$

注意这里无法确定数学期望的符号。再由式(2.2.24)，得到方差

$$\sigma_X^2 = R_X(0) - R_X(\infty) = 25 - 16 = 9$$

因此，随机过程 $X(t)$ 的数学期望为 $\pm 4$ ，方差为 9。

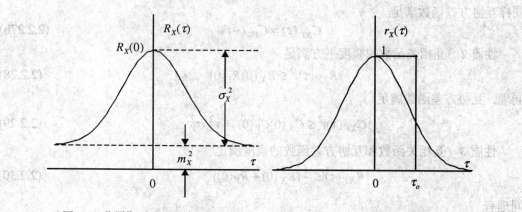

图 2.9　非周期平稳过程自相关函数　　　　图 2.10　自相关系数

## 二、相关系数

自相关系数也是表示随机过程 $X(t)$ 关联程度的统计量，它定义为归一化自相关函数

$$r_X(\tau) = \frac{C_X(\tau)}{\sigma_X^2} = \frac{R_X(\tau) - m_X^2}{\sigma_X^2} \tag{2.2.25}$$

比较图 2.9 和图 2.10，可以了解自相关系数和自相关函数之间的关系。它具有自相关函数类似的性质，此外还有 $r_X(0) = 1$ 。

相关时间 $\tau_o$ 是另一个表示相关程度的量，它是利用相关系数定义的。相关时间有两种定义方法，一种把满足

$$\left| r_X(\tau_o) \right| \le 0.05 \tag{2.2.26a}$$

时的 $\tau$ 作为相关时间 $\tau_o$ 。它的物理意义很明确：若随机过程 $X(t)$ 的相关时间为 $\tau_o$ ，则认为随机过程的时间间隔大于 $\tau_o$ 的两个时刻的取值是不相关的。另一种定义相关时间的方法是将 $r_X(\tau)$ 曲线在 $[0, \infty)$ 之间的面积等效成 $\tau_0 \times r_X(0)$ 的矩形（见图 2.10），因此有

$$\tau_o = \int_0^\infty r_X(\tau) \mathrm{d}\tau \tag{2.2.26b}$$

当用自相关函数表征随机过程的相关性大小时,不能用直接比较其值大小的方法来决定,因为自相关函数包括随机过程的数学期望和方差。协方差函数虽不包括数学期望,但仍然包含方差。相关系数是对数学期望和方差归一化的结果,不存在数学期望和方差的影响。因此相关系数可直观地说明两个随机过程的相关程度的强弱,或随机过程起伏的快慢。

### 三、互相关函数性质

**性质 1** 一般情况下,互相关函数是非奇非偶函数

$$R_{XY}(\tau) = R_{YX}(-\tau) \tag{2.2.27a}$$

根据互相关函数定义,有

$$R_{XY}(\tau) = E[X(t)Y(t+\tau)] = E[Y(t+\tau)X(t)] = R_{YX}(-\tau)$$

同样互协方差函数满足

$$C_{XY}(\tau) = C_{YX}(-\tau) \tag{2.2.27b}$$

**性质 2** 互相关函数的幅度平方满足

$$|R_{XY}(\tau)|^2 \le R_X(0)R_Y(0) \tag{2.2.28}$$

同理,互协方差函数满足

$$|C_{XY}(\tau)|^2 \le C_X(0)C_Y(0) = \sigma_X^2 \sigma_Y^2 \tag{2.2.29}$$

**性质 3** 互相关函数和互协方差函数的幅度满足

$$|R_{XY}(\tau)| \le \frac{1}{2}[R_X(0) + R_Y(0)] \tag{2.2.30}$$

同理有

$$|C_{XY}(\tau)| \le \frac{1}{2}[C_X(0) + C_Y(0)] = \frac{1}{2}[\sigma_X^2 + \sigma_Y^2] \tag{2.2.31}$$

以上两个性质可利用

$$E[\{Y(t+\tau) + \lambda X(t)\}^2] \ge 0$$

来证明,式中 $\lambda$ 为任意实数。

## 2.3 平稳随机过程的功率谱及高阶谱

对于确定信号,经常对时域信号进行傅里叶变换求得信号的频谱函数,以便研究信号的频率构成,我们称之为频谱分析。在讨论随机信号时,我们仍然希望能够借助傅里叶变换来研究随机信号的频率构成,这就是一般所说的功率谱分析。利用傅里叶变换进行功率谱分析称为经典功率谱分析。经典功率谱分析的方法虽然简单,但分辨率低。在计算机及信号处理技术迅速发展的今天,人们已不满足经典的功率谱分析。一门新兴的学科现代功率谱分析已经成熟,并逐渐地用于实际工程系统中。现代功率谱分析主要有 ARMA 谱分析、最大似然谱分析、最大熵谱分析及特征值分解等方法。本节我们主要介绍平稳随机过

程的经典谱分析方法。现代谱分析已超出本书的范围，若需要请参考有关文献和书籍。

### 2.3.1 随机过程的功率谱密度

一个确定信号在满足狄氏条件，且绝对可积的情况下，我们说它存在频谱密度。信号频谱密度存在的条件是它具有有限的能量。随机信号的能量一般是无限的，但只要注意到它的平均功率是有限的，我们仍然可以利用傅里叶变换这一工具。

首先考虑随机过程的一个样本函数 $x(t)$，并截取 $-T$ 到 $T$ 的一段，记为 $x_T(t)$

$$x_T(t) = \begin{cases} x(t) & |t| \leq T \\ 0 & |t| > T \end{cases} \tag{2.3.1}$$

由于截断的样本函数 $x_T(t)$ 满足频谱密度存在的条件，它存在频谱密度。由于样本函数的频谱是样本空间元素 $e$ 的函数，用 $X_T(\omega, e)$ 表示，得

$$X_T(\omega, e) = \int_{-T}^{T} x_T(t) e^{-j\omega t} dt \tag{2.3.2}$$

$x_T(t)$ 的平均功率可以根据时域积分求出

$$w = \lim_{T \to \infty} \frac{1}{2T} \int_{-T}^{T} |x_T(t)|^2 dt \tag{2.3.3}$$

由帕塞伐尔定理

$$\int_{-\infty}^{\infty} |y(t)|^2 dt = \frac{1}{2\pi} \int_{-\infty}^{\infty} |Y(\omega)|^2 d\omega \tag{2.3.4}$$

得到

$$w = \lim_{T \to \infty} \frac{1}{2T} \frac{1}{2\pi} \int_{-\infty}^{\infty} |X_T(\omega, e)|^2 d\omega =$$

$$\frac{1}{2\pi} \int_{-\infty}^{\infty} [\lim_{T \to \infty} \frac{1}{2T} |X_T(\omega, e)|^2] d\omega \tag{2.3.5}$$

上式方括号内恰好是样本函数 $x_T(t)$ 在单位频带上的功率，称样本的功率谱密度。因为它不但给出了 $x(t)$ 对于频率的分布情况，而且它在整个频域内积分还给出了平均功率。但 $x(t)$ 毕竟是随机过程的一个样本函数，$w$ 与 $x(t)$ 一样是随机试验结果的函数。如果对所有样本的平均功率 $W$ 取统计平均，就得到随机过程的功率谱密度

$$S_X(\omega) = E[\lim_{T \to \infty} \frac{1}{2T} |X_T(\omega)|^2] = \lim_{T \to \infty} \frac{1}{2T} E[|X_T(\omega)|^2] \tag{2.3.6}$$

如果 $X(t)$ 为平稳过程，均方值必为常数，由式(2.3.3)~式(2.3.5)

$$E[W] = E[X^2(t)] = \frac{1}{2\pi} \int_{-\infty}^{\infty} S_X(\omega) d\omega \tag{2.3.7}$$

由此可见，平稳过程的平均功率等于其均方值或功率谱密度在整个频域上的积分。进一步，如果 $X(t)$ 为各态历经过程，功率谱密度可由一个样本函数得到

$$S_X(\omega) = \lim_{T \to \infty} \frac{1}{2T} \left| X_T(\omega, e) \right|^2 \tag{2.3.8}$$

随机过程的功率谱密度与确定信号频谱密度的幅频相对应，不包括任何相位信息。

自相关函数和功率谱密度有着密切的关系，它们分别从时域和频域两个方面描述随机过程的统计特性。下面我们将给出维纳-辛钦定理，说明二者的关系。

将式(2.3.2)代入式(2.3.6)

$$S_X(\omega) = \lim_{T \to \infty} \frac{1}{2T} E\left[ \int_{-T}^{T} \int_{-T}^{T} X_T(t_1) X_T^*(t_2) \, e^{-j\omega(t_1-t_2)} dt_1 dt_2 \right] =$$

$$\lim_{T \to \infty} \frac{1}{2T} \int_{-T}^{T} \int_{-T}^{T} E[X_T(t_1) X_T^*(t_2)] \, e^{-j\omega(t_1-t_2)} dt_1 dt_2$$

式中，*表示复共轭，如果 $X(t)$ 为实过程可以省略，将自相关函数代入

$$S_X(\omega) = \lim_{T \to \infty} \frac{1}{2T} \int_{-T}^{T} \int_{-T}^{T} R_X(t_1 - t_2) \, e^{-j\omega(t_1-t_2)} dt_1 dt_2 \tag{2.3.9}$$

对于平稳随机过程，自相关函数只与时间差 $t_1 - t_2$ 有关。令 $\tau = t_1 - t_2$，并将积分变量由 $t_1$，$t_2$ 变换到 $\tau$，$t_2$，积分区域由图 2.11 中的正方形变为平行四边形。暂不考虑极限运算，上式可写为

$$\frac{1}{2T} \int_{-T}^{T} \int_{-T}^{T} R_X(t_1 - t_2) \, e^{-j\omega(t_1-t_2)} dt_1 dt_2 =$$

$$\frac{1}{2T} \left\{ \int_{0}^{2T} \left[ R_X(\tau) \, e^{-j\omega\tau} \int_{-T}^{T-\tau} dt_2 \right] d\tau + \int_{-2T}^{0} \left[ R_X(\tau) \, e^{-j\omega\tau} \int_{-T-\tau}^{T} dt_2 \right] d\tau \right\} =$$

$$\frac{1}{2T} \left\{ \int_{0}^{2T} (2T-\tau) R_X(\tau) \, e^{-j\omega\tau} d\tau + \int_{-2T}^{0} (2T+\tau) R_X(\tau) \, e^{-j\omega\tau} d\tau \right\} =$$

$$\frac{1}{2T} \left\{ \int_{-2T}^{2T} (2T-|\tau|) R_X(\tau) \, e^{-j\omega\tau} d\tau \right\}$$

当 $T \to \infty$ 时

$$S_X(\omega) = \lim_{T \to \infty} \int_{-2T}^{2T} \left(1 - \frac{|\tau|}{2T}\right) R_X(\tau) \, e^{-j\omega\tau} d\tau = \int_{-\infty}^{\infty} R_X(\tau) \, e^{-j\omega\tau} d\tau \tag{2.3.10}$$

这就是人们所熟悉的傅里叶变换。由此可知，自相关函数与功率谱密度为一傅里叶变换对，因此由傅里叶反变换可求得自相关函数

$$R_X(\tau) = \frac{1}{2\pi} \int_{-\infty}^{\infty} S_X(\omega) \, e^{j\omega\tau} d\omega \tag{2.3.11}$$

式(2.3.10)和式(2.3.11)即为著名的维纳-辛钦定理，它说明了平稳过程的自相关函数和功率谱之间的关系。式(2.3.10)和式(2.3.11)成立的条件是 $R_X(\tau)$ 和 $S_X(\omega)$ 绝对可积，即

$$\int_{-\infty}^{\infty} |R_X(\tau)| d\tau < \infty \tag{2.3.12}$$

$$\int_{-\infty}^{\infty} S_X(\omega)\mathrm{d}\omega < \infty \tag{2.3.13}$$

它们要求 $X(t)$ 数学期望为零，平均功率有限。由式(2.3.6)功率谱密度非负，式(2.3.13)略去绝对值。

### 2.3.2 功率谱密度的性质

由随机过程的功率谱密度的定义，可得到它的两个性质。

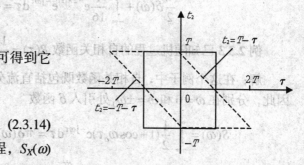

图 2.11 积分区域变换

**性质 1** $S_X(\omega)$ 是非负实函数
$$S_X(\omega) \geq 0 \tag{2.3.14}$$

**性质 2** 如果 $X(t)$ 是实平稳随机过程，$S_X(\omega)$ 是偶函数
$$S_X(\omega) = S_X(-\omega) \tag{2.3.15}$$

由定义式(2.3.6)，因为 $|X_T(\omega)|^2$ 是非负实函数，它的数学期望也必然是非负实函数，性质 1 得证。在实随机过程的条件下，$|X_T(\omega)|^2 = X_T(\omega)X_T(-\omega)$，性质 2 得证。

**例 2.3.1** 已知平稳随机过程的功率谱密度为
$$S(\omega) = \frac{\omega^2 + 2}{\omega^4 + 3\omega^2 + 2}$$

求自相关函数 $R(\tau)$ 和平均功率 $W$。

**解：**
$$R(\tau) = \frac{1}{2\pi}\int_{-\infty}^{\infty} \frac{\omega^2 + 2}{\omega^4 + 3\omega^2 + 2} \mathrm{e}^{\mathrm{j}\omega\tau}\mathrm{d}\omega = \frac{1}{2\pi}\int_{-\infty}^{\infty} \frac{1}{\omega^2 + 1}\mathrm{e}^{\mathrm{j}\omega\tau}\mathrm{d}\omega = \frac{1}{2}\mathrm{e}^{-|\tau|}$$

最后一步利用了傅里叶变换表（见附录 B）。平均功率为
$$W = R(0) = 1/2$$

值得指出的是有些平稳过程的自相关函数的傅里叶变换或功率谱密度的反变换并不存在，在这种情况下，通常引入 $\delta$ 函数来解决。在工程上遇到的随机信号 $X(t)$，其自相关函数有以下三种情况：

(1) 当 $\tau \to \infty$ 时，$R_X(\tau) \to 0$，满足式(2.3.12)，傅里叶变换存在。

(2) 当 $\tau \to \infty$ 时，$R_X(\tau) \to m_X^2$，不满足式(2.3.12)，在 $\omega=0$ 处引入 $\delta$ 函数，可求出 $R_X(\tau)$ 的傅里叶变换。

(3) 当 $\tau \to \infty$ 时，$R_X(\tau)$ 呈振荡形式，引入 $\delta$ 函数，也可求出 $R_X(\tau)$ 的傅里叶变换。

**例 2.3.2** 已知随机电报信号的自相关函数
$$R(\tau) = \frac{1}{4}(1 + \frac{1}{4}\mathrm{e}^{-2\lambda|\tau|})$$

求其功率谱密度。

**解：**由于自相关函数存在直流分量，因此在 $\omega=0$ 处引入 $\delta$ 函数，即可求出功率谱密

度

$$S(\omega) = \int_{-\infty}^{\infty} \frac{1}{4}(1 + \frac{1}{4}e^{-2\lambda|\tau|})e^{-j\omega\tau}d\tau =$$

$$\frac{\pi}{2}\delta(\omega) + \int_{-\infty}^{\infty} \frac{1}{16}e^{-2\lambda|\tau|}e^{-j\omega\tau}d\tau = \frac{\pi}{2}\delta(\omega) + \frac{1}{4} \cdot \frac{\lambda}{4\lambda^2 + \omega^2}$$

**例 2.3.3** 已知随机过程的自相关函数 $R(\tau) = \frac{1}{2}(1 + \cos\omega_o\tau)$，求功率谱密度。

**解**：在这个例子中，自相关函数既包括直流分量，又包括一个频率为 $\omega_0$ 的正弦分量。因此，分别在 $\omega = 0$ 和 $\omega = \pm\omega_0$ 处引入 $\delta$ 函数

$$S(\omega) = \int_{-\infty}^{\infty} \frac{1}{2}(1 + \cos\omega_o\tau)e^{-j\omega\tau}d\tau = \pi\delta(\omega) + \frac{1}{4}\int_{-\infty}^{\infty}[e^{j\omega_o\tau} + e^{-j\omega_o\tau}]e^{-j\omega\tau}d\tau =$$

$$\pi\delta(\omega) + \frac{\pi}{2}[\delta(\omega - \omega_o) + \delta(\omega + \omega_o)]$$

以上三个例子包括了自相关函数 $R(\tau)$ 的三种情况。

由于实平稳过程 $X(t)$ 的自相关函数 $R_X(\tau)$ 是实偶函数，功率谱密度 $S_X(\omega)$ 也一定是实偶函数。有时我们经常利用只有正频率部分的单边功率谱，这里简单地给出单边功率谱 $G_X(\omega)$ 与双边功率谱 $S_X(\omega)$ 的关系（图 2.12）

$$\begin{cases} S_X(\omega) = 2\int_0^{\infty} R_X(\tau)\cos(\omega\tau)d\tau \\ R_X(\tau) = \frac{1}{\pi}\int_0^{\infty} S_X(\omega)\cos(\omega\tau)d\omega \end{cases}$$

(2.3.16)

$$\begin{cases} G_X(\omega) = 4\int_0^{\infty} R_X(\tau)\cos(\omega\tau)d\tau \\ R_X(\tau) = \frac{1}{2\pi}\int_0^{\infty} G_X(\omega)\cos(\omega\tau)d\omega \end{cases}$$

(2.3.17)

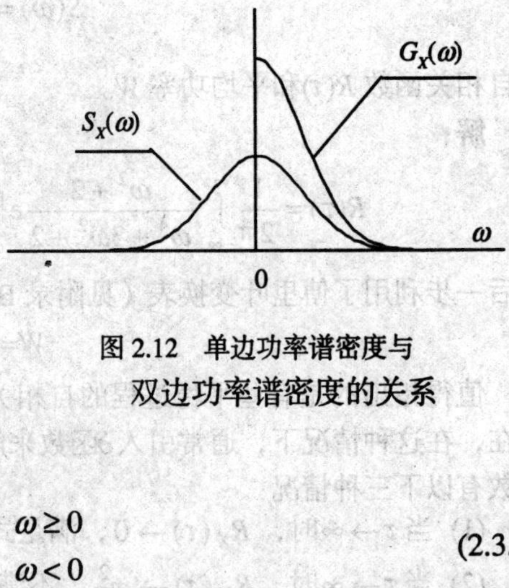

图 2.12 单边功率谱密度与双边功率谱密度的关系

式中

$$G_X(\omega) = \begin{cases} 2S_X(\omega) & \omega \geq 0 \\ 0 & \omega < 0 \end{cases}$$

(2.3.18)

### 2.3.3 联合平稳随机过程的互功率谱密度

上节我们曾定义了两个联合平稳随机过程 $X(t)$ 和 $Y(t)$ 的互相关函数，我们也可以用傅里叶变换来定义它们的互功率谱密度，简称互谱密度。类似式(2.3.6)，我们定义 $X(t)$ 和 $Y(t)$ 的互谱密度

$$S_{XY}(\omega) = \lim_{T\to\infty} \frac{1}{2T} E[X_T^*(\omega)Y_T(\omega)]$$

(2.3.19)

$$S_{YX}(\omega) = \lim_{T \to \infty} \frac{1}{2T} E[Y_T^*(\omega) X_T(\omega)] \tag{2.3.20}$$

式中，*表示复共轭。

互谱密度一般用于研究两个随机过程之和，但两个随机过程必须是各自平稳且联合平稳的。有时也用于研究系统输入和输出之间的关系。利用式(2.3.19)和式(2.3.20)的定义，我们可以导出互谱密度与互相关函数之间也存在傅氏变换关系。我们不加证明地给出它们之间的关系

$$S_{XY}(\omega) = \int_{-\infty}^{\infty} R_{XY}(\tau) e^{-j\omega\tau} d\tau \tag{2.3.21a}$$

$$S_{YX}(\omega) = \int_{-\infty}^{\infty} R_{YX}(\tau) e^{-j\omega\tau} d\tau \tag{2.3.21b}$$

$$R_{XY}(\tau) = \frac{1}{2\pi} \int_{-\infty}^{\infty} S_{XY}(\omega) e^{j\omega\tau} d\omega \tag{2.3.22a}$$

$$R_{YX}(\tau) = \frac{1}{2\pi} \int_{-\infty}^{\infty} S_{YX}(\omega) e^{j\omega\tau} d\omega \tag{2.3.22b}$$

实随机过程 $X(t)$，$Y(t)$ 的互谱密度有以下性质。

**性质 1**　互谱密度的对称性为

$$S_{XY}(\omega) = S_{YX}(-\omega) = S_{YX}^*(\omega) = S_{XY}^*(-\omega) \tag{2.3.23}$$

由定义式(2.3.19)和式(2.3.20)可证。

**性质 2**　互谱密度的实部是偶函数，虚部是奇函数，并有

$$\text{Re}[S_{XY}(\omega)] = \text{Re}[S_{YX}(-\omega)] = \text{Re}[S_{YX}(\omega)] = \text{Re}[S_{XY}(-\omega)] \tag{2.3.24a}$$

$$\text{Im}[S_{XY}(\omega)] = \text{Im}[S_{YX}(-\omega)] = -\text{Im}[S_{YX}(\omega)] = -\text{Im}[S_{XY}(-\omega)] \tag{2.3.24b}$$

利用式(2.3.23)可证。

**性质 3**　如果 $X(t)$，$Y(t)$ 互相正交，互谱密度为零。

这是因为互相正交的两个随机过程互相关函数为零。

**性质 4**　如果 $X(t)$，$Y(t)$ 是互不相关的两个随机过程，且数学期望不为零，则有

$$S_{XY}(\omega) = S_{YX}(\omega) = 2\pi m_X m_Y \delta(\omega) \tag{2.3.25}$$

因为当 $X(t)$，$Y(t)$ 不相关且 $m_X \neq 0, m_Y \neq 0$ 时

$$R_{XY}(\tau) = E[X(t)Y(t+\tau)] = E[X(t)]E[Y(t+\tau)] = m_X m_Y = R_{YX}(\tau)$$

对上式做傅氏变换即得式(2.3.25)。

**性质 5**　互谱密度的幅度平方满足

$$\left| S_{XY}(\omega) \right|^2 \leq S_X(\omega) S_Y(\omega) \tag{2.3.26}$$

此式可用式(2.3.6)和式(2.3.19)来证明。

### 2.3.4 高阶统计量与高阶谱

由功率谱的定义式，我们知道在功率谱计算的过程中，丢失了随机过程的相位信息。在某些应用中，相位信息对信号处理至关重要。为了提取随机信号的相位信息，不能仅在相关理论范围内讨论，只有寻求更高阶意义的统计量和谱。由于计算上的困难，以前在随机信号的处理中，人们只在相关理论范围内，即二阶矩范围内研究随机过程。随着计算技术、计算机和数字信号处理硬件的发展，随机过程的研究已不仅限于二阶矩范围，而是拓展到高阶矩和高阶谱。

仿照 $n$ 维随机变量的矩函数，我们给出随机过程矩函数的定义。由于平稳过程的广泛应用，我们只考虑平稳过程的情况。

$n$ 阶平稳过程 $X(t)$ 在任意 $n$ 个时刻 $t_i$ $(i=1,2,\cdots,n)$，是一个 $n$ 维随机变量

$$\{ X(t_1), X(t_2), \cdots, X(t_n) \}$$

若它们的 $n$ 阶联合矩存在

$$E[X(t_1)X(t_2)\cdots X(t_n)] = E[X(t_1)X(t_1+\tau_1)\cdots X(t_1+\tau_{n-1})] \tag{2.3.27}$$

式中 $t_{i+1} = t_1 + \tau_i$，定义

$$m_n(\tau_1,\tau_2,\cdots,\tau_{n-1}) = E[X(t_1)X(t_1+\tau_1)\cdots X(t_1+\tau_{n-1})] \tag{2.3.28}$$

为 $n$ 阶平稳过程的 $n$ 阶相关矩。$n$ 阶相关矩也称 $n$ 阶相关函数，用 $R_X(\tau_1,\tau_2,\cdots,\tau_{n-1})$ 来表示。$n$ 阶平稳过程的 $n$ 阶相关矩只与 $n$-1 个时间差 $\tau_1,\tau_2,\cdots,\tau_{n-1}$ 有关。当 $n=2$ 时，二阶相关矩

$$m_2(\tau_1) = E[X(t_1)X(t_1+\tau_1)] = R_X(\tau_1) \tag{2.3.29}$$

就是 $X(t)$ 的自相关函数。当 $n=3$ 时，三阶相关矩是 $\tau_1,\tau_2$ 的函数

$$m_3(\tau_1,\tau_2) = E[X(t_1)X(t_1+\tau_1)X(t_1+\tau_2)] = R_X(\tau_1,\tau_2) \tag{2.3.30}$$

而当 $n=4$ 时，四阶相关矩

$$m_4(\tau_1,\tau_2,\tau_3) = E[X(t_1)X(t_1+\tau_1)X(t_1+\tau_2)X(t_1+\tau_3)] = R_X(\tau_1,\tau_2,\tau_3) \tag{2.3.31}$$

在高阶矩的研究中，一般也只限在四阶矩范围内。因为当 $n>4$ 时，所有的计算将变得非常复杂。

与矩函数有密切关系的是累积量，下面给出 $n=1,2,3,4$ 时的相关矩和累积量的关系。

$n=1$ 时，　　$c_1 = m_1 = E[X(t)]$

$n=2$ 时，　　$c_2(\tau_1) = m_2(\tau_1) - m_1^2 = R(\tau_1) - m_1^2$ \qquad\qquad (2.3.32)

$n=3$ 时，　　$c_3(\tau_1,\tau_2) = m_3(\tau_1,\tau_2) - m_1[m_2(\tau_1)+m_2(\tau_2)+m_2(\tau_1-\tau_2)]+2m_1^3$

四阶累积量很复杂，当随机过程的概率密度是对称分布时，三阶累积量为零，只好求助于四阶累积量。虽然 $n=4$ 时的累积量比较复杂，但若 $m_1=0$

$$\begin{aligned} c_4(\tau_1,\tau_2,\tau_3) = &\, m_4(\tau_1,\tau_2,\tau_3) - m_2(\tau_1)m_2(\tau_3-\tau_2) - \\ &\, m_2(\tau_2)m_2(\tau_3-\tau_1) - m_2(\tau_3)m_2(\tau_2-\tau_1) \end{aligned} \tag{2.3.33}$$

高阶统计量在时域描述平稳过程，在频域则用高阶谱描述平稳过程。笼统地说，高阶谱就是高阶统计量的多维傅里叶变换。就像前面刚刚给出的功率谱密度是自相关函数的傅

里叶变换一样，三阶谱是由三阶相关函数的二维傅里叶变换得到的，即

$$S_2(\omega_1,\omega_2) = \int\limits_{-\infty}^{\infty}\int\limits_{-\infty}^{\infty} R_X(\tau_1,\tau_2)e^{-j(\omega_1\tau_1+\omega_2\tau_2)}d\tau_1 d\tau_2 \tag{2.3.34}$$

四阶谱则由四阶相关函数的三维傅里叶变换而来

$$S_3(\omega_1,\omega_2,\omega_3) = \int\limits_{-\infty}^{\infty}\int\limits_{-\infty}^{\infty}\int\limits_{-\infty}^{\infty} R_X(\tau_1,\tau_2,\tau_3)e^{-j(\omega_1\tau_1+\omega_2\tau_2+\omega_3\tau_3)}d\tau_1 d\tau_2 d\tau_3 \tag{2.3.35}$$

平稳过程功率谱存在的条件是自相关函数绝对可积，即满足式(2.3.12)。那么，三阶谱存在也需要满足类似的条件

$$\int\limits_{-\infty}^{\infty}\int\limits_{-\infty}^{\infty} \mid R_X(\tau_1,\tau_2) \mid d\tau_1 d\tau_2 < \infty \tag{2.3.36}$$

其它高阶谱存在的条件可由上式类推。

这只是高阶谱的一种定义方法，用这种方法获得的高阶谱称为矩谱，功率谱就是一种矩谱。高阶谱的另一种定义方法是由高阶累积量来定义，称为累积量谱。三阶累积量谱称为双谱，四阶累积量谱称为三谱。对于随机信号而言，一般倾向于用后者。因为对于高斯过程来讲，三阶以上的累积量为零，因而其累积量谱也为零。一个包括高斯过程和非高斯过程合成信号的三阶累积量谱只包括非高斯过程的那部分分量，这样有助于在高斯噪声中的非高斯信号检测与处理。

由 2.3.2 的讨论可知，实平稳过程的自相关函数 $R_X(\tau)$ 是实偶函数，功率谱密度 $S_X(\omega)$ 也是实偶函数。而高阶统计量及其高阶谱的对称性就不像二阶统计量及功率谱那样简单。以实平稳过程的三阶累积量及双谱为例，三阶累积量满足

$$c_3(\tau_1,\tau_2) = c_3(\tau_2,\tau_1) = c_3(-\tau_2,\tau_1-\tau_2) = c_3(\tau_1-\tau_2,-\tau_2) =$$
$$c_3(-\tau_1,\tau_2-\tau_1) = c_3(\tau_2-\tau_1,-\tau_1) \tag{2.3.37}$$

可见三阶累积量一共有 6 个对称区域，如图 2.13(a)所示，它们规则地分布在 $\tau_1$, $\tau_2$ 平面上。我们也可在图 2.13(b)上看到，对应的双谱则有 12 个对称区域

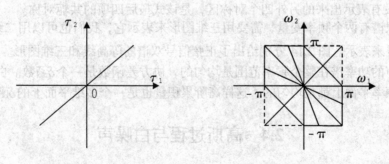

(a) 三阶累积量的对称区          (b) 双谱的对称区

图 2.13 三阶累积量和双谱的对称区示意图

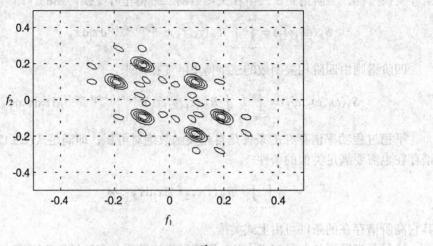

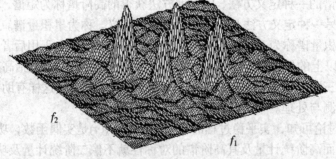

图 2.14 双谱的等高线和三维谱图

$$B(\omega_1, \omega_2) = B(\omega_2, \omega_1) = B^*(-\omega_1, -\omega_2) = B^*(-\omega_2, -\omega_1) =$$
$$B(-\omega_1 - \omega_2, \omega_2) = B(\omega_2, -\omega_1 - \omega_2) = \qquad\qquad (2.3.38)$$
$$B(-\omega_1 - \omega_2, \omega_1) = B(\omega_1, -\omega_1 - \omega_2)$$

式(2.3.38)没有表示出来的另外四个对称区，是该式最后四项的共轭对称。

由于双谱有两个频率变量，需要用三维图形来表示它，我们也可以用二维平面 $\omega_1, \omega_2$ 上的等高线来表示。图 2.14 分别给出了正弦信号双谱的等高线和三维图形。

白噪声的功率谱在整个频率范围是均匀的，协方差函数是一个 $\delta$ 函数。白噪声的高阶谱在多维频率平面上都是均匀的，这样高阶累积量也是一个多维平面上的 $\delta$ 函数。

## 2.4  高斯过程与白噪声

高斯过程和白噪声是通信及信号与信息处理中涉及最广泛的随机信号，也是系统仿真中必不可缺的信号。高斯过程与白噪声定义的出发点不同，高斯过程指随机过程的概率密度服从高斯分布，而白噪声则是从功率谱密度角度定义的，它的分布可以是各种各样的，如高斯白噪声。本节的讨论将有助于我们从某一角度了解随机信号的特点。

## 2.4.1 高斯过程

如果对于任意时刻 $t_i(i=1,2,\cdots,n)$，随机过程的任意 $n$ 维随机变量 $X_i=X(t_i)(i=1,2,\cdots,n)$ 服从高斯分布，则 $X(t)$ 就是高斯过程。高斯过程有着其它随机过程没有的特殊性质。

**性质 1**　宽平稳高斯过程一定是严平稳过程。

如果高斯过程 $X(t)$ 是宽平稳的，应该满足

$$E[X(t)] = m \tag{2.4.1a}$$

$$R_X(t,t+\tau) = R_X(\tau) \tag{2.4.1b}$$

由高斯变量的讨论，我们知道，高斯过程的概率密度只取决于它的一、二阶矩。而式 (2.4.1) 表明宽平稳过程的一、二阶矩与时间无关。由一维概率密度

$$f_X(x,t) = \frac{1}{\sqrt{2\pi}\sigma} e^{-\frac{(x-m)^2}{2\sigma^2}} \tag{2.4.2a}$$

式中，$\sigma^2 = R_X(0) - m^2$ 与时间 $t$ 无关，显然其一维概率密度 $f_X(x,t)$ 也与时间 $t$ 无关。二维概率密度

$$f_X(x_1,x_2;t,t+\tau) = \frac{1}{2\pi\sigma^2\sqrt{1-r^2(\tau)}} e^{-\frac{(x_1-m)^2-2r(\tau)(x_1-m)(x_2-m)+(x_2-m)^2}{2\sigma^2[1-r^2(\tau)]}} \tag{2.4.2b}$$

与时间起点 $t$ 无关，只与时间差 $\tau$ 有关。既然 $f_X(x_1,x_2;t,t+\tau)$ 与时间起点 $t$ 无关，可将它记为 $f_X(x_1,x_2;\tau)$。因此只要高斯过程满足式(2.4.1)，也一定满足式(2.4.2)。同理也可证明 $X(t)$ 的高维概率密度与 $t$ 无关，宽平稳高斯过程一定是严平稳过程。

**性质 2**　若平稳高斯过程在任意两个不同时刻 $t_i$，$t_j$ 是不相关的，那么也一定是互相独立的。

由不相关性，对任意的 $t_i$，$t_j$，有 $r(t_i,t_j)=0$。因此 $n$ 维高斯分布满足

$$f_X(x_1,x_2,\cdots,x_n;t_1,t_2,\cdots,t_n) = \prod_{i=1}^{n} \frac{1}{\sqrt{2\pi}\sigma} e^{-\frac{(x_i-m)^2}{2\sigma^2}} =$$

$$f_{X_1}(x_1)f_{X_2}(x_2)\cdots f_{X_n}(x_n) \tag{2.4.3}$$

即 $n$ 维概率密度等于 $n$ 个一维概率密度的乘积，这说明任何时刻都不相关的高斯过程一定是独立高斯过程。

综上所述，高斯过程的宽平稳性和严平稳性是等价的；不相关性和独立性也是等价的。值得注意的是只有高斯过程有这样的性质，其它随机过程并无此性质。

由高斯变量的知识我们知道，$n$ 个高斯变量之和仍然是高斯变量。对于高斯过程我们很容易证明以下结论：

(1) 平稳高斯过程与确定时间信号之和也是高斯过程，确定的时间信号可认为是高斯过程的数学期望。除非确定信号是不随时间变化的，否则将不再是平稳过程。

(2) 如果高斯过程的积分存在，它也将是高斯分布的随机变量或随机过程。

(3) 平稳高斯过程导数的一维概率密度也是高斯分布的，数学期望为零，方差为

$\sigma^2|r''(0)|$，即

$$f_{X'}(x') = \frac{1}{\sqrt{2\pi\sigma^2|r''(0)|}} e^{-\frac{x'^2}{2\sigma^2|r''(0)|}} \tag{2.4.4}$$

式中，$r''(\cdot)$ 为相关系数的二阶导数。

此外，平稳高斯过程导数的二维概率密度是高斯分布的，平稳高斯过程与其导数的联合概率密度也是高斯分布的。

### 2.4.2 噪　声

在信息与信号处理领域，要想将有用信号不失真地变换和处理几乎是不可能的。譬如，在信息的传输过程中，不论是有线传输还是无线传输，信号的传输过程不可避免地存在某些误差。

误差的来源一方面是信息传输处理时，信道或设备不理想造成的误差。另一方面，传输处理过程中串入的一些其它信号也引起误差。广义地说，人们称这些使信号产生失真的误差源为噪声，但来自外部的噪声也称为干扰。典型的噪声有电子线路的热噪声和信道噪声，信道噪声包括大气噪声、天电干扰、工业干扰及蓄意干扰等等。

噪声是一种在理论上无法预测的信号，即随机信号。只有掌握噪声的规律才能降低它的影响，更好地对信号进行处理和检测。从噪声与电子系统的关系来看，噪声可分为内部噪声和外部噪声。内部噪声是系统本身的元器件及电路产生的噪声，包括热噪声、散弹噪声和闪烁噪声等，A/D 转换器引起的量化噪声也属于内部噪声。外部噪声则包括电子系统之外的所有噪声，如各种人为干扰和自然现象所产生的噪声。

噪声是一个典型的随机过程，因此必定有一定的分布和一定的功率谱密度。根据噪声的分布，具有高斯分布的噪声就称为高斯噪声，热噪声就是一种高斯噪声；具有均匀分布的噪声就称为均匀噪声，量化噪声就是均匀噪声。从功率谱的角度看，如果一个随机过程的功率谱密度是常数，无论是什么分布，都称它为白噪声。换句话说，白噪声的频率分量非常丰富。就像有白光也有七色光一样，有白噪声也有色噪声。与光谱的定义相似，色噪声的功率谱密度中各种频率分量的大小不同。

白噪声过程是服从一定分布的随机过程，它的特点是功率谱密度为常数。白噪声的模型简单，数学处理方便。电子设备中许多噪声和随机信号都认为具有白噪声的特点。

如果平稳过程 $N(t)$ 的数学期望为零，并在整个频率范围内的功率谱为常数

$$S_N(\omega) = \frac{N_o}{2} \qquad -\infty < \omega < \infty \tag{2.4.5}$$

则说它是白噪声过程，简称为白噪声。白噪声的自相关函数具有冲激函数的形式

$$R_N(\tau) = \frac{N_o}{2}\delta(\tau) \tag{2.4.6}$$

白噪声的相关系数

$$r_N(\tau) = \begin{cases} 1 & \tau = 0 \\ 0 & \tau \neq 0 \end{cases} \tag{2.4.7}$$

式(2.4.5)说明白噪声具有丰富的频率分量,式(2.4.6)则说明白噪声的任何两个不同时刻都是不相关的。实际上,白噪声是一个理想化的数学模型,在模拟系统中根本不可能存在。这不仅因为系统带宽是有限的,还因为白噪声的平均功率是无限的,即

$$\frac{1}{2\pi}\int_{-\infty}^{\infty}S_N(\omega)\mathrm{d}\omega = \frac{N_o}{4\pi}\int_{-\infty}^{\infty}\mathrm{d}\omega \to \infty \tag{2.4.8}$$

而实际系统中的白噪声的平均功率不可能是无限的。

白噪声是一个相对的概念,既然白噪声是一个理想的数学模型,我们就要讨论一下工程上如何假定这个模型存在的条件。在工程问题中,一个实际系统的带宽只能是有限的,不可能包括下至音频上至射线的频带。因此,不论是天线接收的信号,还是接收机输出的噪声,它们的功率谱宽度也一定是有限的。一般情况下,只要平稳过程功率谱的带宽比所关心的带宽宽得多,且比较均匀,我们都可以假定它是白噪声。为区别起见,我们称这种白噪声为限带白噪声。

若平稳过程 $N(t)$ 在有限频带上的功率谱密度为常数,在频带之外为零,则称 $X(t)$ 为理想限带白噪声。下面给出两种理想情况下的限带白噪声。

**一、低通白噪声**

低通白噪声的功率谱密度集中在低频端,且分布均匀,见图 2.15(a)。它的功率谱密度和自相关函数分别表示为

$$S_N(\omega)=\begin{cases}\dfrac{P\pi}{\Delta\omega} & |\omega|\le\Delta\omega \\[2mm] 0 & \text{其它}\end{cases} \tag{2.4.9}$$

$$R_N(\tau)=P\frac{\sin(\Delta\omega\tau)}{\Delta\omega\tau} \tag{2.4.10}$$

由式(2.4.10),我们可得到低通白噪声的平均功率 $R_N(0)=P$。

由此可见,功率谱宽度为有限宽时,平均功率也是有限的,自相关函数则由于功率谱宽度缩小而展宽了。

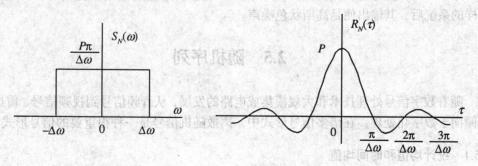

(a) 功率谱密度　　　　　　　(b) 自相关函数

图 2.15　低通白噪声的功率谱密度和自相关函数

79

## 二、带通白噪声

如果 $N(t)$ 的功率谱密度在 $\pm\omega_o$ 附近是常数，即

$$S_N(\omega) = \begin{cases} \dfrac{P\pi}{\Delta\omega} & \omega_o - \dfrac{\Delta\omega}{2} < |\omega| < \omega_o + \dfrac{\Delta\omega}{2} \\ 0 & \text{其它} \end{cases} \tag{2.4.11}$$

则称 $N(t)$ 是带通限带白噪声，或称带通白噪声。它的自相关函数

$$R_N(\tau) = P\frac{\sin(\Delta\omega\tau/2)}{\Delta\omega\tau/2}\cos(\omega_o\tau) = a(\tau)\cos(\omega_o\tau) \tag{2.4.12}$$

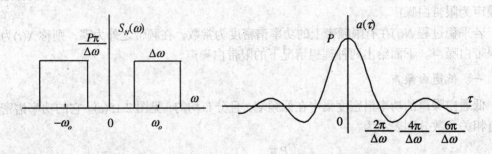

(a) 功率谱密度    (b) 自相关函数的包络

图 2.16　带通白噪声的功率谱密度和自相关函数的包络

式中，$a(\tau)$ 为带通白噪声自相关函数的包络。由式(2.4.12)可以看到，带通白噪声的平均功率仍然是 $R_N(0) = P$，因为这里的带通白噪声与低通白噪声相比，带宽是相同的。图 2.16 给出了相应的功率谱密度和自相关函数的包络 $a(\tau)$，根据图 2.16 也不难理解这个问题。

色噪声也是一种经常遇到的随机信号，色噪声功率谱的特点是各种频率分量的大小不同。最典型的是高斯状的色噪声，注意这里指的是色噪声的功率谱密度形状是高斯形的，它的分布可以是任意的。一般窄带系统的频率响应具有高斯形状，因此当一个白噪声通过这样的系统后，其输出便是高斯状色噪声。

# 2.5　随机序列

随着数字信号处理技术和大规模集成电路的发展，从音频信号到视频信号、雷达信号都倾向于数字化处理。在诸多信号形式中，离散随机信号是一种很重要的信号形式。

## 2.5.1　统计均值和时间均值

随机过程是以 $t$ 为参变量的随机函数，而随机序列则是以离散的时间 $n$ 作为参变量，一般记为 $\{X(n), n = \pm 1, \pm 2, \cdots, \pm N\}$，或简写 $X(n)$。

## 一、一般序列

由于对某一时刻 $n$，$X(n)$ 仍然是一个随机变量，因此它的概率分布函数和概率密度的定义与随机过程相同。这里我们只给出它的 $N$ 维概率密度和概率分布函数的关系

$$f_X(x_1,x_2,\cdots,x_N;1,2,\cdots,N) = \frac{\partial^N F_X(x_1,x_2,\cdots,x_N;1,2,\cdots,N)}{\partial x_1 \partial x_2 \cdots \partial x_N} \tag{2.5.1}$$

如果 $N$ 个随机变量是互相独立的，则有

$$f_X(x_1,\cdots,x_N;1,2,\cdots,N) = f_{X_1}(x_1,1)f_{X_2}(x_2,2)\cdots f_{X_N}(x_N,N) \tag{2.5.2}$$

如果对任意的 $i$，上式中的 $f_{X_i}(x_i,i)$ 都相同，则称 $X(n)$ 是独立同分布的，记为 i.i.d.。

随机序列 $X(n)$ 的统计均值（数学期望）定义为

$$m_X(n) = E[X(n)] = \int_{-\infty}^{\infty} xf(x,n)\mathrm{d}x \tag{2.5.3}$$

$X(n)$ 的函数 $g(X(n))$ 的统计均值可由下式求出

$$E[g(X(n))] = \int_{-\infty}^{\infty} g(x)f(x,n)\mathrm{d}x \tag{2.5.4}$$

如果在任意 $n$ 时刻 $X(n)$ 是离散随机变量，那么求解离散的随机序列的统计均值则由积分变成求和，式(2.5.3)和式(2.5.4)应为

$$m_X(n) = E[X(n)] = \sum_{i=1}^{\infty} x_i P(X(n)=x_i) \tag{2.5.5}$$

$$E[g(X(n))] = \sum_{i=1}^{\infty} g(x_i)P(X(n)=x_i) \tag{2.5.6}$$

式中，$P(X(n)=x_i)$ 是 $x_i$ 的取值概率。仿此可定义均方值、方差、自相关序列和协方差序列

$$E[X^2(n)] = \int_{-\infty}^{\infty} x^2 f(x,n)\mathrm{d}x \tag{2.5.7}$$

$$D[X(n)] = E[\{X(n)-m_X(n)\}^2] = \sigma_X^2(n) \tag{2.5.8}$$

$$R_X(n,m) = E[X(n)X(m)] \tag{2.5.9}$$

$$C_X(n,m) = E[\{X(n)-m_X(n)\}\{X(m)-m_X(m)\}] \tag{2.5.10}$$

一般情况下，自相关序列和协方差序列是二维序列。与随机过程相同，随机序列的统计均值满足以下运算法则

$$E[aX(n)] = aE[X(n)] \tag{2.5.11a}$$

$$E[X(n)\pm Y(n)] = E[X(n)]\pm E[Y(n)] \tag{2.5.11b}$$

两个随机序列 $X(n)$ 与 $Y(m)$ 的互相关和互协方差的定义与式(2.5.9)和式(2.5.10)相似。如果序列 $X(n)$ 与 $Y(m)$ 不相关，则有

$$E[X(n)Y(m)] = E[X(n)]E[Y(m)] \tag{2.5.12}$$

## 二、平稳序列

平稳序列的定义同平稳过程，也分为严平稳和宽平稳。这里主要考虑宽平稳随机序列。对于宽平稳随机序列 $X(n)$，统计均值和方差与时间无关

$$m_X = E[X(n)] \tag{2.5.13a}$$

$$\sigma_X^2 = E[\{X(n) - m_X\}^2] \tag{2.5.13b}$$

自相关序列和协方差序列与时间起点 $n$ 无关，只与时间差 $m$ 有关

$$R_X(n, n+m) = R_X(m) \tag{2.5.14a}$$

$$C_X(n, n+m) = C_X(m) \tag{2.5.14b}$$

因而平稳序列的自相关序列和协方差序列是一维序列。

## 三、各态历经序列

我们也可将平稳过程的各态历经性用于平稳序列。随机序列 $X(n)$ 的时间均值定义为

$$\overline{X(n)} = \lim_{N \to \infty} \frac{1}{2N+1} \sum_{n=-N}^{N} X(n) \tag{2.5.15a}$$

时间自相关序列为

$$\overline{X(n)X(n+m)} = \lim_{N \to \infty} \frac{1}{2N+1} \sum_{n=-N}^{N} X(n)X(n+m) \tag{2.5.15b}$$

对于一般的随机序列，时间均值是一个随机变量，时间自相关序列则是一维随机序列。但如果 $X(n)$ 是平稳的，且满足各态历经性，则

$$\overline{X(n)} = m_X \tag{2.5.16a}$$

$$\overline{X(n)X(n+m)} = R_X(m) \tag{2.5.16b}$$

时间均值为常数，时间自相关序列为一维确定时间序列。

在实际应用中，如果平稳随机序列满足各态历经性，则统计均值可用时间均值代替。这样，在计算统计均值时，并不需要大量样本函数的集合，只需对一个样本函数求时间平均即可。甚至有时也不需要计算 $N \to \infty$ 时的极限，况且也不可能。通常的做法是取一个有限的、计算系统能够承受的 $N$ 求时间均值和时间自相关序列。当数据的样本数有限时，也只能用有限个数据来估计时间均值和时间自相关序列，并用它们作为统计均值和统计自相关序列的估值。若各态历经序列 $X(n)$ 的一个样本有 $N$ 个数据 $\{x(0), x(1), \cdots, x(N-1)\}$，那么 $X(n)$ 的均值由下式估计

$$\hat{m}_X = \frac{1}{N} \sum_{n=0}^{N-1} x(n) \tag{2.5.17}$$

由于实序列自相关序列是对称的，自相关函数的估值为

$$\hat{R}(m) = \frac{1}{N} \sum_{n=0}^{N-|m|-1} x(n)x(n+|m|) \tag{2.5.18}$$

根据式(2.5.18)计算的 8 个样本序列的时间自相关序列如图 2.17 所示。在实际工作中，

为了能通过图形说明自相关序列的情况，往往将序列画成连续的曲线，图 2.17 就是将几个自相关序列画在同一个图中，图 2.17(a)是低通限带白噪声的情况，图 2.17(b)则是限带白噪声与一个正弦信号之和的情况。从图示的自相关序列可知，一个是非周期平稳序列，另一个则是包括周期分量的平稳序列。如果对所有时间自相关序列求统计均值，所有样本都基本在均值附近，因此，这两个平稳序列可以认为是各态历经序列。

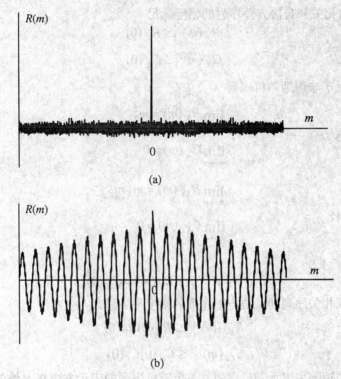

图 2.17 平稳序列的自相关序列

### 2.5.2 相关序列与协方差序列性质

自相关序列和协方差序列可以表征随机序列的相关程度。而要表征两个随机序列的相关程度，还需互相关序列和互协方差序列。

如果两个实随机序列 $X(n)$ 和 $Y(n)$ 是平稳的，并且是联合平稳的，它们的自相关、自协方差、互相关和互协方差序列分别为

$$R_X(m) = E[X(n)X(n+m)] \tag{2.5.19a}$$

$$C_X(m) = E[\{X(n) - m_X\}\{X(n+m) - m_X\}] \tag{2.5.19b}$$

$$R_{XY}(m) = E[X(n)Y(n+m)] \tag{2.5.19c}$$

$$C_{XY}(m) = E[\{X(n) - m_X\}\{Y(n+m) - m_Y\}] \tag{2.5.19d}$$

式中，$m_X$，$m_Y$ 分别是 $X(n)$ 和 $Y(n)$ 的统计均值，我们不加证明地给出以下性质，证明方法与随机过程相似。

**性质 1** 自相关和自协方差序列为偶函数，而互相关和互协方差序列是非奇非偶的。

83

$$R_X(m) = R_X(-m) \tag{2.5.20a}$$

$$C_X(m) = C_X(-m) \tag{2.5.20b}$$

$$R_{XY}(m) = R_{YX}(-m) \tag{2.5.20c}$$

$$C_{XY}(m) = C_{YX}(-m) \tag{2.5.20d}$$

**性质 2**  自相关和自协方差序列的幅度满足

$$\left| R_X(m) \right| \leq R_X(0) \tag{2.5.21a}$$

$$\left| C_X(m) \right| \leq C_X(0) \tag{2.5.21b}$$

**性质 3**  对于非周期随机序列

$$\lim_{m \to \infty} R_X(m) = m_X^2 \tag{2.5.22a}$$

$$\lim_{m \to \infty} C_X(m) = 0 \tag{2.5.22b}$$

$$\lim_{m \to \infty} R_{XY}(m) = m_X m_Y \tag{2.5.22c}$$

$$\lim_{m \to \infty} C_{XY}(m) = 0 \tag{2.5.22d}$$

因此有

$$\sigma_X^2 = R_X(0) - R_X(\infty) = C_X(0) \tag{2.5.23}$$

**性质 4**  互相关序列和互协方差序列的幅度平方满足

$$\left| R_{XY}(m) \right|^2 \leq R_X(0) R_Y(0) \tag{2.5.24a}$$

$$\left| C_{XY}(m) \right|^2 \leq C_X(0) C_Y(0) \tag{2.5.24b}$$

通常人们用矩阵来表示随机序列，一个随机序列的表示方法与 $N$ 维随机变量很相似。设 $X$ 表示随机序列，$m$ 和 $s$ 分别表示随机序列的数学期望和方差向量，即

$$X = [X(1), X(2), \cdots, X(N)]^T$$

$$m = [m(1), m(2), \cdots, m(N)]^T$$

$$s = [\sigma(1), \sigma(2), \cdots, \sigma(N)]^T$$

式中，T 表示向量或矩阵的转置。$X$ 的自相关序列和协方差序列则表示为矩阵的形式。如果 $X$ 是平稳随机序列，它的自相关序列和协方差序列可表示为

$$R_X = \begin{pmatrix} R(0) & R(1) & \cdots & R(N-1) \\ R(1) & R(0) & \cdots & R(N-2) \\ \vdots & \vdots & & \vdots \\ R(N-1) & R(N-2) & \cdots & R(0) \end{pmatrix} \tag{2.5.25}$$

$$C_X = \begin{pmatrix} \sigma^2 & C(1) & \cdots & C(N-1) \\ C(1) & \sigma^2 & \cdots & C(N-2) \\ \vdots & \vdots & \ddots & \vdots \\ C(N-1) & C(N-2) & \cdots & \sigma^2 \end{pmatrix} \tag{2.5.26}$$

式中，$R(m)$ 和 $C(m)$ 分别是时间差为 $m$ 时刻的自相关和协方差，协方差阵的对角线是平稳随机序列的方差。

作为应用随机序列的一个例子，我们考虑图 2.18 中给出的自适应噪声对消器。它包括两个输入端，初始输入端和参考输入端。假如初始输入端的信号 $D(n)$ 是有用信号和噪声的混合信号，那么用一个与 $D(n)$ 中噪声分量相关的噪声作为参考输入信号，经过自适应滤波器，在噪声对消器的输出端就可以得到一个噪声被对消的有用信号。

图中，初始输入端的信号 $D(n)$ 是一个随机序列，它是有用信号分量 $X(n)$ 和随机噪声分量 $N(n)$ 的线性组合

$$D(n) = X(n) + N(n)$$

有用信号分量 $X(n)$ 可能是随机序列，也可能是确定的时间序列，$X(n)$ 和 $N(n)$ 不相关。参考输入端信号 $N_1(n)$ 是随机噪声序列，它与 $N(n)$ 以某种形式相关。自适应滤波器的输出 $Y(n)$ 仍然是随机序列，初始输入端的信号 $D(n)$ 与它相减后，就得到自适应噪声对消器的输出

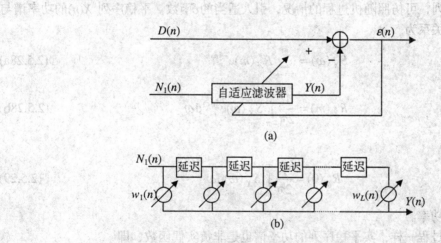

图 2.18 自适应噪声对消器及自适应滤波器

$$\varepsilon(n) = D(n) - Y(n) = X(n) + N(n) - Y(n) \tag{2.5.27}$$

输出的平均功率就是初始输入与自适应滤波器输出之差的平均功率，有时也称为误差功率

$$E[\varepsilon^2(n)] = E[\{X(n) + N(n) - Y(n)\}^2] =$$
$$E[X^2(n)] + E[\{N(n) - Y(n)\}^2] + 2E[X(n)\{N(n) - Y(n)\}]$$

由于有用信号 $X(n)$ 与 $N(n)$ 和 $Y(n)$ 都不相关，若 $X(n)$ 的统计均值为零，上式右端中的第三项为零

$$E[\varepsilon^2(n)] = E[X^2(n)] + E[\{N(n) - Y(n)\}^2]$$

应用最小均方误差准则，使输出误差功率最小

$$\min E[\varepsilon^2(n)] = E[X^2(n)] + \min E[\{N(n) - Y(n)\}^2]$$

当调节图 2.18(b)中滤波器的加权系数使 $E[\varepsilon^2(n)]$ 最小时，$E[\{N(n) - Y(n)\}^2]$ 也达到最小。或者说使自适应滤波器的输出 $Y(n)$ 更接近初始输入中的噪声分量 $N(n)$，也即 $Y(n)$ 是 $N(n)$ 的最优估计。将式(2.5.27)改写为

$$\varepsilon(n) - X(n) = N(n) - Y(n)$$

取上式的均方值

$$E[\{\varepsilon(n) - X(n)\}^2] = E[\{N(n) - Y(n)\}^2]$$

使 $E[\{N(n) - Y(n)\}^2]$ 最小，等价于使 $E[\{\varepsilon(n) - X(n)\}^2]$ 最小。当调节滤波器的加权系数使自适应滤波器的输出 $Y(n)$ 成为 $N(n)$ 最优估计的同时，$\varepsilon(n)$ 也是初始输入信号分量 $X(n)$ 的最优估计。这样就使输出信号只包括有用信号，达到了对消噪声的目的。

### 2.5.3 平稳序列的功率谱

随机序列的能量虽然是无限的，但对于非周期自相关序列，其 Z 变换和傅里叶变换往往是存在的。一般把平稳随机序列的功率谱定义为自相关序列的傅里叶变换。如果自相关序列是周期序列，可仿照随机过程的情况，引入适当的$\delta$函数。平稳序列 $X(n)$ 的功率谱与自相关序列的关系为

$$S_X(\omega) = \sum_{m=-\infty}^{\infty} R_X(m) e^{-j\omega m} \tag{2.5.28a}$$

$$R_X(m) = \frac{1}{2\pi} \int_{-\pi}^{\pi} S_X(\omega) e^{j\omega m} d\omega \tag{2.5.28b}$$

当 $m=0$ 时

$$R_X(0) = \frac{1}{2\pi} \int_{-\pi}^{\pi} S_X(\omega) d\omega \tag{2.5.29}$$

为 $X(n)$ 的平均功率。

与实平稳过程一样，实平稳序列的功率谱也是非负实偶函数，即

$$\begin{aligned} S_X(\omega) &\geq 0 \\ S_X(\omega) &= S_X(-\omega) \end{aligned} \tag{2.5.30}$$

可以证明，式(2.5.28a)表示的功率谱还可表示为

$$S_X(\omega) = \lim_{N \to \infty} E\left\{ \frac{1}{2N+1} \left| \sum_{n=-N}^{N} X(n) e^{-j\omega n} \right|^2 \right\} \tag{2.5.31}$$

当 $X(n)$ 为各态历经序列时，可去掉上式中的统计均值计算，将随机序列 $X(n)$ 用它的一个样本序列 $x(n)$ 代替。在实际应用中，由于一个样本序列的可用数据个数 N 有限，功率谱密度也只能是估计值

$$\hat{S}_X(\omega) = \frac{1}{N} \Big| \sum_{n=0}^{N-1} x(n)\mathrm{e}^{-\mathrm{j}\omega n} \Big|^2 = \frac{1}{N}|X(\omega)|^2 \tag{2.5.32}$$

式中，$X(\omega)$ 是 $x(n)$ 的傅里叶变换。这是比较简单的一种估计方法，这种功率谱密度的估计方法称为周期图方法。如果直接利用数据样本做离散傅里叶变换，可得到 $X(\omega)$ 的离散值。由于这种方法可借助 FFT 算法实现，所以得到了广泛的应用。

图 2.19 给出了用周期图方法估计的平稳序列的功率谱密度，它们与图 2.17 给出的自相关序列一一对应。

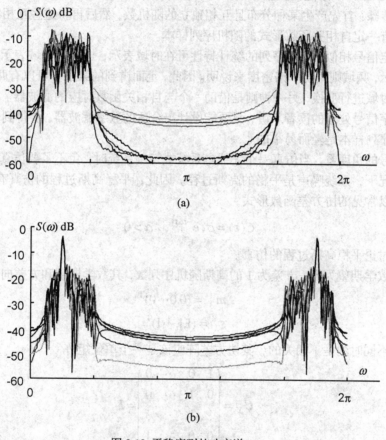

图 2.19 平稳序列的功率谱

## 2.6 离散随机信号的计算机仿真

随机过程的仿真有很大的应用价值。在信号处理、通信及自动控制领域，经常需要仿真不同分布或具有不同自相关函数的随机信号。随机信号的仿真大致有两种情况，其一是纯数字信号的仿真，其二是模拟信号的仿真。当进行计算机系统仿真或信号仿真时，随机信号应是随机序列的形式。而当仿真的目的是用来产生一个模拟随机信号时，算法与随机序列相似，只是要注意到时间采样的间隔，这样当它通过数模转换设备时，才能正确地恢复成模拟信号。

要仿真一个随机过程，需产生很多样本函数。但如果这个随机过程是平稳且各态历经的，就只需产生一个样本函数。在一般情况下，我们仿真的随机过程都认为是满足平稳性和各态历经性。由于计算机产生的随机过程样本只能是时间离散的，因此严格地说，所产生的样本是随机序列的样本而非随机过程的样本函数。

第一章我们已经讨论了不同分布随机数的产生方法，这里我们主要讨论产生具有某种自相关函数的随机序列样本。从某种意义上讲，具有某种自相关序列的随机序列样本与具有同样相关矩的 $N$ 维随机变量相当，因此它们有着共同之处。一个随机序列的仿真主要包括两个步骤：首先产生某种分布且互相独立的随机数，然后再将这些互相独立的随机数变换成具有一定自相关函数形式的随机序列样本。

与确定信号相似，随机序列的统计特性可在时域表示，也能在频域表示。时域用自相关函数表示，频域则用功率谱密度来说明。因此，上面讲到的第二步可以有两种实现方法。一种是在时域进行变换，另一种则是借助一个与自相关函数对应的滤波器。后一种方法对于熟悉数字信号处理的读者来讲，只要能设计出合适的数字滤波器，要得到相应自相关函数的随机序列样本是轻而易举的。

从信号的角度看，当仿真一个无线电系统或控制系统时，免不了要仿真系统噪声，在大多数情况下，系统噪声是平稳的高斯过程。因此，平稳高斯过程的仿真有很大的用途，下面我们以常见的协方差函数形式

$$C(\tau) = \sigma^2 e^{-\alpha|\tau|}, \quad \alpha > 0 \tag{2.6.1}$$

为例，来讨论平稳高斯过程的仿真。

对于数学期望为零、方差为 1 的高斯随机序列 $X$，其数学期望和方差向量分别表示为

$$m_X = (0,0\cdots 0)^T$$

$$s_X = (1,1,\cdots 1)^T$$

若序列的不同时刻是不相关的，其协方差阵应该是一个单位矩阵

$$C_X = \begin{pmatrix} 1 & 0 & \cdots & 0 \\ 0 & 1 & \cdots & 0 \\ \vdots & \vdots & \ddots & \vdots \\ 0 & 0 & \cdots & 1 \end{pmatrix} = I \tag{2.6.2}$$

式中，$I$ 为单位矩阵。对于下三角阵 $A$，随机序列 $X$ 的变换

$$Y = AX + m_Y \tag{2.6.3}$$

是数学期望为 $m_Y$、协方差为 $C_Y = AA^T$ 的高斯随机序列。因为 $Y$ 的数学期望为

$$E[Y] = E[AX + m_Y] = AE[X] + m_Y = m_Y \tag{2.6.4}$$

协方差为

$$C_Y = E\{[Y - m_Y][Y - m_Y]^T\} = $$
$$E\{[AX][AX]^T\} = AE[XX^T]A^T = AR_X A^T \tag{2.6.5}$$

由于高斯随机序列 $X$ 的数学期望为零向量，故有 $C_X = R_X$，因此

$$C_Y = AR_XA^T = AC_XA^T = AA^T \tag{2.6.6}$$

这是因为随机序列的协方差阵是正定对称矩阵，因此可分解成下三角阵 $A$ 与其转置的乘积。正定对称阵的三角阵分解有成熟的算法，一般的算法程序库中都有可用的程序，这里不再讨论。若式(2.6.6)具有如下的形式

$$C_Y = \begin{pmatrix} c_{11} & c_{12} & \cdots & c_{1n} \\ c_{21} & c_{22} & \cdots & c_{2n} \\ \vdots & \vdots & \ddots & \vdots \\ c_{n1} & c_{n2} & \cdots & c_{nn} \end{pmatrix} = \begin{pmatrix} \sigma^2 & C(1) & \cdots & C(n-1) \\ C(1) & \sigma^2 & \cdots & C(n-2) \\ \vdots & \vdots & \ddots & \vdots \\ C(n-1) & C(n-2) & \cdots & \sigma^2 \end{pmatrix} =$$

$$AA^T = \begin{pmatrix} a_{11} & 0 & \cdots & 0 \\ a_{21} & a_{22} & \cdots & 0 \\ \vdots & \vdots & \ddots & \vdots \\ a_{n1} & a_{n2} & \cdots & a_{nn} \end{pmatrix} \begin{pmatrix} a_{11} & a_{12} & \cdots & a_{1n} \\ 0 & a_{22} & \cdots & a_{2n} \\ \vdots & \vdots & \ddots & \vdots \\ 0 & 0 & \cdots & a_{nn} \end{pmatrix} \tag{2.6.7}$$

以 $n=3$ 为例，若

$$c_{ij} = C(|i-j|) = \sigma^2 e^{-\alpha|i-j|}, \quad \alpha > 0, \quad \sigma > 0 \tag{2.6.8}$$

可以证明，$a_{ij}$ 满足

$$\begin{cases} a_{ij} = \sigma \, e^{-\alpha(i-j)}, & j=1 \\ a_{ij} = \sigma \, e^{-\alpha(i-j)}\sqrt{1-e^{-2\alpha}}, & 2 \le j \le i \end{cases} \tag{2.6.9}$$

当 $m_Y = 0$ 时，$Y = AX = (y_1, y_2, y_3)^T$ 的每个元素为

$$\begin{cases} y_1 = a_{11}x_1 \\ y_2 = a_{21}x_1 + a_{22}x_2 \\ y_3 = a_{31}x_1 + a_{32}x_2 + a_{33}x_3 \end{cases} \tag{2.6.10}$$

将式(2.6.9)代入上式，可得

$$y_j = e^{-\alpha}y_{j-1} + \sigma\sqrt{1-e^{-2\alpha}}\,x_j \quad 2 \le j \le n \tag{2.6.11}$$

当 $j=1$ 时，由式(2.6.9)和式(2.6.10)，有

$$y_1 = a_{11}x_1 = \sigma x_1 \tag{2.6.12}$$

如果 $m_Y$ 不为零，在利用式(2.6.11)和式(2.6.12)求得 $Y$ 后，再加上相应的数学期望。

综上所述，仿真协方差函数为式(2.6.1)的高斯过程的方法如下：

1．按第一章介绍的方法产生 $N$ 个均值为零、方差为 1 且相互独立的高斯分布随机数 $\{x_n, n = 0,1,2,\cdots,N-1\}$。

2．根据前面讨论的方法，按递推公式

$$y_n = e^{-a\Delta t}y_{n-1} + \sigma\sqrt{1-e^{-2a\Delta t}}\,x_n \quad 1 \le n \le N-1 \tag{2.6.13}$$

计算出一组随机数 $\{y_n, n = 0,1,2,\cdots,N-1\}$，其中初值 $y_0 = \sigma\, x_0$，$\Delta t$ 为采样间隔。若仿真的

是高斯随机序列，$\Delta t=1$。

3．如果要仿真的随机信号数学期望不为零，将数学期望加到随机数 $y_n$ 上，便得到具有式(2.6.1)那样协方差函数的随机过程或随机序列的一个样本。

近年来开发了一些可视化编程软件，它使得人们产生随机变量、随机过程甚至对它们进行处理都很方便，如广泛应用的 Math Works 公司的 Matlab，Cadence 公司的 SPW 软件以及 HP 公司的 VEE。Matlab 作为一个可视化集成软件，包括了目前信号处理的大部分内容，很多复杂的算法只需一条语句。Matlab 的仿真功能和 SPW 及 VEE 很相似，但 SPW 包括很多系统级模块，如通信和雷达等系统的一些功能模块，而 HP VEE 则可与 HP 仪器配合使用。它们共有的特点是编程简单、直观，在编程过程中只需将预置参数的功能模块图标连接起来，即可得到仿真结果。

# 习 题 二

2.1 随机过程 $X(t)=A\cos(\omega t)+B\sin(\omega t)$，其中 $\omega$ 为常数，$A$、$B$ 是两个互相独立的高斯变量，并且 $E[A]=E[B]=0$，$E[A^2]=E[B^2]=\sigma^2$。求 $X(t)$ 的数学期望和自相关函数。

2.2 若随机过程 $X(t)$ 在均方意义下连续，证明它的数学期望也必然连续。

2.3 证明随机过程存在均方导数的充分条件是：自相关函数在它的自变量相等时，存在二阶偏导数

$$\frac{\partial^2 R(t_1,t_2)}{\partial t_1 \partial t_2}\bigg|_{t_1=t_2}$$

2.4 判断随机过程 $X(t)=A\cos(\omega t+\Phi)$ 是否平稳？其中 $\omega$ 为常数，$\Phi$、$A$ 分别为均匀分布和瑞利分布的随机变量，且互相独立

$$f_{\Phi}(\varphi)=1/2\pi \qquad 0<\varphi<2\pi$$

$$f_A(a)=\frac{a}{\sigma^2}e^{-a^2/2\sigma^2} \qquad a>0$$

2.5 证明由不相关的两个任意分布的随机变量 $A$，$B$ 构成的随机过程

$$X(t)=A\cos(\omega_o t)+B\sin(\omega_o t)$$

是宽平稳而不一定是严平稳的。其中 $\omega_o$ 为常数，$A$，$B$ 的数学期望为零，方差 $\sigma^2$ 相同。

2.6 由三个样本函数 $x_1(t)=2$，$x_2(t)=2\cos t$，$x_3(t)=3\sin t$ 组成的随机过程 $X(t)$，每个样本发生的概率相等，是否满足严平稳或宽平稳的条件？

2.7 已知随机过程 $X(t)=A\cos(\omega t+\Phi)$，$\Phi$ 为在 $[0,2\pi]$ 内均匀分布的随机变量，$A$ 可能是常数、时间函数或随机变量。$A$ 满足什么条件时，$X(t)$ 是各态历经过程？

2.8 设 $X(t)$ 和 $Y(t)$ 是互相独立的平稳随机过程，它们的乘积是否平稳？

2.9 求用 $X(t)$ 自相关函数及功率谱密度表示的 $Y(t)=X(t)\cos(\omega_o t+\Phi)$ 的自相关函数及功率谱密度。其中 $\Phi$ 为在 $[0,2\pi]$ 上均匀分布的随机变量，$X(t)$ 是与 $\Phi$ 互相独立的随机过程。

2.10 平稳高斯过程 $X(t)$ 的自相关函数为

$$R_X(\tau) = \frac{1}{2}e^{-|\tau|}$$

求 $X(t)$ 的一维和二维概率密度。

2.11 对于两个零均值联合平稳随机过程 $X(t)$ 和 $Y(t)$，已知 $\sigma_X^2 = 5$，$\sigma_Y^2 = 10$，说明下列函数是否可能为它们的相关函数，并说明原因。

(1) $R_Y(\tau) = -\cos(6\tau)e^{-|\tau|}$   (2) $R_Y(\tau) = 5[\frac{\sin(3\tau)}{3\tau}]^2$

(3) $R_Y(\tau) = 6 + 4e^{-3\tau^2}$   (4) $R_X(\tau) = 5\sin(5\tau)$

(5) $R_X(\tau) = 5u(\tau)e^{-3\tau}$   (6) $R_X(\tau) = 5e^{-|\tau|}$

2.12 求随机相位正弦信号 $X(t) = \cos(\omega_o t + \Phi)$ 的功率谱密度，式中 $\omega_o$ 为常数，$\Phi$ 为在 $0 \sim 2\pi$ 内均匀分布的随机变量。

2.13 已知随机过程 $X(t) = \sum_{i=1}^{n} a_i X_i(t)$，式中 $a_i$ 是常数，$X_i(t)$ 是平稳过程，并且互相之间是正交的，若 $S_{X_i}(\omega)$ 表示 $X_i(t)$ 的功率谱密度，证明 $X(t)$ 功率谱密度为

$$S_X(\omega) = \sum_{i=1}^{n} a_i^2 S_{X_i}(\omega)。$$

2.14 由联合平稳过程 $X(t)$ 和 $Y(t)$ 定义了一个随机过程

$$V(t) = X(t)\cos(\omega_o t) + Y(t)\sin(\omega_o t)$$

(1) $X(t)$ 和 $Y(t)$ 的数学期望和自相关函数满足哪些条件可使 $V(t)$ 是平稳过程。

(2) 将(1)的结果用到 $V(t)$，求以 $X(t)$ 和 $Y(t)$ 的功率谱密度和互谱密度表示的 $V(t)$ 的功率谱密度。

(3) 如果 $X(t)$ 和 $Y(t)$ 不相关，那么 $V(t)$ 的功率谱密度是什么？

2.15 设两个随机过程 $X(t)$ 和 $Y(t)$ 各是平稳的，且联合平稳

$$X(t) = \cos(\omega_o t + \Phi)$$
$$Y(t) = \sin(\omega_o t + \Phi)$$

式中，$\omega_o$ 为常数，$\Phi$ 为在 $0 \sim 2\pi$ 内均匀分布的随机变量。它们是否不相关、正交、统计独立。

2.16 如果 $X(t)$ 和 $Y(t)$ 是联合平稳随机过程，证明

$$|R_{XY}(\tau)|^2 \le R_X(0)R_Y(0)$$

2.17 在一般情况下，随机过程 $X(t) = A\cos(\omega_o t) + B\sin(\omega_o t)$ 是否是(1)宽平稳；(2)严平稳？其中 $\omega_o$ 为常数，$A$，$B$ 为不同分布的随机变量，但方差相同。

2.18 编制一个产生协方差函数为 $C(\tau) = 4e^{-2|\tau|}$ 的平稳高斯过程的程序，产生若干样本函数。估计所产生样本的时间自相关函数和功率谱密度，并求统计自相关函数和功率谱密度，最后将结果与理论值比较。

# 第三章　系统对随机信号的响应

在学习本章之前，我们假定读者已通晓信号与系统的知识。经过前两章的学习，我们重新考虑一下信号与系统的关系。

"信号"可利用一个具体的数学表达式来描述，表达式中包括确定的常量、变量以及随机量，随机量又包括随机变量、随机过程或随机序列。因此，信号一般分为确定信号和随机信号两大类，每一类又具体分为时间连续信号和时间离散信号。在工程应用中，常称时间连续信号为模拟信号，而时间离散信号的一个重要形式是数字信号。

从数学上讲，"系统"就是输入与输出之间的函数关系，这种关系可以利用微分方程和差分方程来描述。根据方程的性质，系统分为线性系统和非线性系统，而每类系统还可进一步分成连续系统（或模拟系统）和离散系统（或数字系统）。

信号与系统可以有不同的组合，大多数是连续信号通过连续系统以及数字信号通过数字系统，也有离散信号通过连续系统的情况，如电报信号和某些通信信号通过模拟接收机。但无论如何连续信号也不能通过数字系统，必须在数字系统前加装 A/D 转换装置。

连续的确定信号通过线性系统和非线性系统曾在信号与系统及电子线路等课程中讨论过；离散的确定信号（数字信号）通过离散的线性系统（数字系统）应在数字信号处理课程中研究；而随机信号通过线性系统和非线性系统则是本章要讨论的内容。

## 3.1　线性系统输出及概率分布

系统除了线性和非线性之分，还有时变和时不变之别。此外，稳定也是系统的一个重要特性。我们在这里涉及的线性系统一般是指线性、时不变、稳定的系统。

### 3.1.1　系统的输出响应

如果系统输入是一个随机过程 $X(t)$，我们暂且取其一个样本函数 $x(t)$。由于 $x(t)$ 是一确定时间函数，根据线性时不变系统理论，系统输出由时域卷积得到

$$y(t) = \int_{-\infty}^{\infty} h(\tau)x(t-\tau)\mathrm{d}\tau = \int_{-\infty}^{\infty} x(\tau)h(t-\tau)\mathrm{d}\tau \tag{3.1.1}$$

式中，$h(t)$ 为系统的单位冲激响应。显然，$y(t)$ 也是一个确定的时间函数。如果对于每个样本函数 $x(t)$，上面的积分都在均方意义下收敛，那么对应随机输入 $X(t)$ 的输出为

$$Y(t) = \int_{-\infty}^{\infty} h(\tau)X(t-\tau)\mathrm{d}\tau = \int_{-\infty}^{\infty} X(\tau)h(t-\tau)\mathrm{d}\tau \tag{3.1.2}$$

如果输入信号和系统都是离散的，系统的输出为二者的离散线性卷积

$$Y(n) = \sum_{m=-\infty}^{\infty} h(m)X(n-m) = \sum_{m=-\infty}^{\infty} X(m)h(n-m) \tag{3.1.3}$$

对于物理可实现系统，当 $t<0$ 或 $n<0$ 时，有 $h(t)=0$ 或 $h(n)=0$，式(3.1.2)和式(3.1.3)应改写如下

$$Y(t) = \int_{0}^{\infty} h(\tau)X(t-\tau)\mathrm{d}\tau = \int_{-\infty}^{t} X(\tau)h(t-\tau)\mathrm{d}\tau \tag{3.1.4}$$

$$Y(n) = \sum_{m=0}^{\infty} h(m)X(n-m) = \sum_{m=-\infty}^{n} X(m)h(n-m) \tag{3.1.5}$$

### 3.1.2 输出的概率分布

当线性系统输入是一个随机信号时，它的输出也是随机信号，因此也具有一定的分布。在一般情况下，确定一个线性系统输出的分布律是很难的。但也有特殊的情况，譬如，输入为高斯过程时，其输出也将是高斯过程。下面讨论几种特殊的情况。

#### 一、输入为高斯过程

我们从物理可实现的离散时间系统入手，考虑到当 $n<0$ 时，$X(n)=0$，式(3.1.5)可表示为有限项之和的形式

$$Y(n) = \sum_{m=0}^{n} X(m)h(n-m) \tag{3.1.6}$$

如果输入 $X(n)$ 是高斯序列，在 $m$ 时刻，$X(m)$ 是一个高斯变量，那么式(3.1.6)是 $N$ 维高斯变量的线性组合。由高斯变量的性质可知，$N$ 维高斯变量的线性组合仍为高斯分布，因此输出 $Y(n)$ 也是高斯分布。这个结论很容易推广到模拟系统。

#### 二、输入为非高斯过程

在信号处理中，人们经常称非高斯过程通过线性系统后的输出为线性非高斯过程。若线性系统的输入不是高斯过程，输出随机过程的分布根据输入随机过程与系统带宽之间的关系，可有不同的近似结果。

当输入随机过程的功率谱宽度远远大于系统带宽时，输出的随机过程接近高斯分布。我们仍以离散时间系统为例讨论这个问题，再把结论推广到模拟系统。在式(3.1.6)中，如果在 $m$ 时刻，$X(m)$ 是非高斯变量，那么我们可以尝试着应用中心极限定理。根据中心极限定理，只要满足不同 $X(m)$ 之间是互相独立的，那么，大量统计独立的随机变量之和的分布趋向于高斯分布。这里要解决的有两个问题，一方面，$X(m)$ 之间不一定是互相独立的；另一方面，需要 $h(n-m)$ 的持续期足够长，以保证式(3.1.6)中至少能有 7~10 项取和。

如果输入随机过程的功率谱很宽，相应的相关时间 $\tau_0$ 就很小。若 $X(m)$ 是以 $T$ 为采样间隔对 $X(t)$ 进行采样的结果，总会有一个 $K$，使 $\tau_0 \ll kT$，这时可认为输入随机过程的采样 $X(m),X(m+K),\cdots,X(m+cK)$ 之间是互相独立的。由于 $h(n-m)$ 的持续时间与系统带宽成反比，因此，若系统带宽足够窄，则可使 $h(n-m)$ 的持续时间超过 $cK$。当 $c>7$ 时，就可以保证式(3.1.6)中的 $cK$ 项取和时，包括大于 7 项互相独立的随机变量，这些互相独立项之和将接近高斯分布。当 $K>1$ 时，式(3.1.6)将包括 $K$ 个这样的近似高斯变量取和，此时即可以

认为输出 $Y(n)$ 是接近高斯分布的。这个结果对于模拟系统也是适用的。在一般的工程应用中，若输入随机过程的功率谱宽度 $\Delta f_X$ 和系统带宽 $\Delta f_H$ 满足 $\Delta f_X > 7\Delta f_H$，就认为输出随机过程接近高斯分布。

如果输入随机过程的功率谱宽度远远小于系统带宽，则可认为输入随机过程通过系统后失真很小，因此其输出随机过程的概率分布接近输入随机过程的概率分布。

### 三、用高阶统计量确定

当输入随机过程的功率谱密度与系统带宽接近时，则无法确定其输出的概率分布。我们也可以用高阶累积量确定输出的分布。

由第一章的讨论，我们知道当系统输出随机过程的三阶中心矩为零时，其偏态系数为零。这时，它的分布应该是对称的。由例 1.2.2，高斯变量的高阶累积量为零，如果系统输出的高阶累积量不为零，那么肯定不是高斯分布。

数字计算技术的完善和现代数字信号处理技术的发展，使估计线性系统输出的概率分布成为可能。这涉及到一些分类和模式识别的理论，它已超出本课程的范围，读者可参考有关书籍和文献。

## 3.2　线性系统输出的数字特征

既然系统输出的概率分布很难用实验的方法得到，研究系统输出的数字特征就显得尤为重要。

### 3.2.1　系统输出的数学期望及自相关函数

在输入随机过程的数字特征已知的情况下，可以用式(3.1.2)~式(3.1.5)的积分式直接求输出随机过程的数字特征。这相当于系统分析中的时域分析法。

对式(3.1.2)和式(3.1.3)求统计均值便得到输出随机过程的数学期望，如果输入为平稳过程或平稳序列，其数学期望为 $m_X$，则有

$$E[Y(t)] = E[\int_{-\infty}^{\infty} h(\tau)X(t-\tau)\mathrm{d}\tau] = \int_{-\infty}^{\infty} h(\tau)E[X(t-\tau)]\mathrm{d}\tau =$$

$$m_X \int_{-\infty}^{\infty} h(\tau)\mathrm{d}\tau = m_Y \tag{3.2.1}$$

$$E[Y(n)] = E[\sum_{m=-\infty}^{\infty} h(m)X(n-m)] = m_X \sum_{m=-\infty}^{\infty} h(m) = m_Y \tag{3.2.2}$$

对于物理可实现系统，式(3.2.1)和式(3.2.2)则为

$$m_Y = E[Y(t)] = m_X \int_{0}^{\infty} h(\tau)\mathrm{d}\tau \tag{3.2.3}$$

$$m_Y = E[Y(n)] = m_X \sum_{m=0}^{\infty} h(m) \tag{3.2.4}$$

也可以用类似的方法求系统输出的自相关函数和自相关序列

$$R_Y(t, t+\tau) = E[Y(t)Y(t+\tau)] =$$

$$E[\int_{-\infty}^{\infty} \int_{-\infty}^{\infty} X(t-\lambda_1)X(t+\tau-\lambda_2)h(\lambda_1)h(\lambda_2)\mathrm{d}\lambda_1\mathrm{d}\lambda_2] =$$

$$\int_{-\infty}^{\infty} \int_{-\infty}^{\infty} R_X(\tau+\lambda_1-\lambda_2)h(\lambda_1)h(\lambda_2)\mathrm{d}\lambda_1\mathrm{d}\lambda_2 = R_Y(\tau) \tag{3.2.5}$$

$$R_Y(n, n+m) = E[Y(n)Y(n+m)] =$$

$$E[\sum_{j=-\infty}^{\infty} \sum_{k=-\infty}^{\infty} X(n-j)X(n+m-k)h(j)h(k)] = \tag{3.2.6}$$

$$\sum_{j=-\infty}^{\infty} \sum_{k=-\infty}^{\infty} R_X(m+j-k)h(j)h(k) = R_Y(m)$$

当系统是物理可实现系统时

$$R_Y(\tau) = \int_0^{\infty} \int_0^{\infty} R_X(\tau+\lambda_1-\lambda_2)h(\lambda_1)h(\lambda_2)\mathrm{d}\lambda_1\mathrm{d}\lambda_2 \tag{3.2.7}$$

$$R_Y(m) = \sum_{j=0}^{\infty} \sum_{k=0}^{\infty} R_X(m+j-k)h(j)h(k) \tag{3.2.8}$$

由此可见，当输入随机过程 $X(t)$ 和 $X(n)$ 为平稳过程或平稳序列时，输出 $Y(t)$，$Y(n)$ 亦是平稳过程或平稳序列。对于模拟系统，输出自相关函数等于输入自相关函数与系统冲激响应的二次卷积

$$R_Y(\tau) = R_X(\tau) * h(-\tau) * h(\tau) \tag{3.2.9}$$

输出平稳过程的平均功率为

$$R_Y(0) = \int_0^{\infty} \int_0^{\infty} R_X(\lambda_1-\lambda_2)h(\lambda_1)h(\lambda_2)\mathrm{d}\lambda_1\mathrm{d}\lambda_2 \tag{3.2.10}$$

对于数字系统，也有着类似式(3.2.9)和式(3.2.10)的结论。另外还可证明：当输入随机过程或随机序列具有各态历经性时，输出也具有各态历经性。

**例 3.2.1** 已知系统的输入为白噪声过程 $N(t)$，其自相关函数

$$R_N(\tau) = \frac{N_o}{2} \delta(\tau)$$

系统为简单的 RC 积分电路，如图 3.1。

(1) 求输出电压 $Y(t)$ 的自相关函数和方差；

(2) 当 $N_o = 4 \times 10^{-6}$ W/Hz 时，确定系统的最小时间常数 $T=RC$，使输出的均方差不超过 50mV。

**解**：根据已知条件，可知白噪声过程 $N(t)$ 是平稳过程，因此

$$R_Y(\tau) = \int_0^{\infty} h(\lambda_1) \int_0^{\infty} \frac{N_o}{2} \delta(\tau+\lambda_1-\lambda_2)h(\lambda_2)\mathrm{d}\lambda_2\mathrm{d}\lambda_1 =$$

$$\frac{N_o}{2} \int_0^{\infty} h(\tau+\lambda_1)h(\lambda_1)\mathrm{d}\lambda_1$$

图 3.1 所示的积分电路的冲激响应为

$$h(t) = \begin{cases} \alpha e^{-\alpha t} & t \geq 0 \\ 0 & t < 0 \end{cases}$$

式中，$\alpha = 1/RC$，代入 $R_Y(\tau)$，当 $\tau \geq 0$ 时

$$R_Y(\tau) = \frac{N_o}{2} \int_0^\infty \alpha^2 e^{-\alpha(\lambda_1 + \tau)} e^{-\alpha \lambda_1} d\lambda_1 = \frac{\alpha N_o}{4} e^{-\alpha \tau}$$

当 $\tau < 0$ 时，只要注意到 $\lambda < 0$ 时 $h(\lambda) = 0$，做变量代换 $\lambda_1 + \tau = \lambda$，有

$$R_Y(\tau) = \frac{N_o}{2} \int_\tau^\infty h(\lambda - \tau) h(\lambda) d\lambda = \frac{N_o}{2} \int_0^\infty \alpha^2 e^{-\alpha(\lambda - \tau)} e^{-\alpha \lambda} d\lambda = \frac{\alpha N_o}{4} e^{\alpha \tau}$$

对于任意的 $\tau$ 有

$$R_Y(\tau) = \frac{\alpha N_o}{4} e^{-\alpha |\tau|}$$

自相关函数如图 3.2。由自相关函数的性质，方差应为

$$\sigma_Y^2 = R_Y(0) - R_Y(\infty) = \frac{\alpha N_o}{4}$$

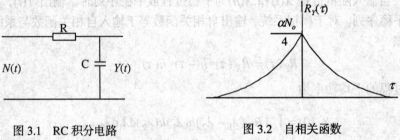

图 3.1　RC 积分电路　　　　　　图 3.2　自相关函数

根据已知条件

$$\sigma_Y^2 = (50 \times 10^{-3})^2 = 25 \times 10^{-4}$$

因此

$$T = \frac{1}{\alpha} = \frac{N_o}{4\sigma_Y^2} = \frac{4 \times 10^{-6}}{4 \times 25 \times 10^{-4}} = 4 \times 10^{-4}$$

欲使输出均方差小于 50mV，电路的时间常数不能小于 0.4ms。这个例子相当于给定输入噪声功率和输出噪声功率，设计满足要求的系统参数。

### 3.2.2　系统输入与输出的互相关函数

一般来讲，系统的输入和输出是相关的，其相关程度可用互相关函数来表示。如果线性系统的输入是随机过程 $X(t)$，而输出 $Y(t)$ 也是一个随机过程。它们之间的互相关函数

$$R_{XY}(t, t+\tau) = E[X(t)Y(t+\tau)] = \int_{-\infty}^\infty E[X(t)X(t+\tau-\lambda)]h(\lambda)d\lambda =$$

$$\int_{-\infty}^\infty R_X(t, t+\tau-\lambda)h(\lambda)d\lambda$$

(3.2.11)

进一步，如果 $X(t)$ 是平稳过程

$$R_{XY}(\tau) = \int_{-\infty}^{\infty} R_X(\tau - \lambda) h(\lambda) \mathrm{d}\lambda = R_X(\tau) * h(\tau) \qquad (3.2.12)$$

可见，通过输入过程的自相关函数和系统冲激响应的卷积可求出输入和输出的互相关函数。由于 $X(t)$ 和 $Y(t)$ 均是平稳过程，根据式(3.2.12)，它们还是联合平稳的。仿上式可得到输出与输入的互相关函数

$$R_{YX}(\tau) = \int_{-\infty}^{\infty} R_X(\tau - \lambda) h(-\lambda) \mathrm{d}\lambda = R_X(\tau) * h(-\tau) \qquad (3.2.13)$$

如果把 $R_{XY}(\tau)$ 或 $R_{YX}(\tau)$ 代入式(3.2.5)，还可得到输出自相关函数与互相关函数的关系

$$R_Y(\tau) = \int_{-\infty}^{\infty} R_{XY}(\tau + \lambda) h(\lambda) \mathrm{d}\lambda = R_{XY}(\tau) * h(-\tau) \qquad (3.2.14)$$

或

$$R_Y(\tau) = \int_{-\infty}^{\infty} R_{YX}(\tau - \lambda) h(\lambda) \mathrm{d}\lambda = R_{YX}(\tau) * h(\tau) \qquad (3.2.15)$$

**例 3.2.2** 理想白噪声过程 $X(t)$，其自相关函数 $R_X(\tau) = \dfrac{N_o}{2}\delta(\tau)$，通过一个冲激响应为 $h(t)$ 的线性系统，求系统响应与互相关函数的关系。

**解：** 由式(3.2.12)

$$R_{XY}(\tau) = \int_{-\infty}^{\infty} \frac{N_o}{2} \delta(\tau - \lambda) h(\lambda) \mathrm{d}\lambda = \frac{N_o}{2} h(\tau)$$

即可求出系统冲激响应

$$h(\tau) = \frac{2}{N_o} R_{XY}(\tau)$$

这个例子提示我们如何测得一个未知系统的冲激响应。一般情况下，理想白噪声具有各态历经性。当白噪声输入到未知系统后得到系统的输出，将输入和输出相乘并取平均，即可得到输入与输出之间的互相关函数的估值

$$\hat{R}_{XY}(\tau) = \frac{1}{T} \int_0^T x(t) y(t + \tau) \mathrm{d}t \qquad (3.2.16)$$

稍加运算

$$\hat{h}(\tau) = \frac{2}{N_o} \hat{R}_{XY}(\tau) \qquad (3.2.17)$$

便得到未知系统的冲激响应的估值。

### 3.2.3 系统输入为随机过程与加性噪声

实际无线电系统和电子系统遇到的通常不是单一信号输入情况。一般通信或雷达接收机以及医用电子仪器的输入端不仅存在信号，还存在很多随机噪声。如雷达接收机除接收

目标信号外，还接收地物杂波或气象杂波等。当这些噪声和信号是相加的关系时，我们称它们为加性噪声（图 3.3）。加性噪声也是一个随机过程，我们可以把这种情况看成是输入端同时存在几个随机信号。当然，也有些噪声不是加性的而是乘性的，在信号处理时要注意区分。这里我们以两个随机过程为例，可以推广到多个随机过程的情况。

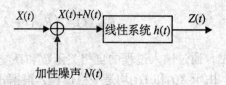

图 3.3 存在加性噪声的系统输入

如果随机过程 $X_1(t)$，$X_2(t)$ 是各自平稳且联合平稳的，它们之和通过线性系统后产生对应的两个随机过程 $Y_1(t)$ 和 $Y_2(t)$ 之和。可以证明 $Y_1(t)$，$Y_2(t)$ 也是各自平稳且联合平稳的。两个平稳过程之和作为系统的输入信号 $X(t) = X_1(t) + X_2(t)$，其数学期望为

$$E[X(t)] = m_{X_1} + m_{X_2} = m_X$$

通过线性系统后，输出信号为

$$Y(t) = Y_1(t) + Y_2(t)$$

其数学期望

$$E[Y(t)] = E[\int_{-\infty}^{\infty} \{X_1(t-\lambda) + X_2(t-\lambda)\} h(\lambda) \mathrm{d}\lambda] =$$

$$(m_{X_1} + m_{X_2}) \int_{-\infty}^{\infty} h(\lambda) \mathrm{d}\lambda = m_{Y_1} + m_{Y_2} = m_Y \tag{3.2.18}$$

输出的自相关函数

$$R_Y(t, t+\tau) = E[\{Y_1(t) + Y_2(t)\} \{Y_1(t+\tau) + Y_2(t+\tau)\}] =$$

$$R_{Y_1}(\tau) + R_{Y_2}(\tau) + R_{Y_1Y_2}(t, t+\tau) + R_{Y_2Y_1}(t, t+\tau) \tag{3.2.19}$$

式中第一项和第二项可利用式(3.2.9)计算，而第三项和第四项是 $Y_1(t)$ 和 $Y_2(t)$ 的互相关函数，参考式(3.2.5)由下式计算

$$R_{Y_1Y_2}(t, t+\tau) = \int_{-\infty}^{\infty}\int_{-\infty}^{\infty} R_{X_1X_2}(\tau + \lambda_1 - \lambda_2) h(\lambda_1) h(\lambda_2) \mathrm{d}\lambda_1 \mathrm{d}\lambda_2 =$$

$$R_{X_1X_2}(\tau) * h(-\tau) * h(\tau) = R_{Y_1Y_2}(\tau) \tag{3.2.20a}$$

$$R_{Y_2Y_1}(t, t+\tau) = R_{X_2X_1}(\tau) * h(-\tau) * h(\tau) = R_{Y_2Y_1}(\tau) \tag{3.2.20b}$$

因此，$Y_1(t)$ 和 $Y_2(t)$ 也是各自平稳且联合平稳的，即有

$$R_Y(t, t+\tau) = R_Y(\tau) \tag{3.2.21}$$

系统输入信号与输出信号的互相关函数可应用式(3.2.12)得到

$$R_{XY}(t, t+\tau) = R_{X_1Y_1}(t, t+\tau) + R_{X_1Y_2}(t, t+\tau) + R_{X_2Y_1}(t, t+\tau) + R_{X_2Y_2}(t, t+\tau) =$$

$$R_{X_1Y_1}(\tau) + R_{X_1Y_2}(\tau) + R_{X_2Y_1}(\tau) + R_{X_2Y_2}(\tau) = R_{XY}(\tau) \tag{3.2.22}$$

式中

$$R_{X_1Y_2}(t,t+\tau) = \int_{-\infty}^{\infty} E[X_1(t)X_2(t+\tau-\lambda)]h(\lambda)\mathrm{d}\lambda = R_{X_1Y_2}(\tau) \qquad (3.2.23a)$$

$$R_{X_2Y_1}(t,t+\tau) = \int_{-\infty}^{\infty} E[X_2(t)X_1(t+\tau-\lambda)]h(\lambda)\mathrm{d}\lambda = R_{X_2Y_1}(\tau) \qquad (3.2.23b)$$

式(3.2.22)说明 $X(t)$ 和 $Y(t)$ 也是联合平稳的。如果输入的两个平稳过程 $X_1(t)$ 和 $X_2(t)$ 是不相关的，则

$$R_X(\tau) = R_{X_1}(\tau) + R_{X_2}(\tau) + 2m_{X_1}m_{X_2} \qquad (3.2.24a)$$

$$R_Y(\tau) = R_{Y_1}(\tau) + R_{Y_2}(\tau) + 2m_{Y_1}m_{Y_2} \qquad (3.2.24b)$$

再进一步，如果输入的两个平稳过程的数学期望为零，即 $X_1(t)$ 和 $X_2(t)$ 互相正交，可得到

$$R_X(\tau) = R_{X_1}(\tau) + R_{X_2}(\tau) \qquad (3.2.25)$$

$$R_Y(\tau) = R_{Y_1}(\tau) + R_{Y_2}(\tau) \qquad (3.2.26)$$

## 3.3 线性系统输出的功率谱密度

很明显，上节求系统输出自相关函数的方法对应时域分析法。这一节将要讨论频域分析法，即求系统输出的功率谱密度。系统输出的功率谱密度可根据系统输出的自相关函数来求，也可由系统输入功率谱密度来求。

如果输入随机过程 $X(t)$ 为平稳过程，输出自相关函数为

$$R_Y(\tau) = \int_{-\infty}^{\infty}\int_{-\infty}^{\infty} R_X(\tau+\lambda_1-\lambda_2)h(\lambda_1)h(\lambda_2)\mathrm{d}\lambda_1\mathrm{d}\lambda_2$$

利用傅氏变换，我们可得到输出功率谱密度

$$S_Y(\omega) = \int_{-\infty}^{\infty} R_Y(\tau)\mathrm{e}^{-\mathrm{j}\omega\tau}\mathrm{d}\tau =$$

$$\int_{-\infty}^{\infty} h(\lambda_1)\int_{-\infty}^{\infty} h(\lambda_2)\int_{-\infty}^{\infty} R_X(\tau+\lambda_1-\lambda_2)\mathrm{e}^{-\mathrm{j}\omega\tau}\mathrm{d}\tau\mathrm{d}\lambda_2\mathrm{d}\lambda_1$$

做变换 $\lambda = \tau+\lambda_1-\lambda_2$，整理后

$$S_Y(\omega) = \int_{-\infty}^{\infty} h(\lambda_1)\mathrm{e}^{\mathrm{j}\omega\lambda_1}\mathrm{d}\lambda_1 \int_{-\infty}^{\infty} h(\lambda_2)\mathrm{e}^{-\mathrm{j}\omega\lambda_2}\mathrm{d}\lambda_2 \int_{-\infty}^{\infty} R_X(\lambda)\mathrm{e}^{-\mathrm{j}\omega\lambda}\mathrm{d}\lambda =$$

$$H^*(\omega)H(\omega)S_X(\omega) = S_X(\omega)\big| H(\omega) \big|^2 \qquad (3.3.1)$$

实际上，式(3.3.1)也可由式(3.2.9)直接得到。根据傅氏变换的性质

$$S_Y(\omega) = S_X(\omega)\cdot H(-\omega)\cdot H(\omega) = S_X(\omega)\big| H(\omega) \big|^2 \qquad (3.3.2)$$

这与确定信号频谱分析法很相似。对于确定信号 $x(t)$ 和 $y(t)$，系统输出的频谱为

$$Y(\omega) = X(\omega)H(\omega)$$

式中，$X(\omega)$ 和 $Y(\omega)$ 分别为 $x(t)$ 和 $y(t)$ 的频谱，$H(\omega)$ 为系统传输函数。仿照这种定义，我们称 $|H(\omega)|^2$ 为系统的功率传输函数。一方面，系统输出的平均功率可由 $R_Y(0)$ 来求。另一方面，也可对式(3.3.2)在整个频域上积分得到

$$W_e = R_Y(0) = \frac{1}{2\pi} \int_{-\infty}^{\infty} S_X(\omega) \left| H(\omega) \right|^2 d\omega \tag{3.3.3}$$

**例 3.3.1** 利用频谱分析法，求白噪声过程 $N(t)$ 通过图 3.4 所示的 RC 积分电路后的自相关函数，已知白噪声 $N(t)$ 的自相关函数为

$$R_N(\tau) = \frac{N_o}{2}\delta(\tau)$$

**解：** 首先，根据自相关函数 $R_X(\tau)$ 求出功率谱密度 $S_X(\omega)$

$$S_X(\omega) = \int_{-\infty}^{\infty} \frac{N_o}{2}\delta(\tau)e^{-j\omega\tau}d\tau = \frac{N_o}{2} \tag{3.3.4}$$

再求 RC 积分电路的传输函数

$$H(\omega) = \frac{\alpha}{\alpha + j\omega}$$

式中，$\alpha = 1/RC$。由式(3.3.2)求出输出的功率谱密度

$$S_Y(\omega) = \frac{N_o}{2} \frac{\alpha^2}{\alpha^2 + \omega^2} \tag{3.3.5}$$

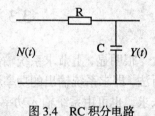

图 3.4　RC 积分电路

利用傅氏反变换

$$R_Y(\tau) = \frac{1}{2\pi} \int_{-\infty}^{\infty} \frac{N_o}{2} \frac{\alpha^2}{\alpha^2 + \omega^2} e^{j\omega\tau}d\omega = \frac{N_o\alpha}{4} e^{-\alpha|\tau|} \tag{3.3.6}$$

最后一步是根据查傅氏变换表得到的，即

$$e^{-\alpha|\tau|} \overset{F}{\Longleftrightarrow} \frac{2\alpha^2}{\alpha^2 + \omega^2} 。$$

值得注意的是，这里所有的傅氏变换都是对 $\omega$ 积分，因此不要忘记反变换中的 $1/2\pi$。频域分析和时域分析的结果是相同的。一般来讲，频域分析法简单些，它可充分利用傅氏变换表简化一些运算。

我们回过头再分析一下白噪声通过 RC 积分电路前后的功率和相关性的变化。根据式(3.3.4)，我们知道输入白噪声的功率谱是无限宽的，且在整个频率轴上为常数。因此它的平均功率也是无限的，即

$$R_X(0) = \frac{N_o}{2}\delta(0)$$

它通过功率传输函数为

$$\left| H(\omega) \right|^2 = \frac{\alpha^2}{\alpha^2 + \omega^2}$$

的系统后，只有一部分具有较低频率分量的功率谱通过，另一部分则在通带之外（图3.5）。这样输出的功率谱密度具有与功率传输函数相同的形状。它的平均功率也不再是无限的，而是有限的

$$R_Y(0) = \frac{N_o \alpha}{4}$$

平均功率的大小除与输入白噪声的强度有关，还与RC积分电路的时间常数有关。

至于输入与输出相关性的变化，显然是从不相关到相关。因为输入白噪声的任意两个时刻都是不相关的，白噪声通过RC电路后，自相关函数已不再是$\delta$函数了。但由式(3.3.6)可知，如果$\alpha$很大，使得自相关函数中指数项随$\tau$很快衰减，当两个时刻离开稍远一些，相关性仍然很弱，或者说输出随机过程的起伏仍然很快。这个问题也可以从功率谱的角度来讨论，为什么$\alpha$大，相关性变弱，请读者自己来完成。

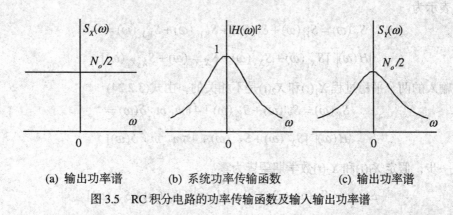

(a) 输出功率谱　　　(b) 系统功率传输函数　　　(c) 输出功率谱

图 3.5　RC积分电路的功率传输函数及输入输出功率谱

另一个例子是白噪声通过RC微分电路，分析方法与RC积分电路相同。

**例 3.3.2** 求白噪声过程 $X(t)$通过图 3.6 所示的RC微分电路后的自相关函数，白噪声 $N(t)$的自相关函数同例 3.3.1。

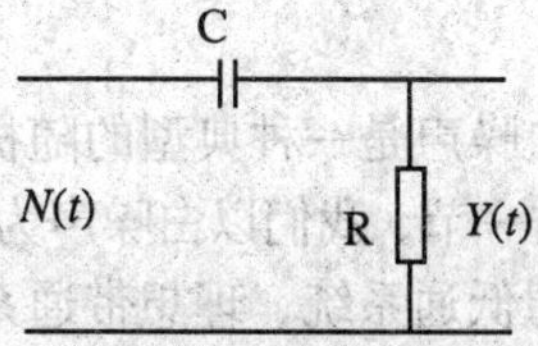

**解：** RC电路的系统传输函数由下式给出

$$H(\omega) = \frac{j\omega}{\alpha + j\omega}, \quad \alpha = \frac{1}{RC}$$

图 3.6　RC 微分电路

于是

$$S_Y(\omega) = \frac{N_o}{2} \frac{\omega^2}{\alpha^2 + \omega^2}$$

利用傅氏反变换

$$R_Y(\tau) = \frac{1}{2\pi} \int_{-\infty}^{\infty} \frac{N_o}{2} \frac{\omega^2}{\alpha^2 + \omega^2} e^{j\omega\tau} d\omega =$$

$$\frac{N_o}{4\pi} \int_{-\infty}^{\infty} (1 - \frac{\alpha^2}{\alpha^2 + \omega^2}) e^{j\omega\tau} d\omega = \frac{N_o}{2} \delta(\tau) - \frac{N_o \alpha}{4} e^{-\alpha|\tau|}$$

白噪声通过微分电路后的功率谱也与时间常数有关。微分电路相对积分电路而言是个高通

网络，因此它允许较高频率分量的功率谱通过。

除了输出的功率谱之外，还可以用频谱分析法计算输入与输出的互功率谱密度。由式(3.2.12)和式(3.2.13)，可得

$$S_{XY}(\omega) = S_X(\omega)H(\omega) \tag{3.3.7a}$$

$$S_{YX}(\omega) = S_X(\omega)H(-\omega) \tag{3.3.7b}$$

与上节的例 3.2.2 相仿，也可以在频域估计待测系统的传输函数。当系统输入为白噪声时，由式(3.3.7a)

$$\hat{H}(\omega) = \frac{2}{N_o}\hat{S}_{XY}(\omega) \tag{3.3.8}$$

如果输入是两个联合平稳的随机过程 $X_1(t)$、$X_2(t)$，根据式(3.2.19)，输出的功率谱密度可表示为

$$S_Y(\omega) = S_{Y_1}(\omega) + S_{Y_2}(\omega) + S_{Y_1Y_2}(\omega) + S_{Y_2Y_1}(\omega) =$$
$$\left|H(\omega)\right|^2[S_{X_1}(\omega) + S_{X_2}(\omega) + S_{X_1X_2}(\omega) + S_{X_2X_1}(\omega)] \tag{3.3.9}$$

如果输入的两个平稳过程 $X_1(t)$ 和 $X_2(t)$ 是不相关的，由式(3.2.24)

$$S_Y(\omega) = S_{Y_1}(\omega) + S_{Y_2}(\omega) + 4\pi m_{Y_1}m_{Y_2}\delta(\omega) =$$
$$\left|H(\omega)\right|^2[S_{X_1}(\omega) + S_{X_2}(\omega) + 4\pi m_{X_1}m_{X_2}\delta(\omega)] \tag{3.3.10}$$

再进一步，假定 $X_1(t)$ 和 $X_2(t)$ 数学期望皆为零

$$S_Y(\omega) = S_{Y_1}(\omega) + S_{Y_2}(\omega) = \left|H(\omega)\right|^2[S_{X_1}(\omega) + S_{X_2}(\omega)] \tag{3.3.11}$$

这说明零均值、互不相关的两个随机过程之和的功率谱密度等于各自功率谱密度之和。

# 3.4  典型线性系统对随机信号的响应

白噪声是一种典型的随机信号，由于白噪声的很多特性，使白噪声的分析变得很简单。这一节，我们以白噪声为例，讨论随机信号通过典型系统后输出的情况。典型系统包括理想低通系统、理想带通系统和高斯带通系统。在分析白噪声通过具体的电路系统之前，我们先介绍等效噪声带宽和随机信号频带宽度的概念。

### 3.4.1  等效噪声频带

频带表示系统对信号频谱的选择性，一般电路系统的频带宽度指系统传输函数 3dB 之间的宽度。对于随机信号而言，系统的传输函数由功率传输函数取代。随机信号通过线性系统后，不仅要考虑输出的频率分量构成，还需要了解它的平均功率。因此，不同于平常意义下的频带宽度，需要定义与平均功率对应的频带宽度。等效噪声带宽就是既考虑了信号的选择性，又注意到信号的平均功率。等效噪声带宽是利用白噪声通过系统后的功率谱来定义的，这种定义实质上是把一个系统的功率传输函数等效成理想系统的功率传输函数。

根据前面的分析，我们知道白噪声通过一个实际系统后，它的功率谱不再是无限宽，并且在通带内也不可能保持常数。如果一个低通系统的功率传输函数为$|H(\omega)|^2$，输出的功率谱密度与系统的功率传输函数有相同的形状

$$S_Y(\omega) = \frac{N_o}{2}\mid H(\omega)\mid^2 \tag{3.4.1}$$

系统输出的平均功率

$$R_Y(0) = \frac{N_o}{4\pi}\int_{-\infty}^{\infty}\mid H(\omega)\mid^2 d\omega \tag{3.4.2}$$

如果我们保持 $R_Y(0)$ 不变，把输出功率谱密度等效成在一定带宽内为均匀的功率谱密度（图3.7(a)），若等效的功率谱密度的高度为$|H(0)|^2$，那么这个带宽就定义为等效噪声带宽$\Delta\omega_e$。上面讲到输出功率谱与系统功率传输函数只差一个系数，对于低通系统，用等效噪声带宽$\Delta\omega_e$表示的等效功率传输函数为

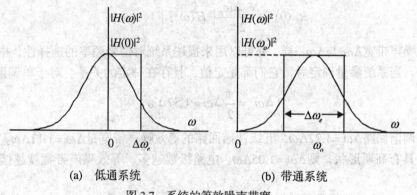

(a) 低通系统　　　　　　　(b) 带通系统

图3.7　系统的等效噪声带宽

$$\mid H_e(\omega)\mid^2 = \begin{cases} \mid H(0)\mid^2 & |\omega| \le \Delta\omega_e \\ 0 & |\omega| > \Delta\omega_e \end{cases} \tag{3.4.3}$$

$\mid H_e(\omega)\mid^2$是经过等效后的理想系统的功率传输函数。等效后系统输出的平均功率为

$$R_Y(0) = \frac{1}{2\pi}\int_{-\infty}^{\infty}\frac{N_o}{2}\mid H_e(\omega)\mid^2 d\omega =$$

$$\frac{N_o}{4\pi}\int_{-\Delta\omega_e}^{\Delta\omega_e}\mid H(0)\mid^2 d\omega = \frac{N_o\Delta\omega_e}{2\pi}\mid H(0)\mid^2 \tag{3.4.4}$$

由式(3.4.2)和式(3.4.4)解得

$$\Delta\omega_e = \frac{\dfrac{1}{2}\displaystyle\int_{-\infty}^{\infty}\mid H(\omega)\mid^2 d\omega}{\mid H(0)\mid^2} = \frac{1}{2}\int_{-\infty}^{\infty}\mid\frac{H(\omega)}{H(0)}\mid^2 d\omega \tag{3.4.5}$$

再根据$|H(\omega)|^2$的对称性，有

$$\Delta\omega_e = \int_0^\infty \left| \frac{H(\omega)}{H(0)} \right|^2 d\omega \tag{3.4.6}$$

如果系统是以 $\omega_o$ 为中心频率的带通系统，且功率传输函数单峰的峰值发生在 $|H(\omega_o)|^2$ 处，用等效噪声带宽 $\Delta\omega_e$ 表示的等效功率传输函数为

$$|H_e(\omega)|^2 = \begin{cases} |H(\omega_o)|^2 & \omega_o - \Delta\omega_e/2 < |\omega| < \omega_o + \Delta\omega_e/2 \\ 0 & \text{其它} \end{cases} \tag{3.4.7}$$

带通系统的等效噪声带宽

$$\Delta\omega_e = \int_0^\infty \left| \frac{H(\omega)}{H(\omega_o)} \right|^2 d\omega \tag{3.4.8}$$

图 3.7(b) 给出了带通系统的等效过程。

对于实随机过程，功率谱密度是对称的，图 3.7(b) 只画出 $\omega>0$ 的部分。带通系统输出的平均功率

$$R_Y(0) = \frac{N_o \Delta\omega_e}{2\pi} |H(\omega_o)|^2 \tag{3.4.9}$$

等效噪声带宽 $\Delta\omega_e$ 与 $\Delta\omega$ 一样，都可以用来描述系统对信号频率的选择性，并只与系统参量有关。当系统参量确定后，它们都是定值，且存在一定的关系。对于单调谐回路

$$\Delta\omega_e = \frac{\pi}{2}\Delta\omega \approx 1.57\Delta\omega$$

而对于双调谐回路 $\Delta\omega_e=1.22\Delta\omega$，五级调谐回路的等效噪声带宽是 $\Delta\omega_e=1.11\Delta\omega$。如果系统调谐回路具有高斯形状，则 $\Delta\omega_e=1.05\Delta\omega$。电路级数越多，等效噪声带宽就越接近系统的带宽 $\Delta\omega$。

**例 3.4.1** 二阶巴特沃思滤波器的功率传输函数为

$$|H(\omega)|^2 = \frac{1}{1+(\frac{\omega}{\Delta\omega})^4}$$

式中，$\Delta\omega$ 是滤波器频率特性的 3dB 带宽，求二阶巴特沃思滤波器的等效噪声带宽。

**解**：由于这个巴特沃思滤波器是低通的，且 $|H(0)|^2=1$，所以由式(3.4.6)

$$\Delta\omega_e = \int_0^\infty \left| \frac{H(\omega)}{H(0)} \right|^2 d\omega = \int_0^\infty \frac{1}{1+(\frac{\omega}{\Delta\omega})^4} d\omega = \frac{\pi\Delta\omega}{2\sqrt{2}}$$

与系统频带对应的是信号的频带，随机信号也应具有相应的带宽问题。如果随机过程的功率谱密度集中在零频附近，我们称这个随机过程为低通过程。相应地，如果随机过程的功率谱密度集中在某个频率 $f_o$ $(f_o>0)$ 附近，我们则称它为带通过程。特别地，当 $f_o$ 远大于随机过程功率谱所占有的带宽，我们称它为窄带过程。第四章我们将详细讨论窄带随机过程。

随机过程的带宽用它的功率谱密度来定义。低通过程 $X(t)$ 矩形带宽 $B_1$ 的定义与系统等效噪声带宽的定义方法相似，就是把随机过程 $X(t)$ 的功率谱密度 $S_X(\omega)$ 曲线下的面积等效

成一个高为 $S_X(0)$，宽为 $B_1$ 的矩形，即

$$B_1 = \frac{\int_{-\infty}^{\infty} S_X(\omega)\mathrm{d}\omega}{S_X(0)} \qquad (3.4.10)$$

低通过程 $X(t)$ 的均方带宽 $B_2$ 定义为归一化功率谱密度的标准差

$$B_2 = \left( \frac{\int_{-\infty}^{\infty} \omega^2 S_X(\omega)\mathrm{d}\omega}{\int_{-\infty}^{\infty} S_X(\omega)\mathrm{d}\omega} \right)^{\frac{1}{2}} \qquad (3.4.11)$$

式中的分母正好是随机过程的总能量。归一化功率谱密度指积分后具有单位面积的功率谱密度。

如果 $X(t)$ 为带通过程，用 $S_X(\omega_o)$ 代替式(3.4.10)中的 $S_X(0)$ 即可得到 $X(t)$ 的矩形带宽

$$B_1 = \frac{\int_{-\infty}^{\infty} S_X(\omega)\mathrm{d}\omega}{S_X(\omega_o)} \qquad (3.4.12)$$

同样，用 $(\omega-\omega_o)^2$ 代替式(3.4.11)中的 $\omega^2$，也可得到带通过程 $X(t)$ 的均方带宽

$$B_2 = \left( \frac{\int_{-\infty}^{\infty} (\omega-\omega_o)^2 S_X(\omega)\mathrm{d}\omega}{\int_{-\infty}^{\infty} S_X(\omega)\mathrm{d}\omega} \right)^{\frac{1}{2}} \qquad (3.4.13)$$

上面定义的随机过程带宽均以双边功率谱密度定义，它们很容易变换成以单边功率谱密度定义的带宽。

在实际系统中，要精确分析系统的各级放大，求得输出功率是很难的。系统等效噪声带宽和随机信号等效带宽的概念使得系统不论怎样复杂，都很容易得到输出的信号功率以及输出信噪比。由于系统的 $|H(\omega_o)|^2$ 或 $|H(0)|^2$ 很容易通过实验从系统中得到，只要知道等效噪声带宽，即可用式(3.4.6)和式(3.4.8)给出低通系统或带通系统输出的平均功率。例如，频率响应为 $|H(\omega)|^2$ 的通信系统的输入是一个平均功率为 $R_X(0)$ 的随机信号 $X(t)$ 和加性白噪声 $N(t)$。随机信号 $X(t)$ 的单边矩形带宽 $B_{1X}$，白噪声 $N(t)$ 的单边矩形带宽 $B_{1N}$，白噪声的单边功率谱密度为 $N_o$，带通系统的等效噪声带宽 $\Delta\omega_e$。若输入随机信号的功率谱主要集中 $\omega_o$ 附近，当 $B_{1X}<\Delta\omega_e$，且在 $|\omega-\omega_o|<B_{1X}/2$ 内 $|H(\omega)|^2$ 是基本不变的，那么系统输出信号 $X_o(t)$ 的平均功率为

$$R_{X_o}(0) = \frac{1}{\pi}\int_0^{\infty} |H(\omega)|^2 G_X(\omega)\mathrm{d}\omega = \frac{1}{\pi}\int_{\omega_o-\Delta\omega_e/2}^{\omega_o+\Delta\omega_e/2} |H_e(\omega)|^2 G_X(\omega)\mathrm{d}\omega =$$

$$|H(\omega_o)|^2 \cdot \frac{1}{\pi}\int_{\omega_o-B_{1X}/2}^{\omega_o+B_{1X}/2} G_X(\omega)\mathrm{d}\omega = |H(\omega_o)|^2 R_X(0)$$

这时，认为输入矩形带宽为 $B_{1X}$ 的随机信号 $X(t)$ 全部通过等效噪声带宽为 $\Delta\omega_e$ 的系统。而

当输入噪声的矩形带宽远远大于系统等效噪声带宽，即 $B_{1N} >> \Delta\omega_e$ 时，$N(t)$ 满足限带白噪声的条件。系统输出的噪声平均功率为

$$R_{N_o}(0) = \frac{N_o \Delta\omega_e}{2\pi} \big| H(\omega_o) \big|^2$$

输出信噪比

$$(S/N)_o = \frac{2\pi \big| H(\omega_o) \big|^2 R_X(0)}{N_o \Delta\omega_e \big| H(\omega_o) \big|^2} = \frac{2\pi R_X(0)}{N_o \Delta\omega_e}$$

### 3.4.2 白噪声通过理想线性系统

理想系统的等效噪声带宽与系统带宽是相等的。工程上，为了讨论问题方便，往往把一个实际系统等效成一个理想系统，这样等效系统的带宽就是等效噪声带宽。为了简便起见，下面的讨论中我们用 $\Delta\omega$ 来代替 $\Delta\omega_e$。

#### 一、理想低通系统

理想低通系统可能是一个理想低通滤波器，也可能是一个理想的低通放大器，它具有图 3.8 那样的频率特性

$$H(\omega) = \begin{cases} A & 0 \le \omega \le \Delta\omega/2 \\ 0 & \text{其它} \end{cases} \tag{3.4.14}$$

白噪声过程 $N(t)$ 的单边功率谱密度为

$$G_N(\omega) = N_o$$

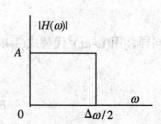

图 3.8  理想低通系统

当白噪声通过理想低通系统后，系统输出随机过程 $Y(t)$ 的单边功率谱密度为

$$G_Y(\omega) = |H(\omega)|^2 G_N(\omega) = \begin{cases} A^2 N_o & 0 \le \omega \le \Delta\omega/2 \\ 0 & \text{其它} \end{cases} \tag{3.4.15}$$

可见，功率谱密度不再是无限宽，而是由无限宽变为 $\Delta\omega/2$。系统输出 $Y(t)$ 的自相关函数为

$$R_Y(\tau) = \frac{1}{2\pi} \int_0^\infty G_Y(\omega)\cos(\omega\tau)\mathrm{d}\omega =$$

$$\frac{1}{2\pi} \int_0^{\Delta\omega/2} A^2 N_o \cos(\omega\tau)\mathrm{d}\omega = \frac{A^2 N_o \Delta\omega}{4\pi} \frac{\sin(\Delta\omega\tau/2)}{\Delta\omega\tau/2} \tag{3.4.16}$$

平均功率为

$$R_Y(0) = \frac{A^2 N_o \Delta\omega}{4\pi} \tag{3.4.17}$$

相关系数

$$r_Y(\tau) = \frac{C_Y(\tau)}{C_Y(0)} = \frac{\sin(\Delta\omega\tau/2)}{\Delta\omega\tau/2} \tag{3.4.18}$$

相关时间

106

$$\tau_o = \int_0^\infty r_Y(\tau)\mathrm{d}\tau = \int_0^\infty \frac{\sin(\Delta\omega\tau/2)}{\Delta\omega\tau/2}\mathrm{d}\tau = \frac{\pi}{\Delta\omega} = \frac{1}{2\Delta f} \tag{3.4.19}$$

式中

$$\int_0^\infty \frac{\sin(ax)}{x}\mathrm{d}x = \frac{\pi}{2}, \quad a>0$$

由式(3.4.15)至式(3.4.19)，得出以下结论，白噪声通过理想低通系统后

1．功率谱宽度变窄，由无限宽变为$\Delta\omega/2$；

2．平均功率由无限变为有限，且与系统带宽$\Delta f$成正比；

3．相关性由不相关变为相关，相关时间与系统带宽$\Delta f$成反比。

系统带宽越窄，相关时间越长，使输出起伏越慢。系统带宽增加，输出起伏相对变快。不过，输入白噪声是剧烈起伏的，相比之下，白噪声通过低通系统后起伏还是变缓慢了。上节的 RC 积分电路就是一个实际的低通系统，与所得到的结论是一致的。

## 二、理想带通系统

理想带通滤波器是一个理想的带通系统，但更典型的带通系统是窄带滤波器或谐振放大器。窄带系统是无线电系统中最常见的，下一章将重点介绍与窄带系统相联系的窄带随机过程。

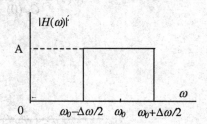

图3.9 理想带通系统

如果输入是具有单边功率谱的白噪声，那么相应的系统频率特性也应表示为单边谱的形式。理想带通滤波器的频率特性如图 3.9 所示，它可表示为

$$H(\omega) = \begin{cases} A & |\omega - \omega_o| \leq \Delta\omega/2 \\ 0 & 其它 \end{cases} \tag{3.4.20}$$

输出随机过程 $Y(t)$ 的单边功率谱密度为

$$G_Y(\omega) = |H(\omega)|^2 G_N(\omega) = \begin{cases} A^2 N_o & |\omega - \omega_o| \leq \Delta\omega/2 \\ 0 & 其它 \end{cases} \tag{3.4.21}$$

系统输出 $Y(t)$ 的自相关函数为

$$R_Y(\tau) = \frac{1}{2\pi}\int_0^\infty G_Y(\omega)\cos(\omega\tau)\mathrm{d}\omega =$$

$$\frac{1}{2\pi}\int_{\omega_o-\Delta\omega/2}^{\omega_o+\Delta\omega/2} A^2 N_o \cos(\omega\tau)\mathrm{d}\omega = \tag{3.4.22}$$

$$\frac{A^2 N_o \Delta\omega}{2\pi}\frac{\sin(\Delta\omega\tau/2)}{\Delta\omega\tau/2}\cos(\omega_o\tau) = a(\tau)\cos(\omega_o\tau)$$

式中

$$a(\tau) = \frac{A^2 N_o \Delta\omega}{2\pi}\frac{\sin(\Delta\omega\tau/2)}{\Delta\omega\tau/2} \tag{3.4.23}$$

上式与低通系统的自相关函数是一样的，相差的系数是因为两个系统的带宽刚好相差一倍。这里 $a(\tau)$ 与 $\cos(\omega_o\tau)$ 相比是慢变部分。当满足 $\Delta\omega<<\omega_o$，即系统满足窄带系统条件时，$a(\tau)$ 表示系统输出 $Y(t)$ 自相关函数的包络。当 $\omega_o=0$ 时，带通系统退化为低通系统，此时有 $R_Y(\tau)=a(\tau)$。低通系统为带通系统的一个特例，但由于低通系统的信号处理比较简单，我们往往偏重研究低通系统的特性，然后再将低通系统输出的功率谱从低频搬移到 $\omega_o$ 处，将低通系统输出的自相关函数 $a(\tau)$ 乘上 $\cos(\omega_o\tau)$，即可得到带通系统的输出自相关函数。图 3.10 是白噪声通过带通系统后输出随机过程的自相关函数。

　　输出随机过程的平均功率

$$R_Y(0)=\frac{A^2 N_o \Delta\omega}{2\pi} \tag{3.4.24}$$

相关系数

$$r_Y(\tau)=\frac{C_Y(\tau)}{C_Y(0)}=\frac{\sin(\Delta\omega\tau/2)}{\Delta\omega\tau/2}\cos(\omega_o\tau) \tag{3.4.25}$$

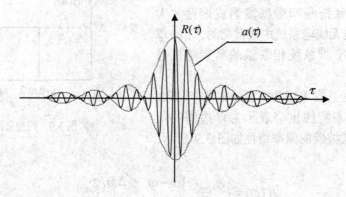

图 3.10　理想带通系统的输出自相关函数

带通系统的相关时间是由相关系数的慢变部分定义的，因此带通系统的相关时间与低通系统的相关时间一致

$$\tau_o=\int_0^\infty \frac{\sin(\Delta\omega\tau/2)}{\Delta\omega\tau/2}\mathrm{d}\tau=\frac{1}{2\Delta f} \tag{3.4.26}$$

　　与低通系统的分析相似，白噪声通过理想带通系统后，功率谱由无限宽变为以 $\omega_o$ 为中心、宽度为 $\Delta\omega$ 的功率谱，平均功率由无限大变为与 $\Delta f$ 成正比。输出随机过程的起伏比输入减弱了，当随着 $\omega_o$ 的增加，其起伏要比低通系统的输出快得多，这是因为带通系统的相关系数中含有一个确定的频率成分。但若用相关时间度量二者的相关性，带通系统与相应的低通系统相比，虽然起伏大小不一样，但相关时间却是相同的。

### 3.4.3　白噪声通过实际线性系统

　　实际应用中最常见的带通系统是调谐回路，调谐回路的级数越多，其频率特性越接近高斯曲线。因此，实际的多级调谐回路的频率特性是以高斯曲线为极限的，而所有的调谐回路又是以理想带通频率特性为极限的。但工程上只要有 4~5 级单调谐回路，就认为它具有高斯频率特性。这里我们以带通系统为例，分析带通系统输出的功率和起伏变化。

如果高斯带通系统的频率响应为

$$H(\omega) = Ae^{\frac{(\omega-\omega_o)^2}{2\beta^2}}$$

式中，$\beta$ 是与系统带宽有关的量。当输入随机信号 $N(t)$ 是具有单边功率谱的白噪声时

$$G_Y(\omega) = |H(\omega)|^2 G_N(\omega) = A^2 N_o e^{\frac{(\omega-\omega_o)^2}{\beta^2}} \tag{3.4.27}$$

我们按照前面给出的结论，利用相应的低通系统输出的自相关函数来求带通系统输出的自相关函数的包络

$$a(\tau) = 2\left[\frac{1}{2\pi}\int_0^\infty |H(\omega)|^2 G_N(\omega)\cos(\omega\tau)d\omega\right]\Big|_{\omega_o=0} =$$

$$\frac{A^2 N_o}{\pi}\int_0^\infty e^{-\frac{\omega^2}{\beta^2}}\cos(\omega\tau)d\omega = \frac{A^2 N_o \beta}{2\sqrt{\pi}}e^{-\frac{\beta^2\tau^2}{4}} \tag{3.4.28}$$

上式利用了傅氏变换对

$$e^{\frac{t^2}{2\sigma^2}} \overset{F}{\Longleftrightarrow} \sigma\sqrt{2\pi}\, e^{\frac{\sigma^2\omega^2}{2}}$$

因此输出自相关函数

$$R_Y(\tau) = a(\tau)\cos(\omega_o\tau) = \frac{A^2 N_o \beta}{2\sqrt{\pi}}e^{-\frac{\beta^2\tau^2}{4}}\cos(\omega_o\tau) \tag{3.4.29}$$

图 3.11 给出了高斯带通系统的输出自相关函数。

输出随机过程的平均功率为

$$R_Y(0) = \frac{A^2 N_o \beta}{2\sqrt{\pi}} \tag{3.4.30}$$

相关系数

$$r_Y(\tau) = e^{-\frac{\beta^2\tau^2}{4}}\cos(\omega_o\tau) \tag{3.4.31}$$

等效噪声带宽

$$\Delta\omega_e = \frac{\int_0^\infty |H(\omega)|^2 d\omega}{|H(\omega_o)|^2} = \int_0^\infty e^{-\frac{(\omega-\omega_o)^2}{\beta^2}}d\omega = \sqrt{\pi}\beta \tag{3.4.32}$$

相关时间

$$\tau_o = \int_0^\infty e^{-\frac{\beta^2\tau^2}{4}}d\tau = \frac{\sqrt{\pi}}{\beta} \tag{3.4.33}$$

由于 $\beta$ 与系统带宽成正比，因此相关时间与带宽 $\Delta f$ 成反比。其它分析结果与理想带通系统

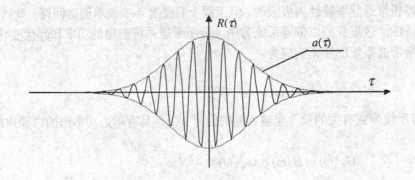

图 3.11　高斯带通系统的输出自相关函数

相同，不同的是这里输出自相关函数的包络是高斯曲线，功率谱密度也是高斯曲线。

## 3.5　非线性系统对随机信号的响应

与线性系统不同，非线性系统不满足叠加原理，因此不能把信号和噪声分开进行研究。另外，由于非线性的作用，在输出端不仅存在信号和噪声的谱分量，还存在信号和噪声相互作用形成的谱分量，输入信号的各次谐波分量等，这就决定了非线性系统的复杂性。经常遇到的非线性器件有检波器、限幅器，在这节里将以此为例讨论它们对随机信号的响应。

在对随机信号进行分析时，我们常把非线性系统分成有记忆（惰性）和无记忆（无惰性）两大类。所谓有记忆系统是指系统某一时刻的输出不仅与同一时刻输入有关，还与以前的输入有关。这样的系统一般都有储能（惰性）元件（例如电感、电容）。在一般电子设备的实际非线性电路中，通常都有储能元件，是有记忆非线性电路，而且往往此级电路的前级、后级是线性电路。这时若要严格考虑本级非线性电路储能元件的影响和级间的相互影响，则需求解非线性微分方程。为使分析简化，可以把储能元件归并到其前级或后级的线性电路中去考虑，使本级电路变成无记忆非线性电路。

假定非线性器件内没有储能元件，即在 $t$ 时刻的输出 $Y(t)$ 只与 $t$ 时刻的输入 $X(t)$ 有关，输入输出的关系式为

$$Y(t) = g[X(t)] \tag{3.5.1}$$

如同第一章随机变量函数变换一样，输出的概率密度可以由输入的概率密度确定。输出的一些统计特性也可以直接利用输入的概率密度求得。

一个重要的结论是，非线性并不改变随机过程的平稳性。事实上只有涉及到时间的变换才改变系统输出的平稳性。

### 3.5.1　全波平方律检波器

全波平方律检波器的传输特性为

$$y = bx^2 \qquad b > 0 \tag{3.5.2}$$

若输人为随机过程 $X(t)$ ，则输出也为随机过程，且

$$Y(t) = bX^2(t) \tag{3.5.3}$$

用 $X_t$ ， $Y_t$ 分别表示输入过程 $X(t)$ 、输出过程 $Y(t)$ 在 $t$ 时刻的状态，则有

$$X_t = \pm\sqrt{\frac{Y_t}{b}} \tag{3.5.4}$$

如 $f_X(x,t)$ 表示 $X(t)$ 的一维概率密度，由式(3.5.3)的函数变换关系可得输出过程的一维概率率密度为

$$f_Y(y,t) = \frac{1}{2\sqrt{by}}[f_X(\sqrt{\frac{y}{b}},t) + f_X(-\sqrt{\frac{y}{b}},t)] \tag{3.5.5}$$

输出过程的 $n$ 阶矩可表示为

$$E[Y^n(t)] = \int_{-\infty}^{\infty}(bx^2)^n f(x,t)\,\mathrm{d}x = b^n\int_{-\infty}^{\infty}x^{2n}f(x,t)\,\mathrm{d}x = b^n E[X^{2n}(t)] \tag{3.5.6}$$

输出的自相关函数

$$R_Y(t_1,t_2) = \int_{-\infty}^{\infty}\int_{-\infty}^{\infty}(bx_1^2)(bx_2^2)f(x_1,x_2;t_1,t_2)\,\mathrm{d}x_1\,\mathrm{d}x_2 = b^2 E[X^2(t_1)X^2(t_2)] \tag{3.5.7}$$

**一、输入 $X(t)$ 为零数学期望平稳的高斯噪声作用于检波器**

输入过程 $X(t)$ 为平稳过程，因此它的一维概率密度与时间无关，即

$$f_X(x) = \frac{1}{\sqrt{2\pi}\sigma}\mathrm{e}^{-\frac{x^2}{2\sigma^2}}$$

代人式(3.5.5)得输出过程的一维概率密度

$$f_Y(y,t) = \frac{1}{2\sigma\sqrt{2\pi by}}[\mathrm{e}^{-\frac{(\sqrt{y/b})^2}{2\sigma^2}} + \mathrm{e}^{-\frac{(-\sqrt{y/b})^2}{2\sigma^2}}] = \frac{1}{\sigma\sqrt{2\pi by}}\mathrm{e}^{-\frac{y}{2b\sigma^2}} \tag{3.5.8}$$

由式(3.5.8)我们看出输出过程的一维概率密度与时间无关。我们将零数学期望平稳高斯过程 $X(t)$ 的中心矩

$$E[X^2(t)] = \sigma^2$$

$$E[X^4(t)] = 3\sigma^4$$

代人式(3.5.6)得到

$$E[Y(t)] = bE[X^2(t)] = b\sigma^2 \tag{3.5.9}$$

$$E[Y^2(t)] = b^2 E[X^4(t)] = 3b^2\sigma^4 \tag{3.5.10}$$

$$\sigma_Y^2 = E[Y^2(t)] - \{E[Y(t)]\}^2 = 2b^2\sigma^4 \tag{3.5.11}$$

输入过程 $X(t)$ 在 $t$ ， $t+\tau$ 时刻的状态可看作是两个二维高斯随机变量，再由式(1.3.32)可

得它们的联合特征函数为

$$\Phi_X(\omega_1,\omega_2,\tau)=\exp\{-\frac{\sigma^2}{2}[\omega_1^2+2r(\tau)\omega_1\omega_2+\omega_2^2]\}\qquad(3.5.12)$$

式中的 $r(\tau)$ 为输入过程 $X(t)$ 在两个时刻状态的相关系数。又由式(1.2.18)可得 $X(t)$，$X(t+\tau)$ 的四阶混合矩

$$E[X^2(t)X^2(t+\tau)]=(-j)^4\frac{\partial^4\Phi_X(\omega_1,\omega_2,\tau)}{\partial\omega_1^2\partial\omega_2^2}\bigg|_{\substack{\omega_1=0\\\omega_2=0}}=$$

$$\frac{\partial^4\exp\{-\frac{\sigma^2}{2}[\omega_1^2+2r(\tau)\omega_1\omega_2+\omega_2^2]\}}{\partial\omega_1^2\partial\omega_2^2}\bigg|_{\substack{\omega_1=0\\\omega_2=0}}=\sigma^4+2r^2(\tau)\sigma^4\qquad(3.5.13)$$

代入式(3.5.7)得输出的自相关函数

$$R_Y(t,t+\tau)=b^2E[X^2(t)X^2(t+\tau)]=b^2\sigma^4+2b^2\sigma^4r^2(\tau)=b^2\sigma^4+2b^2R_X^2(\tau)\qquad(3.5.14)$$

对上式进行傅氏变换即得输出的功率谱密度

$$S_Y(f)=b^2\sigma^4\delta(f)+2b^2\int_{-\infty}^{\infty}R_X^2(\tau)e^{-j2\pi f\tau}d\tau\qquad(3.5.15)$$

上式的积分项

$$\int_{-\infty}^{\infty}R_X^2(\tau)e^{-j2\pi f\tau}d\tau=\int_{-\infty}^{\infty}R_X(\tau)R_X(\tau)e^{-j2\pi f\tau}d\tau\qquad(3.5.16)$$

根据傅里叶变换的性质，时域乘积对应频域的卷积，因此

$$S_Y(f)=b^2\sigma^4\delta(f)+2b^2\int_{-\infty}^{\infty}S_X(\lambda)S_X(f-\lambda)d\lambda\qquad(3.5.17)$$

该式说明 $Y(t)$ 的功率谱密度由两部分组成，第一部分是直流部分记为 $S_{Y=}(f)$，第二部分为起伏部分，记为 $S_{Y\sim}(f)$。

如果输入 $X(t)$ 的功率谱为窄带形式

$$S_X(f)=\begin{cases}A & f_0-\dfrac{\Delta f}{2}<|f|<f_0+\dfrac{\Delta f}{2}\\0 & 其它\end{cases}\qquad(3.5.18)$$

则 $X(t)$ 的方差

$$\sigma^2=2A\Delta f\qquad(3.5.19)$$

代入式(3.5.9)可得输出的数学期望为

$$E[Y(t)]=2bA\Delta f\qquad(3.5.20)$$

由式(3.5.11)可得输出的方差为

$$\sigma_Y^2 = 8b^2A^2\Delta f^2 \tag{3.5.21}$$

又由式(3.5.17)可得输出的功率谱的直流和交流部分

$$S_{Y=} = 4b^2A^2\Delta f^2\delta(f) \tag{3.5.22a}$$

$$S_{Y\sim}(f) = \begin{cases} 4b^2A^2(\Delta f - |f|) & 0 \leq f \leq \Delta f \\ 2b^2A^2(\Delta f - ||f| - 2f_0|) & 2f_0 - \Delta f < |f| < 2f_0 + \Delta f \\ 0 & 其它 \end{cases} \tag{3.5.22b}$$

并且

$$S_Y = S_{Y=} + S_{Y\sim} \tag{3.5.22c}$$

图 3.12 分别画出了输入输出的功率谱,图 3.12(b)中包括了输入中没有的直流、低频和高频谐波分量。在实际应用中,平方律检波器的输出端往往接有低通滤波器,以便滤去高次谐波,图 3.12(c)就是滤波后保留下来的低频分量的功率谱。

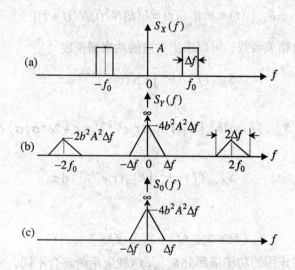

图 3.12　平方律检波器输入输出功率谱

## 二、信号和噪声同时作用于检波器

如果平方律检波器的输入端不仅有平稳的,数学期望为零的窄带噪声 $N(t)$,还存在数学期望为零的平稳信号 $S(t)$,且信号和噪声是不相关的

$$X(t) = S(t) + N(t) \tag{3.5.23}$$

此时平方律器件的输出

$$Y(t) = bS^2(t) + 2bS(t)N(t) + bN^2(t) \tag{3.5.24}$$

因此

$$E[Y(t)] = bE[S^2(t)] + 2bE[S(t)]E[N(t)] + bE[N^2(t)] = b(\sigma_S^2 + \sigma_N^2) \tag{3.5.25}$$

$$E[Y^2(t)] = b^2E\{[S(t) + N(t)]^4\} =$$

$$b^2 E\{S^4(t) + 4S^3(t)N(t) + 6S^2(t)N^2(t) + 4S(t)N^3(t) + N^4(t)\} =$$

$$b^2\{E[S^4(t)] + 6\sigma_S^2\sigma_N^2 + E[N^4(t)]\}\} \tag{3.5.26}$$

此时根据式(3.5.7)计算的输出自相关函数,不仅包含信号和噪声分量,还包括信号和噪声相互作用的分量

$$R_Y(\tau) = b^2 E\{[S(t) + N(t)]^2 [S(t+\tau) + N(t+\tau)^2]\} =$$

$$b^2 R_{S^2}(\tau) + 4b^2 R_S(\tau) R_N(\tau) + 2b^2 \sigma_S^2 \sigma_N^2 + b^2 R_{N^2}(\tau) = \tag{3.5.27}$$

$$R_{S \times S}(\tau) + R_{S \times N}(\tau) + R_{N \times N}(\tau)$$

式中

$$R_{S \times S}(\tau) = b^2 R_{S^2}(\tau) = b^2 E[S^2(t) S^2(t+\tau)] \tag{3.5.28a}$$

$$R_{S \times N}(\tau) = 4b^2 R_S(\tau) R_N(\tau) + 2b^2 \sigma_S^2 \sigma_N^2 \tag{3.5.28b}$$

$$R_{N \times N}(\tau) = b^2 R_{N^2}(\tau) = b^2 E[N^2(t) N^2(t+\tau)] \tag{3.5.28c}$$

由对应三种分量的自相关函数,可以求出对应的功率谱密度

$$S_{S \times S}(f) = b^2 \int_{-\infty}^{\infty} R_{S^2}(\tau) e^{-j2\pi f\tau} \,\mathrm{d}\tau \tag{3.5.29a}$$

$$S_{S \times N}(f) = 4b^2 \int_{-\infty}^{\infty} R_S(\tau) R_N(\tau) e^{-j2\pi f\tau} \,\mathrm{d}\tau + 2b^2 \sigma_S^2 \sigma_N^2 \delta(f) \tag{3.5.29b}$$

$$S_{N \times N}(f) = b^2 \int_{-\infty}^{\infty} R_{N^2}(\tau) e^{-j2\pi f\tau} \,\mathrm{d}\tau \tag{3.5.29c}$$

并有

$$S_Y(f) = S_{S \times S}(f) + S_{S \times N}(f) + S_{N \times N}(f) \tag{3.5.30}$$

其中信号和噪声互相作用的功率谱部分 $S_{S \times N}(f)$ 视应用的场合不同,可能作为噪声,也可能作为信号。

式(3.5.27)和式(3.5.30)是在信号和窄带高斯噪声的情况下,平方律检波器输出的自相关函数和功率谱密度表达式。下面我们针对具体例子进一步说明检波器输出的自相关函数和功率谱。

假定检波器输入的信号是随机相位余弦信号

$$S(t) = v\cos(2\pi f_0 t + \Phi) \tag{3.5.31}$$

式中,$v$ 为常数,$\Phi$ 为在 $[0, 2\pi]$ 上均匀分布的随机变量。输入的噪声仍然是具有图 3.12(a) 的功率谱,数学期望为零的窄带高斯噪声过程,且信号和噪声互不相关。我们已知信号 $S(t)$ 的自相关函数、方差和功率谱分别为

$$R_S(\tau) = \frac{v^2}{2} \cos(2\pi f_0 \tau) \tag{3.5.32a}$$

$$\sigma_S^2 = \frac{v^2}{2} \tag{3.5.32b}$$

$$S_S(f) = \frac{v^2}{4}[\delta(f-f_0) + \delta(f+f_0)] \tag{3.5.32c}$$

输入噪声的功率谱密度由(3.5.18)式确定，下面我们分别考虑输出的各个分量。

1.信号分量的自相关函数 $R_{S\times S}(\tau)$ 和功率谱密度 $S_{S\times S}(f)$

$$R_{S\times S}(\tau) = b^2 R_{S^2}(\tau) = b^2 E\{v^2\cos^2(2\pi f_0 t + \Phi)v^2\cos^2[2\pi f_0(t+\tau)+\Phi]\} =$$

$$\frac{b^2 v^4}{4} + \frac{b^2 v^4}{8}\cos(4\pi f_0\tau) \tag{3.5.33}$$

$$S_{S\times S}(f) = \frac{b^2 v^4}{4}\delta(f) + \frac{b^2 v^4}{16}[\delta(f-2f_0)+\delta(f+2f_0)] \tag{3.5.34}$$

非线性的作用是把信号从 $\pm f_0$ 搬到 $\pm 2f_0$ 和零频。

2.噪声分量的自相关函数 $R_{N\times N}(\tau)$ 和功率谱密度 $S_{N\times N}(f)$

噪声分量的自相关函数 $R_{N\times N}(\tau)$ 已由式(3.5.14)给出，并将式(3.5.19)代入得

$$R_{N\times N}(\tau) = 4b^2 A^2 \Delta f^2 + 2b^2 R_N^2(\tau) \tag{3.5.35}$$

式中，$R_N(\tau)$ 由式(2.4.12)应为

$$R_N(\tau) = 2A\Delta f\frac{\sin(\pi\Delta f\tau)}{\pi\Delta f\tau}\cos(2\pi f_0\tau) \tag{3.5.36}$$

噪声分量的功率谱密度 $S_{N\times N}(f)$ 已由式(3.5.22b)给出

$$S_{N\times N}(f) = 4b^2 A^2 \Delta f^2\delta(f) + \begin{cases} 4b^2 A^2(\Delta f - |f|) & 0 \leqslant f \leqslant \Delta f \\ 2b^2 A^2(\Delta f - \|f| - 2f_0|) & 2f_0 - \Delta f \lhd f \lessdot 2f_0 + \Delta f \\ 0 & \text{其它} \end{cases}$$

$$\tag{3.5.37}$$

3.信号与噪声互相作用的分量

将 $R_S(\tau)$，$\sigma_S^2$ 和 $\sigma_N^2$ 代入式(3.5.28b)，得到

$$R_{S\times N}(\tau) = 2b^2 v^2 R_N(\tau)\cos(2\pi f_0\tau) + 2b^2 v^2 A\Delta f \tag{3.5.38}$$

对上式进行傅氏变换得

$$S_{S\times N}(f) = b^2 v^2[S_N(f-f_0)+S_N(f+f_0)] + 2b^2 v^2 A\Delta f\delta(f) =$$

$$2b^2 v^2 A\Delta f\delta(f) + \begin{cases} 2b^2 v^2 A & 0 \lhd f \lessdot \Delta f/2 \\ b^2 v^2 A & 2f_0 - \Delta f/2 \lhd f \lessdot 2f + \Delta f/2 \\ 0 & \text{其它} \end{cases} \tag{3.5.39}$$

信号与噪声互相作用的结果是通过卷积把输入噪声的功率谱搬到低频和二倍的载频上，二倍频可以通过滤波器滤掉。低频分量中虽然噪声功率很大，但也包含着有用的信息。

输出自相关和功率谱密度的最后表达式为

$$R_Y(\tau) = \frac{b^2 v^4}{4} + \frac{b^2 v^4}{8}\cos(4\pi f_0 \tau) + 4b^2 A^2 \Delta f^2 + 2b^2 R_N^2(\tau) +$$

$$2b^2 v^2 R_N(\tau)\cos(2\pi f_0 \tau) + 2b^2 v^2 A\Delta f =$$

$$b^2\left(\frac{v^2}{2} + 2A\Delta f\right)^2 + \frac{b^2 v^4}{8}\cos(4\pi f_0 \tau) + 2b^2 R_N^2(\tau) + 2b^2 v^2 R_N(\tau)\cos(2\pi f_0 \tau) \quad (3.5.40)$$

式中，$R_N(\tau)$ 为(3.5.36)式，所以 $R_Y(\tau)$ 中只有低频和二次谐波项。

$$S_Y(f) = b^2\left(\frac{v^2}{2} + 2A\Delta f\right)^2 \delta(f) + \frac{b^2 v^4}{16}[\delta(f - 2f_0) + \delta(f + 2f_0)] +$$

$$2b^2 S_N(f) * S_N(f) + b^2 v^2 [S_N(f - f_0) + S_N(f + f_0)] \quad (3.5.41)$$

式中，$S_N(f)$ 与式(3.5.18)相同。上式中第三项 $S_N(f)$ 卷积导致图 3.13(d)的结果。也可以解释成输入噪声在频带内差频，差频越小拍频分量越多，能量越大。而第四项 $S_N(f)$ 移频相加的结果构成了图 3.13(c)中的主要部分。

根据式(3.5.40)，我们也可以计算输出的数学期望和方差

$$E[Y(t)] = b\left(\frac{v^2}{2} + 2A\Delta f\right) \quad (3.5.42)$$

$$R_Y(0) = 3b^2\left(\frac{v^4}{8} + 2v^2 A\Delta f + 4A^2 \Delta f^2\right) \quad (3.5.43)$$

$$\sigma_Y^2 = 2b^2\left(\frac{v^4}{16} + 2v^2 A\Delta f + 4A^2 \Delta f^2\right) \quad (3.5.44)$$

由于式(3.5.41)的第二、三、四项都是低频和二次谐波分量，可见平方律检波器的输出没有基频分量，只有低频和二次谐波。在一般的应用中，检波器输出接有低通滤波器，输出的功率谱只是图 3.13(e)中的低频部分

$$S_Y(f) = b^2\left(\frac{v^2}{2} + 2A\Delta f\right)^2 \delta(f) + \begin{cases} 2b^2 v^2 A & 0 < f < \Delta f/2 \\ 0 & \text{其它} \end{cases} +$$

$$\begin{cases} 4b^2 A^2 (\Delta f - |f|) & 0 < f < \Delta f \\ 0 & \text{其它} \end{cases} \quad (3.5.45)$$

### 3.5.2 半波线性检波器

大信号检波一般是应用二极管伏安特性的直线段，因此对应的是线性检波。下面我们只考虑半波线性检波的情况。

半波线性检波的特性曲线

$$y = g(x) = \begin{cases} bx & x > 0 \\ 0 & x \le 0 \end{cases} \quad (3.5.46)$$

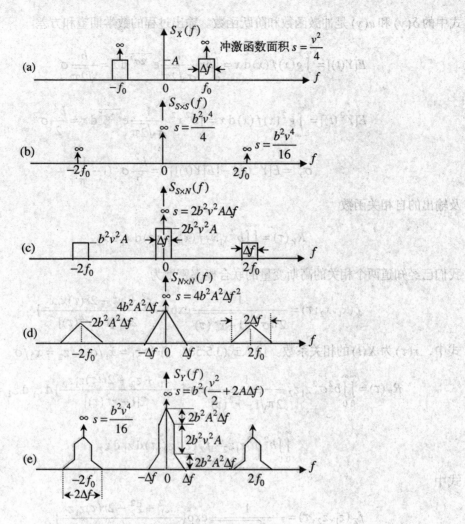

图 3.13　平方律检波器输入输出功率谱

如果输入的是数学期望为零方差为 $\sigma^2$ 的平稳高斯过程 $X(t)$，我们可求出输出过程 $Y(t)$ 的概率分布函数为

$$F(y,t)=P\{Y(t)\le y\}=\begin{cases}0 & y<0\\ \displaystyle\int_{-\infty}^{0}\frac{1}{\sigma\sqrt{2\pi}}\mathrm{e}^{\frac{x^{2}}{2\sigma^{2}}}\mathrm{d}x & y=0\\ \displaystyle\int_{-\infty}^{y/b}\frac{1}{\sigma\sqrt{2\pi}}\mathrm{e}^{\frac{x^{2}}{2\sigma^{2}}}\mathrm{d}x & y>0\end{cases} \qquad (3.5.47)$$

概率密度为

$$f_{Y}(y,t)=\frac{1}{2}\delta(y)+\frac{u(y)}{b\sigma\sqrt{2\pi}}\mathrm{e}^{-\frac{y^{2}}{2b^{2}\sigma^{2}}} \qquad (3.5.48)$$

式中的 $\delta(y)$ 和 $u(y)$ 是冲激函数和阶跃函数。输出过程的数学期望和方差

$$E[Y(t)] = \int_{-\infty}^{\infty} g(x)f(x)\,\mathrm{d}x = \int_0^{\infty} bx \frac{1}{\sigma\sqrt{2\pi}} \mathrm{e}^{-\frac{x^2}{2\sigma^2}}\,\mathrm{d}x = \frac{b}{\sqrt{2\pi}}\sigma \qquad (3.5.49a)$$

$$E[Y^2(t)] = \int_{-\infty}^{\infty} g^2(x)f(x)\,\mathrm{d}x = \int_0^{\infty} b^2 x^2 \frac{1}{\sigma\sqrt{2\pi}} \mathrm{e}^{-\frac{x^2}{2\sigma^2}}\,\mathrm{d}x = \frac{b^2}{2}\sigma^2 \qquad (3.5.49b)$$

$$\sigma_Y^2 = E[Y^2(t)] - \{E[Y(t)]\}^2 = \frac{b^2}{2}\sigma^2(1-\frac{1}{\pi}) \qquad (3.5.49c)$$

及输出的自相关函数

$$R_Y(\tau) = \iint_0^{\infty\;\infty} b^2 x_1 x_2 f(x_1,x_2;\tau)\,\mathrm{d}x_1\,\mathrm{d}x_2 \qquad (3.5.50)$$

我们已经知道两个相关的高斯变量的联合概率密度为

$$f(x_1,x_2;\tau) = \frac{1}{2\pi\sigma^2\sqrt{1-r^2(\tau)}}\exp\{-\frac{x_1^2+x_2^2-2r(\tau)x_1 x_2}{2\sigma^2[1-r^2(\tau)]}\}$$

式中，$r(\tau)$ 为 $X(t)$ 的相关系数。代入式(3.5.50)，并令 $z_1 = x_1/\sigma$，$z_2 = x_2/\sigma$

$$R_Y(\tau) = \iint_0^{\infty\;\infty} b^2\sigma^2 z_1 z_2 \frac{1}{2\pi\sqrt{1-r^2(\tau)}}\exp\{-\frac{z_1^2+z_2^2-2r(\tau)z_1 z_2}{2[1-r^2(\tau)]}\}\mathrm{d}z_1\,\mathrm{d}z_2 =$$

$$\iint_0^{\infty\;\infty} b^2\sigma^2 z_1 z_2 \cdot f_Z(z_1,z_2;\tau)\,\mathrm{d}z_1\,\mathrm{d}z_2 \qquad (3.5.51)$$

式中

$$f_Z(z_1,z_2;\tau) = \frac{1}{2\pi\sqrt{1-r^2(\tau)}}\exp\{-\frac{z_1^2+z_2^2-2r(\tau)z_1 z_2}{2[1-r^2(\tau)]}\} \qquad (3.5.52)$$

我们将利用厄密特多项式求式(3.5.51)。

厄密特多项式各项的定义为

$$H_k(z) = (-1)^k\, \mathrm{e}^{\frac{z^2}{2}} \frac{\mathrm{d}^k}{\mathrm{d}z^k}(\mathrm{e}^{-\frac{z^2}{2}}) \qquad k = 0,1,2,\cdots \qquad (3.5.53)$$

各项也可用递推公式求得

$$H_{k+1}(z) = z\cdot H_k(z) - k\cdot H_{k-1}(z) \qquad (3.5.54)$$

式中，$H_0(z)=1$，$H_1(z)=z$。并可以证明厄密特多项式具有正交性

$$\int_{-\infty}^{\infty} H_j(z)H_k(z)\mathrm{e}^{-\frac{z^2}{2}}\,\mathrm{d}z = \begin{cases} k!\sqrt{2\pi} & j=k \\ 0 & j\neq k \end{cases} \qquad (3.5.55)$$

$z_1$，$z_2$ 的联合概率密度和联合特征函数是一二维傅氏变换对，由式(3.5.12)知 $z_1$，$z_2$ 的联合特征函数为

$$\Phi_X(\omega_1,\omega_2;\tau) = \exp\left\{-\frac{1}{2}[\omega_1^2 + 2r(\tau)\omega_1\omega_2 + \omega_2^2]\right\} \tag{3.5.56}$$

因此得

$$f_Z(z_1,z_2;\tau) = \frac{1}{(2\pi)^2}\int_{-\infty}^{\infty}\int_{-\infty}^{\infty}e^{-\frac{1}{2}[\omega_1^2+\omega_2^2+2r(\tau)\omega_1\omega_2]}e^{-j(\omega_1 z_1+\omega_2 z_2)}\,d\omega_1\,d\omega_2 \tag{3.5.57}$$

将 $e^{-r(\tau)\omega_1\omega_2}$ 展成麦克劳林级数

$$e^{-r(\tau)\omega_1\omega_2} = \sum_{k=0}^{\infty}\frac{[-r(\tau)]^k}{k!}(\omega_1\omega_2)^k \tag{3.5.58}$$

代入式(3.5.57)得

$$f_Z(z_1,z_2;\tau) = \sum_{k=0}^{\infty}\frac{[-r(\tau)]^k}{k!}\cdot\left[\frac{1}{2\pi}\int_{-\infty}^{\infty}\omega_1^k e^{-\frac{\omega_1^2}{2}-j\omega_1 z_1}\,d\omega_1\right]\cdot\left[\frac{1}{2\pi}\int_{-\infty}^{\infty}\omega_2^k e^{-\frac{\omega_2^2}{2}-j\omega_2 z_2}\,d\omega_2\right] \tag{3.5.59}$$

下面需把方括号内的积分式变成厄密特多项式。

数学期望为零、方差为 1 的高斯随机过程的一维特征函数为

$$\Phi(\omega) = e^{-\frac{\omega^2}{2}}$$

因此有

$$\frac{1}{2\pi}\int_{-\infty}^{\infty}e^{-\frac{\omega^2}{2}-jz\omega}\,d\omega = \frac{1}{\sqrt{2\pi}}e^{-\frac{z^2}{2}} \tag{3.5.60}$$

上式两边分别对 $z$ 求 $k$ 次导，得

$$\frac{1}{\sqrt{2\pi}}\frac{d^k}{dz^k}(e^{-\frac{z^2}{2}}) = \frac{(-j)^k}{2\pi}\int_{-\infty}^{\infty}\omega^k e^{-\frac{\omega^2}{2}-jz\omega}\,d\omega$$

利用式(3.5.53)可求得

$$\frac{1}{2\pi}\int_{-\infty}^{\infty}\omega^k e^{-\frac{\omega^2}{2}-jz\omega}\,d\omega = \frac{1}{\sqrt{2\pi}j^k}e^{-\frac{z^2}{2}}H_k(z) \tag{3.5.61}$$

代入式(3.5.59)有

$$f_Z(z_1,z_2;\tau) = \sum_{k=0}^{\infty}\frac{r^k(\tau)}{k!}\cdot\frac{1}{2\pi}H_k(z_1)e^{-\frac{z_1^2}{2}}H_k(z_2)e^{-\frac{z_2^2}{2}} \tag{3.5.62}$$

将上式代入式(3.5.51)有

$$R_Y(\tau) = \sum_{k=0}^{\infty}\frac{r^k(\tau)}{k!}\left[\int_0^{\infty}b\sigma z_1\cdot\frac{1}{2\pi}H_k(z_1)e^{-\frac{z_1^2}{2}}\,dz_1\right]\left[\int_0^{\infty}b\sigma z_2 H_k(z_2)e^{-\frac{z_2^2}{2}}\,dz_2\right]$$

上式中关于 $z_1$，$z_2$ 的积分相同，都用 $z$ 代替，得

$$R_Y(\tau) = \sum_{k=0}^{\infty} \frac{r^k(\tau)}{k!} \left[ \frac{1}{\sqrt{2\pi}} \int_0^{\infty} b\sigma z H_k(z) \, \mathrm{d}z \right]^2 = \sum_{k=0}^{\infty} \frac{r^k(\tau)}{k!} C_k^2 \tag{3.5.63}$$

其中

$$C_k = \frac{1}{\sqrt{2\pi}} \int_0^{\infty} b\sigma z H_k(z) e^{-\frac{z^2}{2}} \, \mathrm{d}z \tag{3.5.64}$$

将厄密特多项式代入求 $C_k$ 得

$$C_0 = \frac{1}{\sqrt{2\pi}} \int_0^{\infty} b\sigma z \cdot 1 \cdot e^{-\frac{z^2}{2}} \, \mathrm{d}z = \frac{b\sigma}{\sqrt{2\pi}}$$

$$C_1 = \frac{1}{\sqrt{2\pi}} \int_0^{\infty} b\sigma z \cdot z \cdot e^{-\frac{z^2}{2}} \, \mathrm{d}z = \frac{b\sigma}{2}$$

$$C_2 = \frac{1}{\sqrt{2\pi}} \int_0^{\infty} b\sigma z \cdot (z^2 - 1) \cdot e^{-\frac{z^2}{2}} \, \mathrm{d}z = \frac{b\sigma}{\sqrt{2\pi}}$$

$$C_3 = \frac{1}{\sqrt{2\pi}} \int_0^{\infty} b\sigma z \cdot (z^3 - 3z) \cdot e^{-\frac{z^2}{2}} \, \mathrm{d}z = 0$$

$$C_4 = \frac{1}{\sqrt{2\pi}} \int_0^{\infty} b\sigma z \cdot (z^4 - 6z^2 + 3) \cdot e^{-\frac{z^2}{2}} \, \mathrm{d}z = -\frac{b\sigma}{\sqrt{2\pi}}$$

代入式(3.5.63)并整理得

$$R_Y(\tau) = \frac{b^2 \sigma^2}{2\pi} \left[ 1 + \frac{\pi}{2} r(\tau) + \frac{1}{2} r^2(\tau) + \frac{1}{24} r^4(\tau) + \cdots \right] \tag{3.5.65}$$

在上式中随着相关系数幂次的增加其系数迅速衰减，$r^4(\tau)$ 的系数已经接近 4%，因此只取前几项就能满足实际要求。又由于

$$R_X(\tau) = \sigma^2 r(\tau)$$

代入式(3.5.65)则有

$$R_Y(\tau) = \frac{b^2 \sigma^2}{2\pi} + \frac{b^2}{4} R_X(\tau) + \frac{b^2}{4\pi\sigma^2} R_X^2(\tau) + \frac{b^2}{48\pi\sigma^6} R_X^4(\tau) + \cdots \tag{3.5.66}$$

由此看到半波线性检波器的输出，除基波分量外还有低频和高次谐波分量。上式不仅适于窄带过程，也适于一般宽带过程。

半波线性检波器的数学期望和方差也可通过式(3.5.66)来求。由于 $X(t)$ 的数学期望为零，$R_X(\infty) = 0$，所以

$$E[Y(t)] = \frac{b\sigma}{\sqrt{2\pi}}$$

它与式(3.5.49a)的结果相同。如果 $R_Y(\tau)$ 只取前三项，方差则因 $R_Y(\tau)$ 是近似表达式而

略有不同，我们用 $\hat{\sigma_Y^2}$ 来表示近似得到的方差

$$\hat{\sigma_Y^2} = R_Y(0) - \{E[Y(t)]\}^2 = \frac{b^2\sigma^2}{4} + \frac{b^2\sigma^2}{4\pi} = \frac{b^2\sigma^2}{4}(1 + \frac{1}{\pi}) \qquad (3.5.67)$$

比较 $\sigma_Y^2$ 和 $\hat{\sigma_Y^2}$

$$\frac{\hat{\sigma_Y^2}}{\sigma_Y^2} = \frac{1 + \frac{1}{\pi}}{2(1 - \frac{1}{\pi})} = 0.967$$

由于方差代表输出的交流功率，因此 $\hat{\sigma_Y^2}$ 已具有交流功率的 96.7%，一般情况下 $R_Y(\tau)$ 只取前三项就足以满足要求。如果式(3.5.66)中的 $R_Y(\tau)$ 取到四次方项，那么 $\hat{\sigma_Y^2}$ 就占有交流功率的 98.6%。

如果输入的是窄带高斯过程，其相关系数具有如下形式

$$r(\tau) = r_0(\tau)\cos(2\pi f_0\tau) \qquad (3.5.68)$$

只考虑相关函数中的起伏部分，由式(3.5.65)

$$R_{Y\sim}(\tau) = \frac{b^2\sigma^2}{2\pi}[\frac{\pi}{2}r(\tau) + \frac{1}{2}r^2(\tau) + \frac{1}{24}r^4(\tau) + \cdots] =$$

$$\frac{b^2\sigma^2}{2\pi}[\frac{\pi}{2}r_0(\tau)\cos(2\pi f_0\tau) + \frac{1}{2}r_0^2(\tau)\cos^2(2\pi f_0\tau) + \frac{1}{24}r_0^4(\tau)\cos^4(2\pi f_0\tau) + \cdots] \qquad (3.5.69)$$

根据以上的讨论，这里我们取到级数的四次方项，并将三角函数展开

$$\cos^2(2\pi f_0\tau) = \frac{1}{2}[1 + \cos(4\pi f_0\tau)]$$

$$\cos^4(2\pi f_0\tau) = \frac{1}{4}[1 + \cos(4\pi f_0\tau)]^2 = \frac{1}{8}[3 + 4\cos(4\pi f_0\tau) + \cos(8\pi f_0\tau)]$$

略去幅值较小的 $\cos(8\pi f_0\tau)$ 项，我们得到

$$R_{Y\sim}(\tau) \approx \frac{b^2\sigma^2}{2\pi}\{\frac{1}{4}[r_0^2(\tau) + \frac{1}{16}r_0^4(\tau)] + \frac{\pi}{2}r_0(\tau)\cos(2\pi f_0\tau) +$$
$$\frac{1}{4}[r_0^2(\tau) + \frac{1}{12}r_0^4(\tau)]\cos(4\pi f_0\tau)\} \qquad (3.5.70)$$

如果在检波器输出端接有低通滤波器，输出应该是低频分量以及式(3.5.65)中的直流分量

$$R_0(\tau) = \frac{b^2\sigma^2}{2\pi}[1 + \frac{1}{4}r_0^2(\tau) + \frac{1}{64}r_0^4(\tau)] \qquad (3.5.71)$$

下面讨论两种具体的情况。
1.输入具有理想窄带功率谱

如果把检波器前一级看成是理想窄带系统，其输出是具有理想窄带功率谱的窄带高斯过程，见式(3.5.18)。自相关系数具有如下形式

$$r(\tau) = \frac{\sin(\pi\Delta f\tau)}{\pi\Delta f\tau}\cos(2\pi f_0\tau) \tag{3.5.72}$$

那么，输出的自相关函数为

$$R_0(\tau) = \frac{b^2\sigma^2}{2\pi}\{1 + \frac{1}{4}\left[\frac{\sin(\pi\Delta f\tau)}{\pi\Delta f\tau}\right]^2 + \frac{1}{64}\left[\frac{\sin(\pi\Delta f\tau)}{\pi\Delta f\tau}\right]^4\} \tag{3.5.73}$$

如果可以略去四次方项，输出的功率谱为

$$S_0(f) = \frac{b^2\sigma^2}{2\pi}\{\delta(f) + \frac{1}{4}\int_{-\infty}^{\infty}\left(\frac{\sin(\pi\Delta f\tau)}{\pi\Delta f\tau}\right)^2 \cdot \exp(-j2\pi f\tau)\,d\tau\} \tag{3.5.74}$$

根据时域乘积频域卷积的性质，并将 $\sigma^2 = 2A\Delta f$ 代入，可得输出功率谱为

$$S_0(f) = \frac{b^2 A\Delta f}{\pi}\delta(f) + \begin{cases} \frac{b^2 A}{4\pi}(1 - \frac{|f|}{\Delta f}), & 0 < |f| < \Delta f \\ 0, & \text{其它,} \end{cases} \tag{3.5.75}$$

2.输入具有高斯形状的窄带功率谱

如果检波器之前是一个实际的窄带系统，其输出就是具有接近高斯形状的窄带高斯过程。设输入的功率谱为

$$S_X(\omega) = A\exp[-\frac{4\pi^2(f - f_0)^2}{\beta^2}]$$

它的自相关函数根据第三章的讨论为

$$R_X(\tau) = \frac{A\beta}{2\sqrt{\pi}}\exp(-\frac{\beta^2\tau^2}{4})\cos(2\pi f_0\tau)$$

因此输入的方差和相关系数的包络分别为

$$\sigma^2 = \frac{A\beta}{2\sqrt{\pi}} \tag{3.5.76}$$

$$r(\tau) = \exp(-\frac{\beta^2\tau^2}{4}) \tag{3.5.77}$$

将上两式代入式(3.5.71)得

$$R_0(\tau) = \frac{b^2 A\beta}{4\sqrt{\pi^3}}[1 + \frac{1}{4}\exp(-\frac{\beta^2\tau^2}{4}) + \frac{1}{64}\exp(-\beta^2\tau^2)] \tag{3.5.78}$$

上式第三项的幅度很小且衰减快可略去，由此得到输出的功率谱

$$S_0(f) = \frac{b^2 A\beta}{4\sqrt{\pi^3}}\delta(f) + \frac{b^2 A}{16\sqrt{2}\cdot\pi}\exp(-\frac{2\pi^2 f^2}{\beta^2}) \tag{3.5.79}$$

输出的功率谱除有一直流外，还有一个高斯状的低频分量。

# 习 题 三

3.1 RC 积分电路的输入电压为

$$X(t) = X_o + \cos(\omega_o t + \Phi)$$

其中$X_o$和$\Phi$分别是在[0,1]和[0,2$\pi$]上均匀分布的随机变量，且互相独立。求输出电压 $Y(t)$ 的自相关函数。

3.2 若图示系统的输入 $X(t)$为平稳随机过程，求输出的功率谱密度。

3.3 冲激响应为 $h_1(t)$ 和 $h_2(t)$的两个系统并联，求用 $h_1(t)$、$h_2(t)$和 $X(t)$的自相关函数表示的 $Y_1(t)$ 和 $Y_2(t)$ 的互相关函数。

3.4 随机过程 $X(t)$作用到脉冲响应为 $h_1(t)$和 $h_2(t)$的串联系统。求用 $h_1(t)$，$h_2(t)$和 $X(t)$的自相关函数表示的 $Y_1(t)$和$Y_2(t)$的互相关函数。

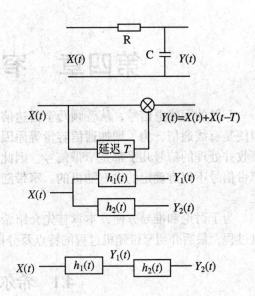

3.5 功率谱密度为 $N_o/2$ 的白噪声作用到|$H(0)$|=2 的低通网络，它的等效噪声带宽为 2MHz。若在一欧姆电阻上噪声输出平均功率是 0.1W，$N_o$是多少？

3.6 当传输函数为 $H(\omega) = [1+(j\omega L / R)]^{-1}$ 的两个相同网络串联时，求输入白噪声的功率谱为 $N_o$时的输出平均功率。

3.7 图示 RC 电路系统的输入 $X(t)$为白噪声，求输出的自相关函数及均方值。

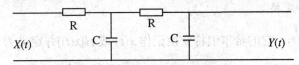

3.8 数学期望为零、方差为 $\sigma^2$ 的平稳实高斯过程 $X(t)$经过一非线性器件后，其输出为 $Y(t) = aX(t) + bX^2(t)$，已知输入过程 $X(t)$的自相关函数为 $R_X(\tau)$，功率谱密度为 $S_X(\omega)$，试求输出过程 $Y(t)$的数学期望、相关函数和功率谱密度。

3.9 一数学期望为零的平稳高斯白噪声 $N(t)$，功率谱密度为 $N_0/2$，经过如图所示的系统，输出为 $Y(t)$，求输出过程的相关函数和功率谱密度。

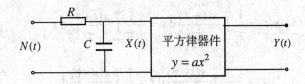

# 第四章 窄带随机过程

一般的无线电信号，从音频乃至雷达信号都需要调制到一个载频上才能发射出去。即使是有线通信，为了增加通信容量等原因也需要将信号进行调制。多数无线电接收机接收并处理的信号几乎都是窄带信号。因此真正有研究价值的是窄带信号和窄带系统，窄带信号不仅有确定的也有随机的。窄带随机过程也就成了经常遇到并需要处理的信号之一。

为了讨论和推导方便，本章首先介绍希尔伯特变换及解析信号的概念，再介绍复随机过程，最后介绍窄带随机过程的特点及分析过程。

## 4.1 希尔伯特变换

希尔伯特变换是通信和信号检测理论研究中的一个重要工具，在其它领域也有重要应用。用希尔伯特变换可以把一个实信号表示成一个复信号（解析信号），这不仅使理论讨论很方便，而且可以研究实信号的瞬时包络、瞬时相位和瞬时频率。

### 4.1.1 希尔伯特变换和解析信号

#### 一、希尔伯特变换

设有实信号 $x(t)$，它的希尔伯特变换记作 $\hat{x}(t)$ 或 $H[x(t)]$ 并定义为

$$\hat{x}(t) = H[x(t)] = \frac{1}{\pi} \int_{-\infty}^{\infty} \frac{x(\tau)}{t-\tau} d\tau \qquad (4.1.1)$$

反变换为

$$x(t) = H^{-1}[\hat{x}(t)] = -\frac{1}{\pi} \int_{-\infty}^{\infty} \frac{\hat{x}(\tau)}{t-\tau} d\tau \qquad (4.1.2)$$

经变量代换后又有

$$\hat{x}(t) = \frac{1}{\pi} \int_{-\infty}^{\infty} \frac{x(t-\tau)}{\tau} d\tau = -\frac{1}{\pi} \int_{-\infty}^{\infty} \frac{x(t+\tau)}{\tau} d\tau \qquad (4.1.3)$$

$$x(t) = -\frac{1}{\pi} \int_{-\infty}^{\infty} \frac{\hat{x}(t-\tau)}{\tau} d\tau = \frac{1}{\pi} \int_{-\infty}^{\infty} \frac{\hat{x}(t+\tau)}{\tau} d\tau \qquad (4.1.4)$$

由定义可知，$x(t)$ 的希尔伯特变换为 $x(t)$ 与 $1/\pi t$ 的卷积。因此，可以把希尔伯特变换看作是一个冲激响应应为 $h(t) = 1/\pi t$ 的线性时不变网络。而这个网络的傅氏变换

$$\frac{1}{\pi t} \overset{F}{\Longleftrightarrow} -\text{jsgn}(\omega) \tag{4.1.5}$$

式中，$\text{sgn}(\omega)$ 为符号函数

$$\text{sgn}(\omega) = \begin{cases} 1 & \omega \geq 0 \\ -1 & \omega < 0 \end{cases}$$

令这个网络的频率特性为 $H(\omega)$，则 $H(\omega)$ 可由图 4.1 表述。由此看出，希尔伯特变换器实际上就是一个 $90^0$ 的理想移相器。

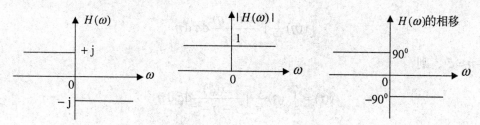

图 4.1  希尔伯特变换器频率特性

## 二、解析信号

由实信号 $x(t)$ 作为复信号 $z(t)$ 的实部，$x(t)$ 的希尔伯特变换 $\hat{x}(t)$ 作为复信号 $z(t)$ 的虚部，即

$$z(t) = x(t) + \text{j}\hat{x}(t) \tag{4.1.6}$$

这样构成的复信号 $z(t)$ 称为解析信号。

令信号 $x(t)$ 频谱为 $X(\omega)$，由于 $\hat{x}(t)$ 为 $x(t)$ 与 $1/\pi t$ 的卷积，根据卷积定理由式(4.1.5)可得 $\hat{x}(t)$ 的频谱 $\hat{X}(\omega)$ 为

$$\hat{X}(\omega) = -\text{jsgn}(\omega)X(\omega) \tag{4.1.7}$$

再由式(4.1.6)可得解析信号 $z(t)$ 的频谱 $Z(\omega)$ 为

$$Z(\omega) = \begin{cases} 2X(\omega) & \omega \geq 0 \\ 0 & \omega < 0 \end{cases} \tag{4.1.8}$$

由此，可以看出解析信号 $z(t)$ 的实部包含了实信号 $x(t)$ 的全部信息，虚部则与实部有着确定的关系。解析信号在正频域上拥有单边谱，且为实部信号频谱正频域分量的两倍。

### 4.1.2  希尔伯特变换的性质

1. $\hat{x}(t)$ 的希尔伯特变换为 $-x(t)$

**证明**  由式(4.1.1)和式(4.1.2)

$$H[\overset{\wedge}{x}(t)] = \frac{1}{\pi} \int_{-\infty}^{\infty} \frac{\overset{\wedge}{x}(\tau)}{t-\tau} d\tau = -x(t)$$

连续两次希尔伯特变换相当于连续两次 $90^0$ 相移，正好反相。

2.若 $y(t) = v(t)*x(t)$ ，则 $y(t)$ 的希尔伯特变换为

$$\overset{\wedge}{y}(t) = v(t)*\overset{\wedge}{x}(t) = \overset{\wedge}{v}(t)*x(t) \tag{4.1.9}$$

**证明**
$$\overset{\wedge}{y}(t) = \frac{1}{\pi} \int_{-\infty}^{\infty} \frac{y(\tau)}{t-\tau} d\tau = \frac{1}{\pi} \int_{-\infty}^{\infty} \int_{-\infty}^{\infty} \frac{v(\eta)x(\tau-\eta)}{t-\tau} d\eta \, d\tau =$$

$$\int_{-\infty}^{\infty} v(\eta) \frac{1}{\pi} \int_{-\infty}^{\infty} \frac{x(\tau-\eta)}{t-\tau} d\tau \, d\eta$$

令 $\tau - \eta = \xi$ ，则

$$\overset{\wedge}{y}(t) = \int_{-\infty}^{\infty} v(\eta) \frac{1}{\pi} \int_{-\infty}^{\infty} \frac{x(\xi)}{t-\eta-\xi} d\xi \, d\eta$$

$$= \int_{-\infty}^{\infty} v(\eta) \overset{\wedge}{x}(t-\eta) d\eta = v(t)*\overset{\wedge}{x}(t)$$

运用卷积结合律和交换律更容易得出上述结果，即

$$\overset{\wedge}{y}(t) = v(t)*x(t)*\frac{1}{\pi t} = v(t)*[x(t)*\frac{1}{\pi t}] = v(t)*\overset{\wedge}{x}(t) =$$

$$v(t)*\frac{1}{\pi t}*x(t) = \overset{\wedge}{v}(t)*x(t)$$

3.$x(t)$ 与 $\overset{\wedge}{x}(t)$ 的能量及平均功率相等，即

$$\int_{-\infty}^{\infty} x^2(t) dt = \int_{-\infty}^{\infty} \overset{\wedge}{x}^2(t) dt \tag{4.1.10}$$

$$\lim_{T\to\infty} \frac{1}{2T} \int_{-T}^{T} x^2(t) dt = \lim_{T\to\infty} \frac{1}{2T} \int_{-T}^{T} \overset{\wedge}{x}^2(t) dt \tag{4.1.11}$$

**证明**
$$\int_{-\infty}^{\infty} \overset{\wedge}{x}^2(t) dt = \int_{-\infty}^{\infty} \overset{\wedge}{x}(t) \frac{1}{2\pi} \int_{-\infty}^{\infty} \overset{\wedge}{X}(\omega) e^{j\omega t} d\omega \, dt =$$

$$\frac{1}{2\pi} \int_{-\infty}^{\infty} \overset{\wedge}{X}(\omega) \int_{-\infty}^{\infty} \overset{\wedge}{x}(t) e^{j\omega t} dt \, d\omega = \frac{1}{2\pi} \int_{-\infty}^{\infty} \overset{\wedge}{X}(\omega) \overset{\wedge}{X}^*(\omega) d\omega =$$

$$\frac{1}{2\pi} \int_{-\infty}^{\infty} X(\omega) H(\omega) H^*(\omega) X^*(\omega) d\omega = \frac{1}{2\pi} \int_{-\infty}^{\infty} X(\omega) X^*(\omega) d\omega = \int_{-\infty}^{\infty} x^2(t) dt$$

式(4.1.10)得证，同理可证式(4.1.11)。

希尔伯特变换只改变了信号的相位，不会改变信号的能量和功率。

4.平稳随机过程 $X(t)$ 希尔伯特变换 $\overset{\wedge}{X}(t)$ 的统计自相关函数 $R_{\overset{\wedge}{X}}(\tau)$ ，和时间自相关函

数 $R_{\overset{\wedge}{X}T}(\tau)$，分别等于 $X(t)$ 的自相关函数 $R_X(\tau)$ 和时间自相关函数 $R_{XT}(\tau)$，即

$$R_{\overset{\wedge}{X}}(\tau) = R_X(\tau) \tag{4.1.12}$$

$$R_{\overset{\wedge}{X}T}(\tau) = R_{XT}(\tau) \tag{4.1.13}$$

**证明**  平稳随机过程进行希尔伯特变换相当于经过一个冲击响应为 $h(t) = 1/\pi t$ 的线性时不变网络，输出仍然是平稳随机过程，因此有

$$R_{\overset{\wedge}{X}}(\tau) = E[\overset{\wedge}{X}(t)\overset{\wedge}{X}(t+\tau)] =$$

$$E[\int_{-\infty}^{\infty} \frac{X(t-\eta)}{\pi\eta}\mathrm{d}\eta \int_{-\infty}^{\infty} \frac{X(t+\tau-\xi)}{\pi\xi}\mathrm{d}\xi] =$$

$$\int_{-\infty}^{\infty}\int_{-\infty}^{\infty} \frac{1}{\pi\eta}\frac{1}{\pi\xi}E[X(t-\eta)X(t+\tau-\xi)]\mathrm{d}\eta\mathrm{d}\xi =$$

$$\int_{-\infty}^{\infty} \frac{1}{\pi\eta} \frac{R_X(\tau+\eta-\xi)}{\pi\xi}\mathrm{d}\xi\mathrm{d}\eta = \int_{-\infty}^{\infty} \frac{\overset{\wedge}{R}_X(\tau+\eta)}{\pi\eta}\mathrm{d}\eta = R_X(\tau)$$

上式中令 $\tau = 0$ 可得 $R_{\overset{\wedge}{X}}(0) = R_X(0)$，说明从统计平均来看，平稳随机过程经希尔伯特变换后，平均功率不变。

同理可证式(4.1.13)，令 $\tau = 0$ 可得 $R_{\overset{\wedge}{X}T}(0) = R_{XT}(0)$，说明 $X(t)$ 和其希尔伯特变换 $\overset{\wedge}{X}(t)$ 在 $(-\infty < t < \infty)$ 范围内平均功率相等。

5.平稳随机过程 $X(t)$ 与其希尔伯特变换 $\overset{\wedge}{X}(t)$ 的统计互相关函数 $R_{X\overset{\wedge}{X}}(\tau)$ 和时间互相关函数 $R_{X\overset{\wedge}{X}T}(\tau)$，分别等于 $X(t)$ 统计自相关函数的希尔伯特变换和时间自相关函数的希尔伯特变换，即

$$R_{X\overset{\wedge}{X}}(\tau) = \overset{\wedge}{R_X}(\tau) \tag{4.1.14}$$

$$R_{X\overset{\wedge}{X}T}(\tau) = \overset{\wedge}{R_{XT}}(\tau) \tag{4.1.15}$$

**证明**  $\overset{\wedge}{X}(t)$ 可以看作是 $X(t)$ 通过一线性时不变网络的输出过程，所以它与 $X(t)$ 必是联合平稳的，因此有

$$R_{X\overset{\wedge}{X}}(\tau) = E[X(t)\overset{\wedge}{X}(t+\tau)] = E[X(t)\int_{-\infty}^{\infty} \frac{X(t+\tau-\eta)}{\pi\eta}]\mathrm{d}\eta =$$

$$\int_{-\infty}^{\infty} \frac{E[X(t)X(t+\tau-\eta)]}{\pi\eta}\mathrm{d}\eta = \int_{-\infty}^{\infty} \frac{R_X(\tau-\eta)}{\pi\eta}\mathrm{d}\eta = \overset{\wedge}{R_X}(\tau)$$

同理可证

$$R_{\hat{X}X}(\tau) = R_{X\hat{X}}(-\tau) = -\hat{R}_X(\tau) = -R_{X\hat{X}}(\tau) \tag{4.1.16}$$

且有

$$R_{\hat{X}X}(0) = R_{X\hat{X}}(0) = 0 \tag{4.1.17}$$

亦同理可证

$$R_{X\hat{X}T}(\tau) = \hat{R}_{XT}(\tau) \tag{4.1.18}$$

$$R_{\hat{X}XT}(\tau) = R_{X\hat{X}T}(-\tau) = -\hat{R}_{XT}(\tau) = -R_{X\hat{X}T}(\tau) \tag{4.1.19}$$

且

$$R_{X\hat{X}T}(0) = R_{\hat{X}XT}(0) = 0 \tag{4.1.20}$$

通过上述结果可以看出平稳随机过程 $X(t)$ 与 $\hat{X}(t)$ 在同一时刻是正交的，且它们的统计互相关函数和时间互相关函数都是奇函数。这与一般的互相关函数是不同的。

6.设具有有限带宽 $\Delta\omega$ 的信号 $a(t)$ 的傅氏变换为 $A(\omega)$ ，假定 $\omega_0 > \Delta\omega/2$ ，则有

$$H[a(t)\cos\omega_0 t] = a(t)\sin\omega_0 t \tag{4.1.21}$$

$$H[a(t)\sin\omega_0 t] = -a(t)\cos\omega_0 t \tag{4.1.22}$$

**证明** 先求 $a(t)\cos\omega_0 t$ 的傅氏变换，把信号写成

$$x(t) = a(t)\cos\omega_0 t = \frac{1}{2}a(t)e^{j\omega_0 t} + \frac{1}{2}a(t)e^{-j\omega_0 t}$$

于是

$$X(\omega) = \frac{1}{2}A(\omega - \omega_0) + \frac{1}{2}A(\omega + \omega_0)$$

将 $A(\omega)$ 与 $X(\omega)$ 的关系示于图 4.2 中。由图 4.2 可见

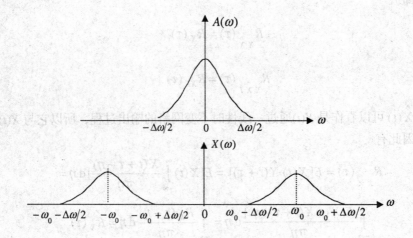

图 4.2 $x(t)$ 的傅氏变换图解

$$X(\omega) = \begin{cases} \dfrac{1}{2}A(\omega - \omega_0) & \omega \geq 0 \\ \dfrac{1}{2}A(\omega + \omega_0) & \omega < 0 \end{cases}$$

再由式(4.1.7)得

$$\hat{X}(\omega) = -\mathrm{jsgn}(\omega)X(\omega) = \begin{cases} -\dfrac{\mathrm{j}}{2}A(\omega - \omega_0) & \omega \geq 0 \\ \dfrac{\mathrm{j}}{2}A(\omega + \omega_0) & \omega < 0 \end{cases}$$

对上式进行反傅氏变换得

$$\hat{x}(t) = \int_{\omega_0 - \Delta\omega/2}^{\omega_0 + \Delta\omega/2} \frac{-\mathrm{j}}{2}A(\omega - \omega_0)\mathrm{e}^{\mathrm{j}\omega t}\mathrm{d}\omega + \int_{-\omega_0 - \Delta\omega/2}^{-\omega_0 + \Delta\omega/2} \frac{\mathrm{j}}{2}A(\omega + \omega_0)\mathrm{e}^{\mathrm{j}\omega t}\mathrm{d}\omega$$

令 $\omega' = \omega - \omega_0$, $\omega'' = \omega + \omega_0$ 则有

$$\hat{x}(t) = -\frac{\mathrm{j}}{2}\mathrm{e}^{\mathrm{j}\omega_0 t}\int_{-\Delta\omega/2}^{\Delta\omega/2} A(\omega')\mathrm{e}^{\mathrm{j}\omega' t}\mathrm{d}\omega' + \frac{\mathrm{j}}{2}\mathrm{e}^{-\mathrm{j}\omega_0 t}\int_{-\Delta\omega/2}^{\Delta\omega/2}\frac{\mathrm{j}}{2} A(\omega'')\mathrm{e}^{\mathrm{j}\omega'' t}\mathrm{d}\omega'' =$$

$$-\frac{\mathrm{j}}{2}\mathrm{e}^{\mathrm{j}\omega_0 t}a(t) + \frac{\mathrm{j}}{2}\mathrm{e}^{-\mathrm{j}\omega_0 t}a(t) = a(t)\sin\omega_0 t$$

式(4.1.21)得证，同理可证式(4.1.22)。

# 4.2 复随机过程

在工程上经常用到解析信号或复信号，与确定信号中的复信号表示法相对应，我们引入复过程的概念。

### 4.2.1 复随机变量

如果 $X$ 和 $Y$ 分别是实随机变量，定义

$$Z = X + \mathrm{j}Y \tag{4.2.1}$$

为复随机变量。

复随机变量的数学期望在一般情况下是复数

$$m_Z = E[Z] = E[X] + \mathrm{j}E[Y] = m_X + \mathrm{j}m_Y \tag{4.2.2}$$

方差则为实数

$$\sigma_Z^2 = D[Z] = E[|Z - m_Z|^2] \tag{4.2.3a}$$

代入式(4.2.1)得

$$\sigma_Z^2 = E[|(X - m_X) + \mathrm{j}(Y - m_Y)|^2] = D[X] + D[Y] \tag{4.2.3b}$$

可见复随机变量的方差是实部与虚部方差之和。

对于两个复随机变量

$$Z_1 = X_1 + jY_1$$

$$Z_2 = X_2 + jY_2$$

它们的相关矩为

$$R_{Z_1Z_2} = E[Z_1^* Z_2] \qquad (4.2.4)$$

*表示复共轭，将 $Z_1$，$Z_2$ 代人上式

$$R_{Z_1Z_2} = E[(X_1 - jY_1)(X_2 + jY_2)] = R_{X_1X_2} + R_{Y_1Y_2} + j(R_{X_1Y_2} - R_{Y_1X_2})$$

复随机变量协方差定义为

$$C_{Z_1Z_2} = E[(Z_1 - m_{Z_1})^*(Z_2 - m_{Z_2})] \qquad (4.2.5)$$

可见两个复随机变量涉及四个实随机变量，因此两个复随机变量互相独立需满足

$$f_{X_1Y_1X_2Y_2}(x_1, y_1, x_2, y_2,) = f_{X_1Y_1}(x_1, y_1)f_{X_2Y_2}(x_2, y_2) \qquad (4.2.6)$$

而两个复随机变量互不相关只需满足

$$C_{Z_1Z_2} = E[(Z_1 - m_{Z_1})^*(Z_2 - m_{z_2})] = 0 \qquad (4.2.7)$$

或

$$R_{Z_1Z_2} = E[Z_1^* Z_2] = E[Z_1^*]E[Z_2] \qquad (4.2.8)$$

不相关和统计独立仍然不是等价的。若

$$R_{Z_1Z_2} = E[Z_1^* Z_2] = 0 \qquad (4.2.9)$$

则称 $Z_1$ 和 $Z_2$ 互相正交。

### 4.2.2 复随机过程

#### 一、复随机过程

考虑随时间变化的复随机变量，就可以得到复随机过程。

如果 $X(t)$ 和 $Y(t)$ 为实随机过程，则

$$Z(t) = X(t) + jY(t) \qquad (4.2.10)$$

为复随机过程，它的数学期望是一个复时间函数，即

$$m_Z(t) = E[Z(t)] = m_X(t) + jm_Y(t) \qquad (4.2.11)$$

它的方差则是实时间函数，即

$$\sigma_Z^2(t) = E[|Z(t) - m_Z(t)|^2] = \sigma_X^2(t) + \sigma_Y^2(t) \qquad (4.2.12)$$

自相关函数定义为

$$R_Z(t, t + \tau) = E[Z^*(t)Z(t + \tau)] \qquad (4.2.13)$$

协方差函数定义为

$$C_Z(t, t + \tau) = E\{[(Z(t) - m_Z(t)]^*[Z(t + \tau) - m_Z(t + \tau)]\} \qquad (4.2.14)$$

当 $\tau = 0$ 时，有

$$R_Z(t,t) = E[|Z(t)|^2]  \tag{4.2.15}$$

$$C_Z(t,t) = E[|Z(t) - m_Z(t)|^2] = \sigma_Z^2(t)  \tag{4.2.16}$$

由实随机过程广义平稳定义可直接类推出复随机过程广义平稳条件，如果复随机过程 $Z(t)$ 满足

$$E[Z(t)] = m_Z = 复常数$$

$$E[Z^*(t)Z(t+\tau)] = R_Z(\tau)$$

$$E[|Z(t)|^2] < \infty$$

则称 $Z(t)$ 为广义平稳复随机过程。

对于两个复随机过程 $Z_1(t)$ 和 $Z_2(t)$ 互相关和互协方差函数定义为

$$R_{Z_1 Z_2}(t,t+\tau) = E[Z_1^*(t)Z_2(t+\tau)]  \tag{4.2.17}$$

$$C_{Z_1 Z_2}(t,t+\tau) = E\{[Z_1(t) - m_{Z_1}(t)]^*[Z_2(t+\tau) - m_{Z_2}(t+\tau)]\}  \tag{4.2.18}$$

如果 $\qquad\qquad C_{Z_1 Z_2}(t,t+\tau) = 0 \tag{4.2.19}$

则 $Z_1(t)$ 与 $Z_2(t)$ 为不相关过程。如果

$$R_{Z_1 Z_2}(t,t+\tau) = 0  \tag{4.2.20}$$

则 $Z_1(t)$ 与 $Z_2(t)$ 为正交过程。

如果两个复随机过程各自平稳且联合平稳，则

$$R_{Z_1 Z_2}(t,t+\tau) = R_{Z_1 Z_2}(\tau)  \tag{4.2.21}$$

$$C_{Z_1 Z_2}(t,t+\tau) = C_{Z_1 Z_2}(\tau)  \tag{4.2.22}$$

复随机过程的功率谱仍然定义为自相关函数的傅氏变换,即

$$S_Z(\omega) = \int_{-\infty}^{\infty} R_Z(\tau) e^{-j\omega\tau} d\tau  \tag{4.2.23}$$

并有 $\qquad\qquad R_Z(\tau) = \dfrac{1}{2\pi} \int_{-\infty}^{\infty} S_Z(\omega) e^{j\omega\tau} d\omega \tag{4.2.24}$

另外两个联合平稳的复随机过程的互功率谱密度与互相关函数也是一个傅氏变换对。

## 二、解析过程

由实随机过程 $X(t)$ 作为复随机过程 $Z(t)$ 的实部，$X(t)$ 的希尔伯特变换 $\hat{X}(t)$ 作为 $Z(t)$ 的虚部，即

$$Z(t) = X(t) + j\hat{X}(t)  \tag{4.2.25}$$

这样构成的复随机过程 $Z(t)$ 为解析随机过程。

如果 $X(t)$ 为平稳过程，根据希尔伯特变换的定义，$\hat{X}(t)$ 也必为平稳过程，解析过程 $Z(t)$ 数学期望为

$$m_Z(t) = E[Z(t)] = E[X(t) + j\hat{X}(t)] = m_X + jm_{\hat{X}} = 复常数 \qquad (4.2.26)$$

自相关函数为

$$R_Z(t, t+\tau) = E[Z(t)^* Z(t+\tau)] = E\{[X(t) - j\hat{X}(t)][X(t+\tau) + j\hat{X}(t+\tau)]\} =$$

$$R_X(\tau) + R_{\hat{X}}(\tau) + j[R_{X\hat{X}}(\tau) - R_{\hat{X}X}(\tau)]$$

再根据式(4.1.12)和式(4.1.16)

$$R_{\hat{X}}(\tau) = R_X(\tau)$$

$$R_{\hat{X}X}(\tau) = R_{X\hat{X}}(-\tau) = -\hat{R}_X(\tau)$$

有

$$R_Z(t, t+\tau) = 2[R_X(\tau) + j\hat{R}_X(\tau)] = R_Z(\tau) \qquad (4.2.27)$$

因此，可以看出这样构成的解析过程为复平稳随机过程，解析过程的自相关函数是复函数，它的实部为 $X(t)$ 的自相关函数 $R_X(\tau)$ 的二倍，虚部为 $R_X(\tau)$ 的希尔伯特变换的二倍。

由式(4.2.23)知，对 $Z(t)$ 的自相关函数 $R_Z(\tau)$ 求傅氏变换即可得 $Z(t)$ 的功率谱密度 $S_Z(\omega)$。$X(t)$ 的自相关函数 $R_X(\tau)$ 的傅氏变换为 $X(t)$ 功率谱密度 $S_X(\omega)$，则根据式(4.1.7)可得 $R_X(\tau)$ 的希尔伯特变换的傅氏变换为

$$\hat{S}_X(\omega) = -j\text{sgn}(\omega)S_X(\omega)$$

再对式(4.2.27)等号两侧同时进行傅氏变换，得

$$S_Z(\omega) = 2[S_X(\omega) + j\hat{S}_X(\omega)] = 2[S_X(\omega) + S_X(\omega)\text{sgn}(\omega)] = \begin{cases} 4S_X(\omega) & \omega \geq 0 \\ 0 & \omega < 0 \end{cases}$$

## 4.3  窄带随机过程的基本特点

### 4.3.1  窄带随机过程的表达式

窄带信号和窄带系统的概念是我们早已熟悉的。一个窄带信号的频谱应该是集中在以 $\omega_0$ 为中心频率的有限频带 $\Delta\omega$ 内，且有 $\omega_0 >> \Delta\omega$。如果一个系统的频率响应也具有上述特点，则称它是窄带系统。一个典型的确定性窄带信号可表示为

$$x(t) = a(t)\cos[\omega_0 t + \varphi(t)] \qquad (4.3.1)$$

式中，$a(t)$ 为幅度调制或包络调制信号，$\varphi(t)$ 为相位调制信号，它们都是时间的函数，相对载频 $\omega_0$ 而言都是慢变的。

窄带随机过程的每一个样本函数都具有式(4.3.1)的形式，对于所有的样本函数构成的窄带随机过程可以表示为

$$X(t) = A(t)\cos[\omega_0 t + \Phi(t)] \tag{4.3.2}$$

式中，$A(t)$ 是窄带过程的包络，$\Phi(t)$ 是窄带过程的相位，它们都是随机过程。与确定性窄带信号一样，它们相对 $\omega_0$ 是慢变随机过程。窄带随机过程可以看成是幅度和相位作缓慢调制的准正弦振荡。窄带过程是利用它的功率谱定义的。如果一个随机过程的功率谱是集中在以 $\omega_0$ 为中心频率的有限带 $\Delta\omega$ 内，并满足 $\omega_0 \gg \Delta\omega$，如图 4.3 所示，则称它为窄带随机过程。令

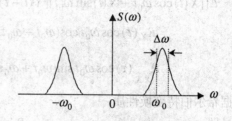

图 4.3 窄带过程功率谱示意图

$$A_C(t) = A(t)\cos\Phi(t) \tag{4.3.3}$$

$$A_S(t) = A(t)\sin\Phi(t) \tag{4.3.4}$$

则有

$$A(t) = \sqrt{A_C^2(t) + A_S^2(t)} \tag{4.3.5}$$

$$\Phi(t) = \arctan\frac{A_S(t)}{A_C(t)} \tag{4.3.6}$$

并将(4.3.2)式展开

$$X(t) = A(t)\cos[\omega_0 t + \Phi(t)] = A(t)\cos\omega_0 t\cos\Phi(t) - A(t)\sin\omega_0 t\sin\Phi(t)$$

将式(4.3.3)和式(4.3.4)代入，有

$$X(t) = A_C(t)\cos\omega_0 t - A_S(t)\sin\omega_0 t \tag{4.3.7}$$

式(4.3.7)是窄带过程常用的形式。

### 4.3.2 窄带随机过程的特点

我们这里讨论的 $X(t)$ 是任意的宽平稳、数学期望为零的实窄带随机过程。

由于窄带过程的包络和相位相对于 $\omega_0$ 都是慢变过程，不难理解 $A_C(t)$ 和 $A_S(t)$ 相对于 $\omega_0$ 为慢变部分。

根据希尔伯特变换性质6，对式(4.3.7)进行希尔伯特变换，有

$$\hat{X}(t) = A_C(t)\sin\omega_0 t + A_S(t)\cos\omega_0 t \tag{4.3.8}$$

由式(4.3.7)和式(4.3.8)不难得出

$$A_C(t) = X(t)\cos\omega_0 t + \hat{X}(t)\sin\omega_0 t \tag{4.3.9}$$

$$A_S(t) = -X(t)\sin\omega_0 t + \hat{X}(t)\cos\omega_0 t \tag{4.3.10}$$

随机过程 $A_C(t)$ 和 $A_S(t)$ 也可看作是 $X(t)$ 线性变换的结果。$X(t)$ 是数学期望为零的平稳随机

过程，则 $A_C(t)$ 和 $A_S(t)$ 也是数学期望为零的平稳过程。且 $A_C(t)$ 的自相关函数为

$$R_{A_C}(\tau) = E[A_C(t)A_C(t+\tau)] =$$

$$E\{[X(t)\cos\omega_0 t + \hat{X}(t)\sin\omega_0 t][X(t+\tau)\cos(\omega_0 t + \omega_0\tau) + \hat{X}(t+\tau)\sin(\omega_0 t + \omega_0\tau)]\} =$$

$$R_X(\tau)\cos\omega_0 t\cos(\omega_0 t + \omega_0\tau) + R_{\hat{X}}(\tau)\sin\omega_0 t\sin(\omega_0 t + \omega_0\tau) +$$

$$R_{X\hat{X}}(\tau)\cos\omega_0 t\sin(\omega_0 t + \omega_0\tau) + R_{\hat{X}X}(\tau)\sin\omega_0 t\cos(\omega_0 t + \omega_0\tau)$$

根据希尔伯特变换性质

$$R_{\hat{X}}(\tau) = R_X(\tau)$$

$$R_{\hat{X}X}(\tau) = R_{X\hat{X}}(-\tau) = -\hat{R}_X(\tau)$$

代入 $R_{A_C}(\tau)$，并化简为

$$R_{A_C}(\tau) = R_X(\tau)\cos\omega_0\tau + \hat{R}_X(\tau)\sin\omega_0\tau \tag{4.3.11}$$

同理有
$$R_{A_S}(\tau) = R_X(\tau)\cos\omega_0\tau + \hat{R}_X(\tau)\sin\omega_0\tau \tag{4.3.12}$$

因此
$$R_{A_C}(\tau) = R_{A_S}(\tau) \tag{4.3.13}$$

令 $\tau = 0$，有
$$R_{A_C}(0) = R_{A_S}(0) = R_X(0) \tag{4.3.14}$$

该式表明 $A_C(t)$ 和 $A_S(t)$ 与 $X(t)$ 具有相同的平均功率。

对式(4.3.11)、式(4.3.12)两边取傅氏变换得

$$S_{A_C}(\omega) = S_{A_S}(\omega) = \int_{-\infty}^{\infty} R_{A_C}(\tau)e^{-j\omega\tau}d\tau =$$

$$\int_{-\infty}^{\infty}[R_X(\tau)\cos\omega_0\tau + \hat{R}_X(\tau)\sin\omega_0\tau]e^{-j\omega\tau}d\tau =$$

$$\frac{1}{2}\int_{-\infty}^{\infty}R_X(\tau)[e^{-j(\omega-\omega_0)\tau} + e^{-j(\omega+\omega_0)\tau}]d\tau + \frac{1}{2j}\int_{-\infty}^{\infty}\hat{R}_X(\tau)[e^{-j(\omega-\omega_0)\tau} - e^{-j(\omega+\omega_0)\tau}]d\tau =$$

$$\frac{1}{2}[S_X(\omega-\omega_0) + S_X(\omega+\omega_0)] + \frac{1}{2}[\mathrm{sgn}(\omega+\omega_0)S_X(\omega+\omega_0) - \mathrm{sgn}(\omega-\omega_0)S_X(\omega-\omega_0)]$$

$$\tag{4.3.15}$$

根据式(4.3.15)，在图 4.4 中画出了 $S_{A_C}(\omega)$、$S_{A_S}(\omega)$ 的各个分量，根据图解分析可知 $S_{A_C}(\omega)$、$S_{A_S}(\omega)$ 集中在 $|\omega| < \Delta\omega/2$，故 $A_C(t)$、$A_S(t)$ 是低频过程。式(4.3.15)可改写为

$$S_{A_C}(\omega) = S_{A_S}(\omega) = \begin{cases} S_X(\omega-\omega_0) + S_X(\omega+\omega_0) & |\omega| < \Delta\omega/2 \\ 0 & \text{其它} \end{cases} \tag{4.3.16}$$

$X(t)$是窄带实随机过程，因此有

$$R_X(\tau) = \frac{1}{2\pi} \int_{\omega_0 - \Delta\omega/2}^{\omega_0 + \Delta\omega/2} 2S_X(\omega)\cos(\omega\tau)\,d\omega \tag{4.3.17a}$$

令 $\omega' = \omega - \omega_0$，对式(4.3.17a)进行变量代换，则

$$R_X(\tau) = \frac{1}{2\pi} \int_{-\Delta\omega/2}^{\Delta\omega/2} 2S_X(\omega' + \omega_0)\cos[(\omega' + \omega_0)\tau]\,d\omega' =$$

$$\frac{1}{2\pi} \int_{-\Delta\omega/2}^{\Delta\omega/2} 2S_X(\omega' + \omega_0)\cos(\omega'\tau)\cos(\omega_0\tau)\,d\omega' - \frac{1}{2\pi} \int_{-\Delta\omega/2}^{\Delta\omega/2} 2S_X(\omega' + \omega_0)\sin(\omega'\tau)\sin(\omega_0\tau)\,d\omega'$$

$$\tag{4.3.17b}$$

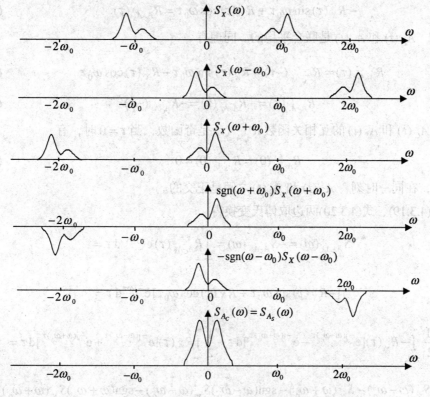

图 4.4　$S_{A_c}(\omega)$、$S_{A_s}(\omega)$ 及各分量功率谱密度

如果窄带过程 $X(t)$ 的单边功率谱是关于 $\omega_0$ 对称的，则 $S_X(\omega' + \omega_0)$ 在 $(-\Delta\omega/2, \Delta\omega/2)$ 区间与 $S_X(\omega' - \omega_0)$ 相等，且是 $\omega'$ 偶函数，因此式(4.3.17b)变成

$$R_X(\tau) = \cos(\omega_0\tau) \cdot \frac{1}{2\pi} \int_{-\Delta\omega/2}^{\Delta\omega/2} 2S_X(\omega' + \omega_0)\cos(\omega'\tau)\,d\omega' \tag{4.3.17c}$$

又由式(4.3.16)可得

$$R_X(\tau) = \cos(\omega_0\tau) \cdot \frac{1}{2\pi} \int_{-\Delta\omega/2}^{\Delta\omega/2} 2S_X(\omega'+\omega_0)\cos(\omega'\tau)\mathrm{d}\omega' = R_{A_C}(\tau)\cos(\omega_0\tau) \tag{4.3.18}$$

$A_C(t)$ 和 $A_S(t)$ 的互相关函数为

$$R_{A_C A_S}(t,t+\tau) = E[A_C(t)A_S(t+\tau)] =$$

$$E\{[X(t)\cos\omega_0 t + \hat{X}(t)\sin\omega_0 t][-X(t+\tau)\sin(\omega_0 t+\omega_0\tau) + \hat{X}(t+\tau)\cos(\omega_0 t+\omega_0\tau)]\} =$$

$$-R_X(\tau)\cos\omega_0 t\sin(\omega_0 t+\omega_0\tau) + R_{\hat{X}}(\tau)\sin\omega_0 t\cos(\omega_0 t+\omega_0\tau) +$$

$$R_{X\hat{X}}(\tau)\cos\omega_0 t\cos(\omega_0 t+\omega_0\tau) - R_{\hat{X}X}(\tau)\sin\omega_0 t\sin(\omega_0 t+\omega_0\tau) =$$

$$-R_X(\tau)\sin\omega_0\tau + \hat{R}_X(\tau)\cos\omega_0\tau = R_{A_C A_S}(\tau) \tag{4.3.19}$$

上式表明，$A_C(t)$ 和 $A_S(t)$ 是联合平稳的。同理有

$$R_{A_S A_C}(\tau) = R_{A_C A_S}(-\tau) = R_X(\tau)\sin\omega_0\tau - \hat{R}_X(\tau)\cos\omega_0\tau \tag{4.3.20}$$

因此
$$R_{A_C A_S}(\tau) = -R_{A_S A_C}(\tau) = -R_{A_C A_S}(-\tau) \tag{4.3.21}$$

上式表明 $A_C(t)$ 和 $A_S(t)$ 的互相关函数 $R_{A_C A_S}(\tau)$ 是奇函数，当 $\tau=0$ 时，有

$$R_{A_C A_S}(0) = R_{A_S A_C}(0) = 0 \tag{4.3.22}$$

由此可知，在同一时刻，$A_C(t)$ 和 $A_S(t)$ 之间是正交的。

对式(4.3.19)、式(4.3.20)两边取傅氏变换得

$$S_{A_C A_S}(\omega) = -S_{A_S A_C}(\omega) = \int_{-\infty}^{\infty} R_{A_C A_S}(\tau)\mathrm{e}^{-j\omega\tau}\mathrm{d}\tau =$$

$$\int_{-\infty}^{\infty}[-R_X(\tau)\sin\omega_0\tau + \hat{R}_X(\tau)\cos\omega_0\tau]\mathrm{e}^{-j\omega\tau}\mathrm{d}\tau =$$

$$\frac{1}{2j}\int_{-\infty}^{\infty}-R_X(\tau)[\mathrm{e}^{-j(\omega-\omega_0)\tau} - \mathrm{e}^{-j(\omega+\omega_0)\tau}]\mathrm{d}\tau + \frac{1}{2}\int_{-\infty}^{\infty}\hat{R}_X(\tau)[\mathrm{e}^{-j(\omega-\omega_0)\tau} + \mathrm{e}^{-j(\omega+\omega_0)\tau}]\mathrm{d}\tau =$$

$$\frac{j}{2}[S_X(\omega-\omega_0) - S_X(\omega+\omega_0) - \mathrm{sgn}(\omega-\omega_0)S_X(\omega-\omega_0) - \mathrm{sgn}(\omega+\omega_0)S_X(\omega+\omega_0)]$$

$$\tag{4.3.23}$$

根据式(4.3.23)，图 4.5 中画出了 $S_X(\omega)$、$S_X(\omega-\omega_0)$、$-S_X(\omega+\omega_0)$、$-\mathrm{sgn}(\omega-\omega_0)S_X(\omega-\omega_0)$、$-\mathrm{sgn}(\omega+\omega_0)S_X(\omega+\omega_0)$ 和 $S_{A_C A_S}(\omega)/j$。根据图解分析可知，互谱密度 $S_{A_C A_S}(\omega)$、$S_{A_S A_C}(\omega)$ 集中在 $|\omega| < \Delta\omega/2$，式(4.3.23)可改写为

$$S_{A_C A_S}(\omega) = -S_{A_S A_C}(\omega) = \begin{cases} j[S_X(\omega-\omega_0) - S_X(\omega+\omega_0)] & |\omega| < \Delta\omega/2 \\ 0 & \text{其它} \end{cases} \tag{4.3.24}$$

如果窄带过程 $X(t)$ 的单边功率谱是关于 $\omega_0$ 偶对称的，由上式可知

$$S_{A_C A_S}(\omega) = -S_{A_S A_C}(\omega) = 0 \tag{4.3.25}$$

则有

$$R_{A_C A_S}(\tau) = -R_{A_S A_C}(\tau) = 0 \tag{4.3.26}$$

表明 $A_C(t)$ 和 $A_S(t)$ 在任意时刻正交。

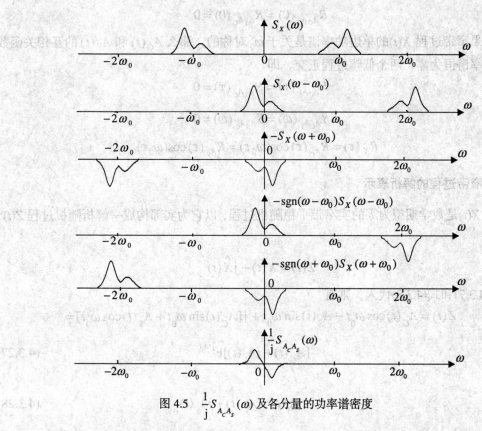

图 4.5 $\dfrac{1}{j} S_{A_C A_S}(\omega)$ 及各分量的功率谱密度

综合上述过程可得出如下结论：

如果 $X(t)$ 是零数学期望窄带平稳随机过程，那么它的表达式(4.3.7)中的低频过程 $A_C(t)$ 和 $A_S(t)$ 具有如下性质。

$A_C(t)$ 和 $A_S(t)$ 皆为数学期望为零的低频平稳随机过程，且两者联合平稳。

$A_C(t)$ 和 $A_S(t)$ 拥有相同的自相关函数和功率谱密度，即

$$R_{A_C}(\tau) = R_{A_S}(\tau)$$

$$S_{A_C}(\omega) = S_{A_S}(\omega)$$

$A_C(t)$ 和 $A_S(t)$ 与 $X(t)$ 平均功率相同，方差相同，即

$$R_{A_C}(0) = R_{A_S}(0) = R_X(0)$$

$$\sigma_{A_C}^2 = \sigma_{A_S}^2 = \sigma_X^2$$

$A_C(t)$ 与 $A_S(t)$ 的互相关函数为奇函数，且

$$R_{A_C A_S}(\tau) = -R_{A_S A_C}(\tau) = -R_{A_C A_S}(-\tau)$$

互功率谱

$$S_{A_C A_S}(\omega) = -S_{A_S A_C}(\omega)$$

在同一时刻，$A_C(t)$ 和 $A_S(t)$ 正交，即

$$R_{A_C A_S}(0) = R_{A_S A_C}(0) = 0$$

如果窄带过程 $X(t)$ 的单边功率谱是关于 $\omega_0$ 对称的，那么 $A_C(t)$ 和 $A_S(t)$ 的互相关函数和互功率谱恒为零，两个低频过程正交，即

$$R_{A_C A_S}(\tau) = R_{A_S A_C}(\tau) = 0$$

$$S_{A_C A_S}(\omega) = S_{A_S A_C}(\omega) = 0$$

此时有

$$R_X(\tau) = R_{A_C}(\tau)\cos(\omega_0\tau) = R_{A_S}(\tau)\cos(\omega_0\tau)$$

### 4.3.3  窄带过程的解析表示

设 $X(t)$ 是数学期望为零的实窄带平稳随机过程，以它为实部构成一解析随机过程 $Z(t)$，即

$$Z(t) = X(t) + j\hat{X}(t)$$

将式(4.3.7)和式(4.3.8)代入，则有

$$Z(t) = A_C(t)\cos\omega_0 t - A_S(t)\sin\omega_0 t + j[A_C(t)\sin\omega_0 t + A_S(t)\cos\omega_0 t] =$$

$$[A_C(t) + jA_S(t)]e^{j\omega_0 t} \qquad (4.3.27)$$

令

$$A_1(t) = A_C(t) + jA_S(t) \qquad (4.3.28)$$

则

$$Z(t) = A_1(t)e^{j\omega_0 t} \qquad (4.3.29)$$

其中 $A_1(t)$ 为一低频复随机过程，根据前面的结论 $A_C(t)$ 和 $A_S(t)$ 皆为数学期望为零的平稳随机过程，因此 $A_1(t)$ 的数学期望也为零，它的自相关函数为

$$R_{A_1}(t, t+\tau) = E[A_1^*(t)A_1(t+\tau)] =$$

$$E\{[A_C(t) - jA_S(t)][A_C(t+\tau) + jA_S(t+\tau)]\} =$$

$$2[R_{A_C}(\tau) + jR_{A_C A_S}(\tau)] = R_{A_1}(\tau) \qquad (4.3.30)$$

因此可知 $A_1(t)$ 为一复平稳随机过程。由式(4.3.29)求得 $Z(t)$ 的自相关函数为

$$R_Z(t, t+\tau) = E[Z^*(t)Z(t+\tau)] =$$

$$E[A_1^*(t)A_1(t+\tau)]\mathrm{e}^{-\mathrm{j}\omega_0 t}\mathrm{e}^{\mathrm{j}\omega_0(t+\tau)} = R_{A_1}(\tau)\mathrm{e}^{\mathrm{j}\omega_0\tau} \tag{4.3.31}$$

将式(4.3.30)代入，则有

$$R_Z(\tau) = 2[R_{A_C}(\tau) + \mathrm{j}R_{A_C A_S}(\tau)]\mathrm{e}^{\mathrm{j}\omega_0\tau} = 2[R_{A_C}(\tau) - \mathrm{j}R_{A_S A_C}(\tau)]\mathrm{e}^{\mathrm{j}\omega_0\tau} \tag{4.3.32}$$

综上所述，可以写出以下的简单关系式

$$X(t) = \mathrm{Re}[Z(t)] = \mathrm{Re}[A_1(t)\mathrm{e}^{\mathrm{j}\omega_0 t}] \tag{4.3.33}$$

$$R_X(\tau) = \frac{1}{2}\mathrm{Re}[R_Z(\tau)] = \frac{1}{2}\mathrm{Re}[R_{A_1}(\tau)\mathrm{e}^{\mathrm{j}\omega_0\tau}] \tag{4.3.34}$$

# 4.4  窄带高斯过程分析

窄带高斯过程是工程上应用最多的窄带随机过程，因为不仅热噪声是高斯过程，很多宽带噪声通过窄带系统后也成为窄带高斯过程。因此，重点讨论窄带高斯过程是很有必要的。当接收机中放输出的窄带随机过程经过检波器或鉴频器进行非线性处理时，先分析窄带过程的包络或相位的统计特性，可使问题大为简化。本节和下节将分别讨论窄带高斯过程以及与余弦信号之和的包络和相位的分布。

### 4.4.1  窄带高斯过程包络和相位的一维概率分布

如果窄带平稳高斯过程 $X(t)$ 的数学期望为零、方差为 $\sigma^2$，则

$$X(t) = A(t)\cos[\omega_0 t + \varPhi(t)] = A_C(t)\cos\omega_0 t - A_S(t)\sin\omega_0 t \tag{4.4.1}$$

由上节可知，$A_C(t)$ 和 $A_S(t)$ 都可以看作是 $A(t)$ 的线性变换，且它们的数学期望为零，方差为 $\sigma^2$。由高斯过程的分布性质可知，$A_C(t)$ 和 $A_S(t)$ 皆为高斯过程。$X(t)$ 的包络和相位分别为

$$A(t) = \sqrt{A_C^2(t) + A_S^2(t)}$$

$$\varPhi(t) = \arctan\frac{A_S(t)}{A_C(t)}$$

又由上节的结论，$A_C(t)$ 和 $A_S(t)$ 在任意相同时刻是正交且不相关的，因此为相互独立的高斯随机变量。设 $A_{Ct}$ 和 $A_{St}$ 分别表示随机过程 $A_C(t)$ 和 $A_S(t)$ 在 $t$ 时刻的状态，$A_t$ 和 $\varPhi_t$ 表示随机过程 $A(t)$ 和 $\varPhi(t)$ 在 $t$ 时刻的状态。随机变量 $A_{Ct}$ 和 $A_{St}$ 联合概率密度为

$$f_{A_C A_S}(a_{Ct}, a_{St}) = f_{A_C}(a_{Ct})f_{A_S}(a_{St}) = \frac{1}{2\pi\sigma^2}\exp(-\frac{a_{Ct}^2 + a_{St}^2}{2\sigma^2}) \tag{4.4.2}$$

再通过二维随机函数变换求 $A_t$ 和 $\varPhi_t$ 的联合概率密度为

$$f_{A\varPhi}(a_t, \varphi_t) = |J| f_{A_C A_S}(a_{Ct}, a_{St})$$

由于

$$\begin{cases} A_{Ct} = A_t \cos \Phi_t & 0 \le A_t < \infty \\ A_{St} = A_t \sin \Phi_t & 0 \le \Phi_t < 2\pi \end{cases}$$

则雅可比行列式 $J$ 为

$$J = \begin{vmatrix} \dfrac{\partial a_{Ct}}{\partial a_t} & \dfrac{\partial a_{Ct}}{\partial \varphi_t} \\ \dfrac{\partial a_{St}}{\partial a_t} & \dfrac{\partial a_{St}}{\partial \varphi_t} \end{vmatrix} = \begin{vmatrix} \cos \varphi_t & -a_t \sin \varphi_t \\ \sin \varphi_t & a_t \cos \varphi_t \end{vmatrix} = a_t$$

代入上式,得

$$f_{A\Phi}(a_t, \varphi_t) = a_t f_{A_C A_S}(a_t \cos \varphi_t, a_t \sin \varphi_t) = \begin{cases} \dfrac{a_t}{2\pi\sigma^2} \exp(-\dfrac{a_t^2}{2\sigma^2}) & a_t \ge 0, \quad 0 \le \varphi_t < 2\pi \\ 0 & 其它 \end{cases}$$

(4.4.3)

再根据概率密度的性质求得包络的一维概率密度

$$f_A(a_t) = \int_0^{2\pi} f_{A\Phi}(a_t, \varphi_t) \mathrm{d}\varphi_t = \begin{cases} \dfrac{a_t}{\sigma^2} \exp(-\dfrac{a_t^2}{2\sigma^2}) & a_t \ge 0, \quad 0 \le \varphi_t < 2\pi \\ 0 & 其它 \end{cases}$$

(4.4.4)

为瑞利分布。相位的一维概率密度

$$f_\Phi(\varphi_t) = \int_0^\infty f_{A\Phi}(a_t, \varphi_t) \mathrm{d}a_t = \int_0^\infty \frac{1}{2\pi} \exp(-\frac{a_t^2}{2\sigma^2}) \mathrm{d}(\frac{a_t^2}{2\sigma^2}) = \frac{1}{2\pi} \quad 0 \le \varphi_t < 2\pi$$

(4.4.5)

为均匀分布。

观察以上三式,可以看到

$$f_{A\Phi}(a_t, \varphi_t) = f_A(a_t) f_\Phi(\varphi_t)$$

(4.4.6)

于是可得出如下结论:

窄带高斯过程的包络服从瑞利分布。

窄带高斯过程的相位服从均匀分布。

在同一时刻窄带高斯过程的包络和相位是互相独立的随机变量。

### 4.4.2 窄带高斯过程包络和相位的二维概率分布

这里推导包络和相位的二维概率分布,来证明窄带随机过程的包络 $A(t)$ 和相位 $\Phi(t)$ 不是两个统计独立的随机过程。以工程上最常见的单边功率谱密度,以 $\omega_0$ 为对称的窄带平稳高斯随机过程为例,其数学期望为零,方差为 $\sigma^2$。

设 $A_{C1}$,$A_{S1}$ 和 $A_{C2}$,$A_{S2}$ 分别表示平稳随机过程 $A_C(t)$ 和 $A_S(t)$ 两个不同时刻 $t_1$,$t_2$ 的状态,它们都是数学期望为零,方差为 $\sigma^2$ 的高斯随机变量。其概率密度由式(1.3.35),有

$$f_{A_C A_S}(X) = \frac{1}{4\pi^2 \sqrt{|C|}} \exp(-\frac{1}{2} X^T C^{-1} X) \tag{4.4.7}$$

式中
$$X = \begin{bmatrix} a_{C1} \\ a_{S1} \\ a_{C2} \\ a_{S2} \end{bmatrix} \qquad C = \begin{bmatrix} \sigma^2 & 0 & a(\tau) & 0 \\ 0 & \sigma^2 & 0 & a(\tau) \\ a(\tau) & 0 & \sigma^2 & 0 \\ 0 & a(\tau) & 0 & \sigma^2 \end{bmatrix}$$

其中，$R_{A_C}(\tau) = R_{A_S}(\tau) = a(\tau)$，$R_{A_C A_S}(\tau) = R_{A_S A_C}(\tau) = 0$。由此得 $|C| = [\sigma^4 - a^2(\tau)]^2$，为求 $C$ 的逆矩阵，先求各阶代数余子式

$$|C|_{11} = |C|_{22} = |C|_{33} = |C|_{44} = \sigma^2 [\sigma^4 - a^2(\tau)]$$

$$|C|_{13} = |C|_{31} = |C|_{24} = |C|_{42} = -a(\tau)[\sigma^4 - a^2(\tau)]$$

其它代数余子式均为零，因此 $C$ 的逆矩阵为

$$C^{-1} = [\sigma^4 - a^2(\tau)]^{-1} \begin{bmatrix} \sigma^2 & 0 & -a(\tau) & 0 \\ 0 & \sigma^2 & 0 & -a(\tau) \\ -a(\tau) & 0 & \sigma^2 & 0 \\ 0 & -a(\tau) & 0 & \sigma^2 \end{bmatrix}$$

将上述各式代入(4.4.7)，并整理得 $A_{C1}$，$A_{S1}$，$A_{C2}$，$A_{S2}$ 四维联合概率密度为

$$f_{A_C A_S}(a_{C1}, a_{S1}, a_{C2}, a_{S2}) = \frac{1}{4\pi^2 [\sigma^4 - a^2(\tau)]} \exp\{ -\frac{1}{2[\sigma^4 - a^2(\tau)]} \cdot$$

$$[\sigma^2 (a_{C1}^2 + a_{S1}^2 + a_{C2}^2 + a_{S2}^2) - 2a(\tau)[a_{C1} a_{C2} + a_{S1} a_{S2}]\} \tag{4.4.8}$$

设 $A_1$，$\Phi_1$ 和 $A_2$，$\Phi_2$ 分别表示随机过程 $A(t)$ 和 $\Phi(t)$ 两个不同时刻 $t_1$，$t_2$ 的状态，从 $A_{C1}$，$A_{S1}$，$A_{C2}$，$A_{S2}$ 变到 $A_1$，$\Phi_1$，$A_2$，$\Phi_2$ 的反函数为

$$\begin{cases} A_{C1} = A_1 \cos \Phi_1 \\ A_{S1} = A_1 \sin \Phi_1 \\ A_{C2} = A_2 \cos \Phi_2 \\ A_{S2} = A_2 \sin \Phi_2 \end{cases}$$

可求得雅可比行列式

$$J = \frac{\partial(a_{C1}, a_{S1}, a_{C2}, a_{S2})}{\partial(a_1, \varphi_1, a_2, \varphi_2)} = a_1 a_2$$

$A_1$，$\Phi_1$，$A_2$，$\Phi_2$ 的四维概率密度为

$$f_{A\Phi}(a_1, \varphi_1, a_2, \varphi_2) = |J| f_{A_C A_S}(a_{C1}, a_{S1}, a_{C2}, a_{S2}) =$$

$$\frac{a_1 a_2}{4\pi^2 [\sigma^4 - a^2(\tau)]} \exp\{ -\frac{1}{2[\sigma^4 - a^2(\tau)]} \cdot [\sigma^2 (a_1^2 + a_2^2) - 2a(\tau) a_1 a_2 \cos(\varphi_2 - \varphi_1)]\}$$

$$0 \le a_1, a_2 < \infty, \quad 0 \le \varphi_1, \varphi_2 < 2\pi \tag{4.4.9}$$

将上式对 $\varphi_1$，$\varphi_2$ 积分得 $A_1$ 和 $A_2$ 的概率密度

$$f_A(a_1,a_2) = \int_0^{2\pi}\int_0^{2\pi} f_{A\Phi}(a_1,\varphi_1,a_2,\varphi_2)\mathrm{d}\varphi_1\mathrm{d}\varphi_2 =$$

$$\frac{a_1 a_2}{[\sigma^4 - a^2(\tau)]}\exp\left\{-\frac{\sigma^2(a_1^2+a_2^2)}{2[\sigma^4-a^2(\tau)]}\right\}\cdot\frac{1}{4\pi^2}\int_0^{2\pi}\int_0^{2\pi}\exp\left[\frac{a_1 a_2 a(\tau)\cos(\varphi_2-\varphi_1)}{\sigma^4-a^2(\tau)}\right]\mathrm{d}\varphi_1\mathrm{d}\varphi_2 \quad (4.4.10)$$

令 $\varphi=\varphi_2-\varphi_1$，上式积分项等于

$$\mathrm{I} = \frac{1}{2\pi}\int_0^{2\pi}\mathrm{d}\varphi_1\frac{1}{2\pi}\int_0^{2\pi}\exp\left[\frac{a_1 a_2 a(\tau)\cos\varphi}{\sigma^4-a^2(\tau)}\right]\mathrm{d}\varphi$$

第二项积分正是零阶修正贝塞尔函数

$$\mathrm{I}_0(x) = \frac{1}{2\pi}\int_0^{2\pi}\exp(x\cos t)\mathrm{d}t \quad (4.4.11)$$

因此式(4.4.10)可以写成如下形式

$$f_A(a_1,a_2) = \frac{a_1 a_2}{[\sigma^4-a^2(\tau)]}\mathrm{I}_0\left[\frac{a_1 a_2 a(\tau)}{\sigma^4-a^2(\tau)}\right]\exp\left\{-\frac{\sigma^2(a_1^2+a_2^2)}{2[\sigma^4-a^2(\tau)]}\right\} \quad a_1,a_2\geq 0 \quad (4.4.12)$$

将式(4.4.9)对 $a_1$，$a_2$ 积分即可得 $\Phi_1$ 和 $\Phi_2$ 联合概率密度，由于推导过程繁琐，直接给出结果

$$f_\Phi(\varphi_1,\varphi_2) = \frac{\sigma^4-a^2(\tau)}{4\pi^2\sigma^4}\left[\frac{(1-\beta^2)^{\frac{1}{2}}+\beta(\pi-\cos^{-1}\beta)}{(1-\beta^2)^{\frac{3}{2}}}\right] \quad 0\leq\varphi_1,\varphi_2<2\pi \quad (4.4.13)$$

式中，$\beta=\dfrac{a(\tau)}{\sigma^2}\cos(\varphi_2-\varphi_1)$。

至此，可得出结论

$$f_{A\Phi}(a_1,\varphi_1,a_2,\varphi_2)\neq f_A(a_1,a_2)f_\Phi(\varphi_1,\varphi_2)$$

窄带随机过程的包络 $A(t)$ 和相位 $\Phi(t)$ 不是两个统计独立的随机过程。

### 4.4.3 窄带高斯过程包络平方的概率分布

如果窄带高斯过程通过平方律检波器，就得到包络的平方，即平方律检波器的输出为

$$U(t) = A^2(t) \qquad U,A\geq 0 \quad (4.4.14)$$

通过前面的讨论，知道窄带高斯过程的包络服从瑞利分布，即

$$f_A(a_t) = \begin{cases} \dfrac{a_t}{\sigma^2}\exp\left(-\dfrac{a_t^2}{2\sigma^2}\right) & a_t\geq 0, \quad 0\leq\varphi_t<2\pi \\ 0 & \text{其它} \end{cases}$$

式中，$a_t$ 表示的是窄带高斯过程的包络 $A(t)$ 在任意时刻 $t$ 的状态 $A_t$ 的取值，用 $u_t$ 表示 $U(t)$

在 $t$ 时刻的状态 $U_t$ 的取值。通过函数变换可求得 $u_t$ 的概率密度。由式(4.4.14)知，此变换为单值变换,反函数为

$$A_t = \sqrt{U_t}$$

则 $u_t$ 的概率密度为

$$f_U(u_t) = |\frac{\mathrm{d}a_t}{\mathrm{d}u}| f_A(a_t) = \frac{1}{2\sqrt{u_t}} \cdot \frac{\sqrt{u_t}}{\sigma^2} \exp(-\frac{u_t}{2\sigma^2}) = \frac{1}{2\sigma^2} \exp(-\frac{u_t}{2\sigma^2}) \qquad u_t > 0 \qquad (4.4.15)$$

这是一个典型的指数表达式，因此，称窄带高斯过程的包络的平方为指数分布。当 $\sigma^2 = 1$ 时，式(4.4.15)成为

$$f_U(u_t) = \frac{1}{2} \exp(-\frac{u_t}{2}) \qquad u_t > 0 \qquad (4.4.16)$$

这是归一化窄带高斯过程包络平方分布。

## 4.5  窄带随机过程加余弦信号分析

窄带高斯随机过程与余弦信号的合成信号是无线电系统中的典型信号。在信号检测理论中，随机相位信号的检测是其它信号检测的基础，因而有必要详细研究窄带高斯过程与随机余弦信号之和的概率分布。

### 4.5.1  窄带高斯过程加余弦信号的包络和相位分析

具有随机相位的余弦信号可表示为

$$S(t) = a\cos(\omega_0 t + \theta) = a\cos\theta\cos\omega_0 t - a\sin\theta\sin\omega_0 t \qquad (4.5.1)$$

式中，$\theta$ 为在 $0 \sim 2\pi$ 上均匀分布的随机变量，$a$ 为常数振幅。数学期望为零、方差为 $\sigma^2$ 的窄带高斯过程为

$$N(t) = A_N(t)\cos[\omega_0 t + \Psi(t)] = N_C(t)\cos\omega_0 t - N_S(t)\sin\omega_0 t \qquad (4.5.2)$$

其中，$A_N(t)$ 和 $\Psi(t)$ 为窄带高斯过程的包络过程和相位过程。信号和窄带过程的合成过程为

$$X(t) = N(t) + S(t) = [N_C(t) + a\cos\theta]\cos\omega_0 t - [N_S(t) + a\sin\theta]\sin\omega_0 t =$$

$$A_C(t)\cos\omega_0 t - A_S(t)\sin\omega_0 t = A(t)\cos[\omega_0 t + \Phi(t)] \qquad (4.5.3)$$

式中

$$A_C(t) = N_C(t) + a\cos\theta \qquad (4.5.4)$$

$$A_S(t) = N_S(t) + a\sin\theta \qquad (4.5.5)$$

合成信号的包络和相位

$$A(t) = [A_C^2(t) + A_S^2(t)]^{\frac{1}{2}} = \{[N_C(t) + a\cos\theta]^2 + [N_S(t) + a\sin\theta]^2\}^{\frac{1}{2}} \qquad (4.5.6)$$

$$\Phi(t) = \arctan[\frac{N_S(t) + a\sin\theta}{N_C(t) + a\cos\theta}] \tag{4.5.7}$$

已知 $N_C(t)$ 和 $N_S(t)$ 在同一时刻是互相独立的高斯随机变量，因而对于给定的 $\theta$，在任意时刻 $t$，$A_C(t)$ 和 $A_S(t)$ 也是互相独立的高斯变量，其数学期望和方差为

$$E[A_C(t) | \theta] = a\cos\theta$$

$$E[A_S(t) | \theta] = a\sin\theta$$

$$D[A_C(t) | \theta] = D[A_S(t) | \theta] = \sigma^2$$

由此，我们可根据式(4.4.2)得到 $\theta$ 给定情况下 $A_{Ct}$ 和 $A_{St}$ 的联合概率密度

$$f_{A_C A_S}(a_{Ct}, a_{St} | \theta) = \frac{1}{2\pi\sigma^2} \exp\{-\frac{1}{2\sigma^2}[(a_{Ct} - a\cos\theta)^2 + (a_{St} - a\sin\theta)^2]\} \tag{4.5.8}$$

类似上节做二维变换，可求出 $A_t$，$\Phi_t$ 的条件概率密度

$$f_{A\Phi}(a_t, \varphi_t | \theta) = \begin{cases} \dfrac{a_t}{2\pi\sigma^2} \exp\{-\dfrac{1}{2\sigma^2}[a_t^2 + a^2 - 2a_t a\cos(\theta - \varphi_t)]\} & a_t > 0, \quad 0 < \varphi_t < 2\pi \\ 0 & \text{其它} \end{cases} \tag{4.5.9}$$

将上式对 $\varphi_t$ 积分，得到在 $\theta$ 已知条件下包络 $A_t$ 的条件概率密度

$$f_A(a_t | \theta) = \int_0^{2\pi} f_{A\Phi}(a_t, \varphi_t | \theta) d\varphi_t =$$

$$\frac{a_t}{\sigma^2} \exp(-\frac{a_t^2 + a^2}{2\sigma^2}) \cdot \frac{1}{2\pi} \int_0^{2\pi} \exp[\frac{a_t a}{\sigma^2} \cdot \cos(\theta - \varphi_t)] d\varphi_t =$$

$$\frac{a_t}{\sigma^2} \exp(-\frac{a_t^2 + a^2}{2\sigma^2}) \cdot I_0(\frac{a_t a}{\sigma^2}) \qquad a_t \geq 0 \tag{4.5.10}$$

式中，$I_0(x)$ 为零阶修正贝塞尔函数。从式中可以看到包络 $A_t$ 的条件概率密度与 $\theta$ 无关

$$f_A(a_t | \theta) = f_A(a_t) \tag{4.5.11}$$

比较式(4.5.10)与(1.3.62)可以知道包络 $A_t$ 的分布是 $\lambda = a^2$ 的莱斯分布。

根据式(1.3.63)可将零阶修正贝塞尔函数 $I_0(x)$ 展开成级数形式

$$I_0(x) = 1 + \sum_{n=1}^{\infty} [\frac{(x/2)^n}{n!}]^2$$

我们可以通过对 $I_0(x)$ 简化来讨论莱斯分布的渐进线。

当 $x \ll 1$ 时

$$I_0(x) = 1 + \frac{x^2}{4} + \cdots$$

信噪比很小时，$a/\sigma \ll 1$，式(4.5.10)中的$I_0(\dfrac{a_t a}{\sigma^2})$可简化成$1+\dfrac{a_t^2 a^2}{4\sigma^4}$，则

$$f_A(a_t) = \frac{a_t}{\sigma^2}\exp(-\frac{a_t^2+a^2}{2\sigma^2})(1+\frac{a_t^2 a^2}{4\sigma^4}) \qquad (4.5.12)$$

该式说明，随着信噪比的减小，莱斯分布趋向瑞利分布。信噪比为零时无信号，莱斯分布为瑞利分布。

当$x \gg 1$时

$$I_0(x) = \frac{e^x}{\sqrt{2\pi x}}(1+\frac{1}{8x}+\cdots) \approx \frac{e^x}{\sqrt{2\pi x}}$$

信噪比很大时$a/\sigma \gg 1$，式(4.5.10)中的$I_0(\dfrac{a_t a}{\sigma^2})$可简化成$\dfrac{\sigma}{\sqrt{2\pi a_t a}}\exp(\dfrac{a_t a}{\sigma^2})$，则

$$f_A(a_t) = \sqrt{\frac{a_t}{2\pi a\sigma^2}}\exp[-\frac{(a_t-a)^2}{2\sigma^2}] \qquad (4.5.13)$$

图 4.6 给出了随着$a/\sigma$值不同，归一化包络$a_t/\sigma$的概率密度曲线。这个函数的曲线在$a_t=a$处有峰值，随$a_t$偏离$a$很快衰减。考虑在大信噪比情况下有$a_t \approx a$，那么上式的近似表达式为

$$f_A(a_t) = \frac{1}{\sqrt{2\pi\sigma^2}}\exp[-\frac{(a_t-a)^2}{2\sigma^2}]$$

该式表明，在大信噪比情况下，窄带高斯随机过程与余弦信号之和的包络分布为趋近高斯分布。

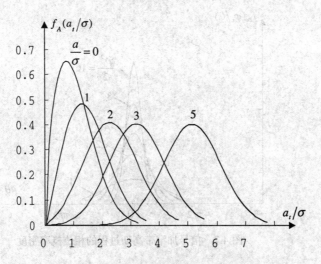

图 4.6   信号加窄带高斯噪声的包络分布密度曲线

窄带高斯随机过程与余弦信号之和的相位分布，通过式(4.5.9)对$a_t$所有可能取值进行积分,便得到已知$\theta$情况下的条件概率密度

$$f_\Phi(\varphi_t|\theta) = \int_0^\infty \frac{a_t}{2\pi\sigma^2} \exp\{-\frac{1}{2\sigma^2}[a_t^2 + a^2 - 2a_t a \cos(\theta - \varphi_t)]\}\mathbf{d}a_t =$$

$$\frac{1}{2\pi} \exp[-\frac{a^2 - a^2 \cos^2(\theta - \varphi_t)}{2\sigma^2}]\int_0^\infty \frac{a_t}{\sigma^2} \exp\{-\frac{[a_t - a\cos(\theta - \varphi_t)]^2}{2\sigma^2}\}da_t =$$

$$\frac{1}{2\pi} \exp(-\frac{a^2}{2\sigma^2}) + \frac{a\cos(\theta - \varphi_t)}{\sigma\sqrt{2\pi}} \exp[-\frac{a^2 - a^2 \cos^2(\theta - \varphi_t)}{2\sigma^2}]\Phi[\frac{a\cos(\theta - \varphi_t)}{\sigma}]$$

式中，$\Phi(\cdot)$ 是概率积分函数。将信噪比 $\rho = \dfrac{a}{\sigma}$ 代入，得

$$f_\Phi(\varphi_t|\theta) = \frac{1}{2\pi} \exp(-\frac{\rho^2}{2}) + \frac{\rho\cos(\theta - \varphi_t)}{\sqrt{2\pi}} \exp[-\frac{\rho^2 \sin^2(\theta - \varphi_t)}{2}]\Phi[\rho\cos(\theta - \varphi_t)] \quad (4.5.14)$$

仍然分为小信噪比和大信噪比两种情况讨论。

当 $\rho = 0$，即无信号

$$f_\Phi(\varphi_t|\theta) = \frac{1}{2\pi}$$

此时相位变成均匀分布。

当 $\rho \gg 1$ 时，$\Phi[\rho\cos(\theta - \varphi_t)] \approx 1$，式(4.5.15)简化成

$$f_\Phi(\varphi_t|\theta) = \frac{\rho\cos(\theta - \varphi_t)}{\sqrt{2\pi}} \exp[-\frac{\rho^2 \sin^2(\theta - \varphi_t)}{2}] \quad (4.5.15a)$$

该式说明，在大信噪比情况下，信号加窄带高斯噪声的相位主要集中在信号相位 $\theta$ 附

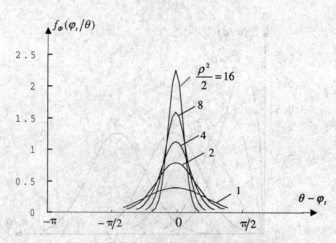

图 4.7　信号加窄带高斯过程的相位概率密度

近，也就是说信号的相位占主导地位。不同信噪比对应的曲线示于图 4.7 中。随信噪比 $\rho$ 的增大，$\varphi_t$ 在 $\theta$ 附近固定范围内的概率也增大。

当 $\rho^2 \gg 1$，且有 $|\theta - \varphi_t| < 0.1\text{rad}$ 时，式(4.5.15a)中的，$\cos(\theta - \varphi_t) \approx 1$，$\sin(\theta - \varphi_t)$

可近似为 $\theta - \varphi_t$，故有

$$f_\Phi(\varphi_t \mid \theta) = \frac{1}{\sqrt{2\pi} \cdot \frac{1}{\rho}} \exp[-\frac{(\theta - \varphi_t)^2}{2 \cdot \frac{1}{\rho^2}}] \tag{4.5.15.b}$$

它是数学期望为零，方差为 $1/\rho^2$ 的高斯分布。这就是说当信噪比很大时，信号加窄带高斯噪声的相位 $\theta - \varphi_t$ 在很小的范围内（一般小于 $\pm 0.1\,\mathrm{rad}$）呈高斯分布。若设 $\alpha \leq 0.1\,\mathrm{rad}$，则有

$$P(\mid \theta - \varphi_t \mid < \alpha) = \int_{-\alpha}^{\alpha} f_\Phi(\varphi_t \mid \theta) \mathrm{d}(\theta - \varphi_t) = \frac{2\rho}{\sqrt{2\pi}} \int_0^\alpha \exp[-\frac{\rho^2(\theta - \varphi_t)^2}{2}] \mathrm{d}(\theta - \varphi_t)$$

令 $t = \rho(\theta - \varphi_t)$，则有

$$P(\mid \theta - \varphi_t \mid < \alpha) = \frac{2}{\sqrt{2\pi}} \int_0^{\rho\alpha} \exp(-\frac{t^2}{2}) \mathrm{d}t = 2[\Phi(\rho\alpha) - \Phi(0)] = 2\Phi(\rho\alpha) - 1 \tag{4.5.16}$$

该式可用来估计由噪声起伏引起的相位的随机偏移和抖动。

**例 4.5.1** 某接收机窄带中放输出的信噪比 $\rho^2 = 200$，求信号瞬时相位偏离实际相位 $0.02\pi\,\mathrm{rad}$ 的概率以及相位误差不大于 $7.2^0$ 的概率。

**解：** 因为 $\alpha = 0.02\pi = 3.6^0$，$\rho^2 = 200$ 满足式(4.5.15b)成立的假设条件，故相位的误差概率可用式(4.5.16)求

$$P(\mid \theta - \varphi_t \mid < 3.6^0) = 2\Phi(\rho\alpha) - 1 = 2\Phi(\frac{\sqrt{2}}{5}\pi) - 1 = 63.2\%$$

因当 $\alpha = 0.04\pi = 7.2^0$，式(4.5.15a)有稍大的近似误差，因此近似的估计误差概率为

$$P(\mid \theta - \varphi_t \mid < 7.2^0) = 2\Phi(\rho\alpha) - 1 = 2\Phi(\frac{2\sqrt{2}}{5}\pi) - 1 = 92\%$$

由此可见，信号的瞬时相位在 $\pm 3.6^0$ 范围内抖动的时间平均占 $63.2\%$，而在 $\pm 7.2^0$ 范围内抖动则占 $92\%$。

### 4.5.2 包络平方的概率分布

由式(4.5.6)余弦信号和窄带高斯过程合成包络，可以求得包络平方的分布。设

$$U(t) = A^2(t) = [N_C(t) + a\cos\theta]^2 + [N_S(t) + a\sin\theta]^2 \tag{4.5.17}$$

对于任意时刻 $t$ 包络的平方为 $U_t = A_t^2$，根据该关系做函数变换，并由式(4.5.10)包络的概率密度，求得包络平方的概率分布

$$f_U(u_t) = \mid \frac{\mathrm{d}a_t}{\mathrm{d}u_t} \mid f_A(a_t) = \frac{1}{2\sigma^2} \exp[-\frac{u_t + a^2}{2\sigma^2}] \mathrm{I}_0(\frac{a\sqrt{u_t}}{\sigma^2}) \qquad u_t \geq 0 \tag{4.5.18}$$

本节所讨论的余弦信号加窄带高斯过程的包络和相位分布，在无线电技术中有许多实际应用。余弦信号可以扩展为窄带确定信号，这时式(4.5.1)中的 $a$ 将不再是常数振幅，而是一个慢变的调幅信号。窄带高斯过程可能是系统噪声，也可能是宽带白噪声通过窄

带系统的结果。包络、相位及包络的平方的概率密度可作为从窄带噪声中检测信号的依据。它们能给出合成信号与固定门限比较后存在信号和不存在信号的概率。

# 4.6 窄带随机过程在常用系统中的应用举例

信号在传输过程中会受到干扰。一种最常见，也最容易分析处理的干扰是加性干扰，即信号上线性叠加了一个干扰。就加性干扰的性质而言，基本上分为两大类。一类是脉冲干扰，对信号造成的干扰是突发性的，它来源于闪电、各种工业电火花和电器开关的通断等。另一类是起伏干扰，对信号造成连续的影响，它来源于有源器件中电子或载流子运动的起伏变化、电阻的热噪声和天体辐射所造成的宇宙噪声等。起伏干扰的产生机理和实验测量结果表明，它是各态历经平稳的高斯白噪声。平稳高斯白噪声通过窄带系统后，得到是平稳窄带高斯噪声。在这一节里讨论的噪声就是这样的窄带随机过程。

### 4.6.1 视频信号积累对检测性能的改善

用包络检测法来检测噪声中的周期性信号时，为了改善检测性能，通常采用所谓视频信号积累，这时检测系统的组成见图 4.8。

若系统的输入为信号加宽带噪声，经窄带系统后， $X(t)$ 为窄带信号加窄带高斯噪声 $N(t)$，即

$$X(t) = a\cos(\omega_0 t + \theta) + N(t) \tag{4.6.1}$$

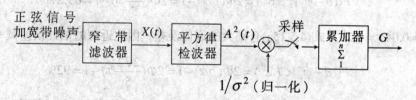

图 4.8　视频信号积累检测系统框图

$X(t)$ 经过平方律检波器做包络检波，得到包络过程 $A^2(t)$。如果窄带高斯噪声的数学期望为零，方差为 $\sigma^2$，则为归一化在平方律检波器的输出端乘上 $1/\sigma^2$。当采样时间 $T$ 足够大时，可保证各采样值也就是各随机变量不相关，经积累（相加） $n$ 次，有

$$G = \frac{1}{\sigma^2}\{A^2(t) + A^2(t+T) + \cdots + A^2[t+(n-1)T]\} \tag{4.6.2}$$

对 $G$ 做统计判决。

当不存在信号，即 $a = 0$ 时

$$X(t) = N(t) = A(t)\cos[\omega_0 t + \Phi(t)] =$$
$$N_C(t)\cos\omega_0 t - N_S(t)\sin\omega_0 t$$

如果用 $A_i$，$N_{Ci}$，$N_{Si}$ 表示随机过程 $A(t)$，$N_C(t)$，$N_S(t)$ 在 $t+(i-1)T$ 时刻的状态，用 $G_0$ 表示无信号时的 $G$，则有

$$G_0 = \frac{1}{\sigma^2} \sum_{i=1}^{n} A_i^2 = \frac{1}{\sigma^2} (\sum_{i=1}^{n} N_{Ci}^2 + \sum_{i=1}^{n} N_{Si}^2) \tag{4.6.3}$$

根据 4.3 节的结论，我们可以知道 $N_{Ci}$，$N_{Si}$ 都是数学期望为零，方差为 $\sigma^2$ 的高斯随机变量，并且互相独立，因此 $G_0$ 的分布是自由度为 $2n$ 的 $\chi^2$ 分布，即满足

$$f_{G_0}(g_0) = \frac{1}{2^n \Gamma(n)} g_0^{n-1} e^{-g_0/2} \tag{4.6.4}$$

当存在信号，即 $a \neq 0$ 时，若式(4.6.1)中的 $\theta$ 是在 $(0, 2\pi)$ 上均匀分布的随机变量，则

$$G = \frac{1}{\sigma^2} \sum_{i=1}^{n} A_i^2 = \frac{1}{\sigma^2} [\sum_{i=1}^{n} (N_{Ci} + a\cos\theta)^2 + \sum_{i=1}^{n} (N_{Si} + a\sin\theta)^2] = G_1 + G_2 \tag{4.6.5}$$

根据 4.5 节讨论的内容，知道 $N_{Ci} + a\cos\theta$，$N_{Si} + a\sin\theta$ 在 $\theta$ 给定情况下都是互相独立的高斯随机变量，因此

$$G_1 = \frac{1}{\sigma^2} \sum_{i=1}^{n} (N_{Ci} + a\cos\theta)^2$$

$$G_2 = \frac{1}{\sigma^2} \sum_{i=1}^{n} (N_{Si} + a\sin\theta)^2$$

都是自由度为 $n$ 的非中心 $\chi^2$ 分布，非中心参量分别为

$$\lambda_1 = \frac{1}{\sigma^2} \sum_{i=1}^{n} (a\cos\theta)^2 = \frac{na^2}{\sigma^2} \cos^2\theta$$

$$\lambda_2 = \frac{1}{\sigma^2} \sum_{i=1}^{n} (a\sin\theta)^2 = \frac{na^2}{\sigma^2} \sin^2\theta$$

因此，$G$ 是自由度为 $2n$ 的非中心 $\chi^2$ 分布，其非中心参量为

$$\lambda = \lambda_1 + \lambda_2 = \frac{na^2}{\sigma^2} \cos^2\theta + \frac{na^2}{\sigma^2} \sin^2\theta = \frac{na^2}{\sigma^2} \tag{4.6.6}$$

$G$ 的概率密度为

$$f_G(g) = \frac{1}{2} (\frac{g}{\lambda})^{\frac{n-1}{2}} \exp(-\frac{\lambda + g}{2}) I_{n-1}(\sqrt{\lambda g}) \tag{4.6.7}$$

非中心参量 $\lambda$ 与自由度 $2n$ 之比为

$$\frac{\lambda}{2n} = \frac{a^2}{2\sigma^2} \tag{4.6.8}$$

它正是检波器输入端的功率信噪比。$G$ 的数学期望和方差由式(1.3.53)求得

$$E[G] = 2n(1 + \frac{a^2}{2\sigma^2}) \tag{4.6.9}$$

$$D[G] = 4n(1 + \frac{a^2}{\sigma^2}) \tag{4.6.10}$$

$G$ 的数学期望和方差与积累次数成正比，且随着输入端信噪比的加大而增加。

通过比较图 4.9 和图 4.10 我们可以看到，无论是有信号还是无信号，随着积累次数 $n$ 的增加，两种情况下的概率密度曲线峰点全都向右移，曲线峰点高度下降，但在积累次数相同情况下，图 4.10 中的曲线右移的速度更快。在图 4.10 中还可以看到输入端信噪比 $\lambda/2n$ 增大曲线右移。

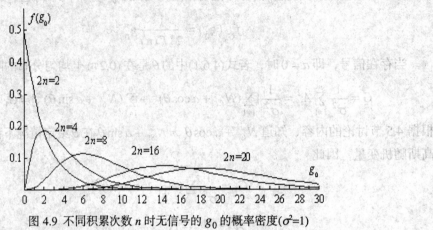

图 4.9 不同积累次数 $n$ 时无信号的 $g_0$ 的概率密度($\sigma^2=1$)

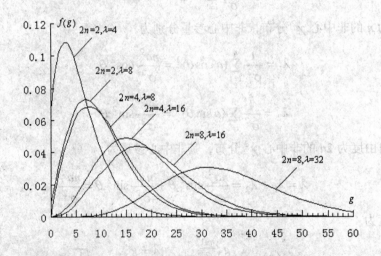

图 4.10 不同积累次数及不同信噪比时的 $g$ 的概率密度($\sigma^2=1$)

在雷达中，当信号存在时，输出信号 $G$ 超过某一固定取值（门限）$g'$ 的概率定义为雷达的发现概率。当信号不存在时，输出信号 $G$ 超过固定门限 $g'$ 的概率定义为雷达的虚警概率。我们知道曲线右移说明变量 $G$ 超过某一固定门限 $g'$ 的概率增加。积累可以提高发现概率，但同时也使虚警概率增加了，但二者的增加速度显然是不同的。换句话说，积累固然使有用信号功率提高，也使噪声功率增加了，但是由于信号是相关的，噪声是不相关的，积累的总效应是使信噪比提高的，最终使检测能力得到改善。

脉冲雷达就是利用这种积累方法。它的回波信号经检波后为一串视频脉冲串，如果以雷达信号的重复周期采样，在所得的独立采样值中，可能全无信号仅有噪声，也可能在噪声中混有信号，经过视频积累后就可以提高检测目标存在的能力。

### 4.6.2 FM(调频)系统的性能分析

我们通过计算和比较 FM 接收机(如图 4.11)的输入输出信噪比来说明宽带调频系统的特性。

假定接收机为输入噪声功率谱密度在信号带宽内恒定的低噪声频率解调器。

$$S_N(f) = \begin{cases} N_0/2 & \|f\|-f_0 \le \Delta f/2 \\ 0 & \text{其它} \end{cases} \tag{4.6.11}$$

解调器输入端为信号加噪声,即

$$X(t) = s(t) + N(t) = a\cos[2\pi f_0 t + \varphi(t)] + N(t) \tag{4.6.12}$$

对于调频信号 $\varphi(t)$ 为

$$\varphi(t) = \int_{-\infty}^{t} k_f m(\tau)\mathrm{d}\tau \tag{4.6.13}$$

其中 $k_f$ 为比例常数,$m(t)$ 为基带信号。输入信号的振幅是恒定的，而 $\varphi(t)$ 的变化相对 $\omega_0 t$ 又是缓慢的，因而输入信号平均功率为

$$P_{si} = \frac{a^2}{2} \tag{4.6.14}$$

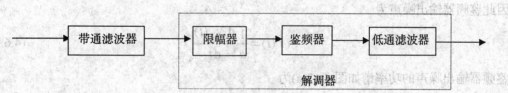

图 4.11 理想化 FM 接收机

由式(4.6.11)可知输入噪声功率为

$$P_{Ni} = N_0\Delta f \tag{4.6.15}$$

因此，输入信噪比为

$$\mathrm{SNR}_i = \frac{P_{si}}{P_{Ni}} = \frac{a^2}{2N_0\Delta f} \tag{4.6.16}$$

FM 解调器是非线性传输，它的输出噪声功率的确定比较复杂。解调器的信噪比定义为无噪声的平均信号功率与未调制载波中的平均噪声功率之比。噪声为零时，解调器的输出为

$$\psi(t) = \frac{\mathrm{d}\varphi(t)}{\mathrm{d}t} = k_f m(t) \tag{4.6.17}$$

由式(4.6.17)得输出有用信号的平均功率为

$$P_{so} = \overline{\psi^2(t)} = k_f^2 \overline{m^2(t)} \tag{4.6.18}$$

根据已知噪声过程 $N(t)$ 为窄带过程，可以表示为

$$N(t) = N_C(t)\cos(2\pi f_0 t) - N_S(t)\sin(2\pi f_0 t) \tag{4.6.19}$$

调制信号为零时，有

$$X(t) = a\cos(2\pi f_0 t) + N_C(t)\cos(2\pi f_0 t) - N_S(t)\sin(2\pi f_0 t) =$$

$$[a + N_C(t)]\cos(2\pi f_0 t) - N_S(t)\sin(2\pi f_0 t) =$$

$$A(t)\cos[2\pi f_0 t + \Theta(t)]$$

其中

$$A(t) = \{[a + N_C(t)]^2 + N_S^2(t)\}^{1/2} \tag{4.6.20}$$

$$\Theta(t) = \arctan\{\frac{N_S(t)}{a + N_C(t)}\} \tag{4.6.21}$$

振幅函数 $A(t)$ 在解调系统的输入端被限幅，这时鉴频器输出为

$$Y(t) = \frac{\mathrm{d}\Theta(t)}{\mathrm{d}t} \tag{4.6.22}$$

在输入信噪比足够大时，式(4.6.21)可近似为

$$\Theta(t) = \frac{N_S(t)}{a} \tag{4.6.23}$$

因此鉴频器输出噪声为

$$Y(t) = \frac{1}{a}\frac{\mathrm{d}N_S(t)}{\mathrm{d}t} \tag{4.6.24}$$

鉴频器输出噪声的功率谱如图 4.12(a)为

$$S_Y(f) = (2\pi f/a)^2 S_{N_S}(f)$$

由式(4.3.16)有

$$S_{N_S}(f) = \begin{cases} N_0 & |f| \leqslant \Delta f/2 \\ 0 & 其它 \end{cases} \tag{4.6.25}$$

低频噪声过程 $N_S(t)$ 的功率谱相当于噪声过程 $N(t)$ 的功率谱移至零频的结果。

由于鉴频器后是低通滤波器，滤除调制信号以外的频率分量，$f_m$ 为调制信号的截止频率，且 $f_m < \Delta f/2$，因此解调器的输出噪声功率谱如图 4.12(b)为

$$S_{No}(f) = \begin{cases} N_0(2\pi f/a)^2 & |f| \leqslant f_m \\ 0 & 其它 \end{cases} \tag{4.6.26}$$

解调器的噪声输出功率为

$$P_{No} = \int_{-f_m}^{f_m} S_Y(f)\mathrm{d}f = \frac{2}{3}(2\pi/a)^2 f_m^3 N_0 \tag{4.6.27}$$

则输出信噪比为

$$\text{SNR}_o = \frac{P_{so}}{P_{No}} = \frac{3a^2 k_f^2 \overline{m^2(t)}}{8\pi^2 f_m^3 N_0} \tag{4.6.28}$$

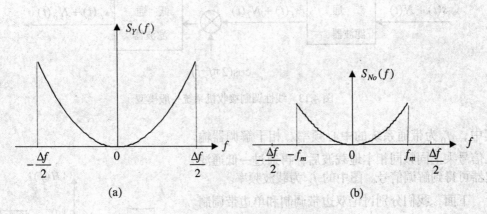

图 4.12  FM 解调器输出噪声的功率谱密度

为了使上式给出简明的意义，让我们来考虑 $m(t)$ 为单一频率正弦波时的情形。这时
$$k_f m(t) = 2\pi \Delta f' \cos(2\pi f_m t)$$

因而
$$P_{so} = k_f^2 \overline{m^2(t)} = \frac{(2\pi \Delta f')^2}{2} = 2\pi^2 (\Delta f')^2$$

这样，我们得到
$$\text{SNR}_o = \frac{3}{2}\left(\frac{\Delta f'}{f_m}\right)^2 \frac{a^2}{f_m N_0 2} \tag{4.6.29}$$

信噪比改善为
$$\frac{\text{SNR}_o}{\text{SNR}_i} = \frac{3}{2} m_f^2 \frac{\Delta f}{f_m} \tag{4.6.30}$$

式中，$m_f = \Delta f'/f_m$ 为调制指数。对于宽带调频 $\Delta f = \Delta f' + f_m$（这里的 $\Delta f'$ 为调制信号的最大频偏，$f_m$ 为基带最高频率），因此，又有
$$\frac{\text{SNR}_o}{\text{SNR}_i} = \frac{3}{2} m_f^2 (m_f + 1) \tag{4.6.31}$$

由于宽带调频 $m_f > 1$，因此，大信噪比时宽带调频系统的解调信噪比增益是很高的。

### 4.6.3  线性调制相干解调的抗噪声性能

线性调制接收机的一般模型如图 4.13 所示。其带通滤波器的传递函数如图 4.14 所示，为理想矩形函数，单边带宽为 $B$。接收机的输入信号 $s(t)$ 和加性白噪声 $N(t)$ 经过带通滤波器后，带通滤波器的输出（相干解调器输入）信号 $s_i(t) = s(t)$ 为线性调制信号，噪声 $N_i(t)$ 已不再是白噪声 $N(t)$，而是一高斯窄带过程，可以表示为

$$N_i(t) = N_C(t)\cos(2\pi f_0 t) - N_S(t)(\sin 2\pi f_0 t)$$

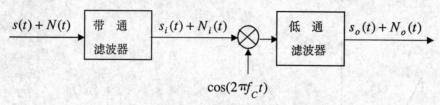

图 4.13　线性调制接收机系统一般模型

其中，$f_0$ 为带通系统的中心频率。相干解调器输入信号乘上同频同相本地载波后，再通过一低通滤波器可得到解调信号。图中的 $f_C$ 为载波频率。

下面，我们分别讨论双边带调制和单边带调制两种情况的相干解调。

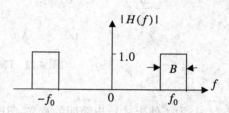

图 4.14　带通滤波器传递函数

### 一、双边带调制的相干解调

双边带信号的时域表示为

$$s_i(t) = m(t)\cos(2\pi f_C t) \qquad (4.6.32)$$

其中，$m(t)$ 为调制信号。双边带调制时 $f_0 = f_C$，此时

$$[s_i(t) + N_i(t)]\cos(2\pi f_C t) =$$

$$[m(t)\cos(2\pi f_C t) + N_C(t)\cos(2\pi f_C t) - N_S(t)\sin(2\pi f_C t)]\cos(2\pi f_C t) =$$

$$[m(t) + N_C(t)][\frac{1}{2} + \frac{1}{2}\cos(2\times 2\pi f_C t)] - \frac{1}{2}N_S(t)\sin(2\times 2\pi f_C t)$$

经低通滤波器得到解调输出为

$$s_0(t) + N_0(t) = \frac{1}{2}m(t) + \frac{1}{2}N_C(t) \qquad (4.6.33)$$

若调制信号的带宽为 $\Delta f$，双边带信号的单边带宽 $B_{DSB} = 2\Delta f$，带通滤波器的单边带宽为双边带信号带宽。白噪声 $N(t)$ 的功率谱密度用 $N_0/2$ 表示，则相干解调器输入端的噪声平均功率为

$$P_{Ni} = 2N_0\Delta f \qquad (4.6.34)$$

相干解调器输入端的已调信号平均功率为

$$P_{si} = \overline{m^2(t)\cos^2(2\pi f_C t)} = \frac{1}{2}\overline{m^2(t)} \qquad (4.6.35)$$

输入信噪比为

$$\mathrm{SNR}_i = \frac{P_{si}}{P_{Ni}} = \frac{\overline{m^2(t)}}{4N_0\Delta f} \qquad (4.6.36)$$

由式(4.6.33)可知，输出的有用信号的平均功率

154

$$P_{so} = \overline{(\frac{1}{2}m(t))^2} = \frac{1}{4}\overline{m^2(t)} \qquad (4.6.37)$$

输出的噪声的平均功率

$$P_{No} = E[\frac{1}{4}N_C^2(t)] = \frac{1}{4}E[N_C^2(t)] \qquad (4.6.38)$$

又由窄带平稳随机过程的性质可知

$$P_{No} = \frac{1}{4}E[N_C^2(t)] = \frac{1}{4}E[N_i^2(t)] = \frac{1}{4}N_0 B_{\text{DSB}} = \frac{1}{2}N_0\Delta f \qquad (4.6.39)$$

输出信噪比为

$$\text{SNR}_o = \frac{P_{so}}{P_{No}} = \frac{\overline{m^2(t)}}{2N_0\Delta f} \qquad (4.6.40)$$

信噪比增益为

$$\frac{\text{SNR}_o}{\text{SNR}_i} = 2 \qquad (4.6.41)$$

## 二、单边带调制的相干解调

单边带信号的时域表达式为

$$s_i(t) = \frac{1}{2}m(t)\cos(2\pi f_C t) \mp \frac{1}{2}\hat{m}(t)\sin(2\pi f_C t) \qquad (4.6.42)$$

式中，$\hat{m}(t)$ 为调制信号 $m(t)$ 的希尔伯特变换，$\mp$ 中的负号表示上边带调制，正号表示下边带调制。若调制信号的带宽为 $\Delta f$，上边带调制时

$$f_0 - f_C = \frac{\Delta f}{2}$$

此时 
$$[s_i(t) + N_i(t)]\cos(2\pi f_C t) =$$

$$[\frac{1}{2}m(t)\cos(2\pi f_C t) - \frac{1}{2}\hat{m}(t)\sin(2\pi f_C t) + N_C(t)\cos(2\pi f_0 t) - N_S(t)\sin(2\pi f_0 t)]\cos(2\pi f_C t) =$$

$$\frac{1}{2}m(t)[\frac{1}{2} + \frac{1}{2}\cos(2\times 2\pi f_C t)] - \frac{1}{4}\hat{m}(t)\sin(2\times 2\pi f_C t) + \frac{1}{2}N_C(t)\cos[2\pi(f_0 + f_C)t] +$$

$$\frac{1}{2}N_C(t)\cos[2\pi(f_0 - f_C)t] - \frac{1}{2}N_S(t)\sin[2\pi(f_0 + f_C)t] - \frac{1}{2}N_S(t)\sin[2\pi(f_0 - f_C)t]$$

经低通滤波器得到解调输出为

$$s_0(t) + N_0(t) = \frac{1}{4}m(t) + \frac{1}{2}N_C(t)\cos(\pi\Delta ft) - \frac{1}{2}N_S(t)\sin(\pi\Delta ft) \qquad (4.6.43)$$

单边带信号的单边带宽 $B_{\text{SSB}} = \Delta f$，带通滤波器的带宽为单边带信号带宽。白噪声 $N(t)$ 的单边功率谱密度用 $N_0$ 表示，则相干解调器输入端的噪声平均功率为

$$P_{Ni} = N_0 \Delta f \qquad (4.6.44)$$

相干解调器输入端的已调信号平均功率为

$$P_{si} = \overline{[\frac{1}{2}m(t)\cos(2\pi f_C t) + \frac{1}{2}\hat{m}(t)\sin(2\pi f_C t)]^2} =$$

$$\overline{\frac{1}{4} \cdot \frac{1}{2}m^2(t)[1+\cos(4\pi f_C t)] + \frac{1}{2}\hat{m}^2(t)[1-\cos(4\pi f_C t)] + m(t)\hat{m}(t)\sin(4\pi f_C t)} =$$

$$\frac{1}{8}\overline{m^2(t)} + \frac{1}{8}\overline{\hat{m}^2(t)}$$

根据希尔伯特变换的性质 $\hat{m}(t)$ 与 $m(t)$ 平均功率相等，由此上式变为

$$P_{si} = \frac{1}{4}\overline{m^2(t)} \qquad (4.6.45)$$

输入信噪比为

$$\mathrm{SNR}_i = \frac{P_{si}}{P_{Ni}} = \frac{\overline{m^2(t)}}{4N_0\Delta f} \qquad (4.6.46)$$

由式(4.6.43)可知输出的有用信号的平均功率

$$P_{so} = \overline{(\frac{1}{4}m^2(t))} = \frac{1}{16}\overline{m^2(t)} \qquad (4.6.47)$$

输出的噪声的平均功率

$$P_{No} = E\{[\frac{1}{2}N_C(t)\cos(\pi\Delta ft) - \frac{1}{2}N_S(t)\sin(\pi\Delta ft)]^2\} =$$

$$\frac{1}{4}E\{\frac{1}{2}N_C^2(t)[1+\cos(2\pi\Delta ft)] + \frac{1}{2}N_S^2(t)[1-\sin(2\pi\Delta ft)] - N_C(t)N_S(t)\sin(2\pi\Delta ft)\}$$

经过低通滤波器后，将滤除 $\Delta f$ 以上的频率分量，因此

$$P_{No} = \frac{1}{8}E[N_C^2(t)] + \frac{1}{8}E[N_S^2(t)] = \frac{1}{4}E[N_i^2(t)] = \frac{1}{4}N_0 B_{\mathrm{SSB}} = \frac{1}{4}N_0\Delta f \qquad (4.6.48)$$

输出信噪比为

$$\mathrm{SNR}_o = \frac{P_{so}}{P_{No}} = \frac{\overline{m^2(t)}}{4N_0\Delta f} \qquad (4.6.49)$$

信噪比增益为

$$\frac{\mathrm{SNR}_0}{\mathrm{SNR}_i} = 1 \qquad (4.6.50)$$

比较式(4.6.41)和式(4.6.50)可知，双边带调制相干解调的信噪比增益，是单边带调制解调的两倍。由式(4.6.35)和式(4.6.45)可知双边带调制时相干解调器的已调信号平均功率是单边带时的两倍。如果在输入信号功率相同、白噪声功率谱密度相同、调制信号带宽

相同的情况下，对这两种调制方法进行比较，就可以发现它们的信噪比增益相同。这说明两种调制的抗干噪声性能相同。

# 习 题 四

4.1 试证：（1）$x(t)$ 为 $t$ 的奇函数时，它的希尔伯特变换为 $t$ 的偶函数。

（2）$x(t)$ 为 $t$ 的偶函数时，它的希尔伯特变换为奇函数。

4.2 设复随机过程是广义平稳的，试证明 $R_X(\tau) = R_X{}^*(-\tau)$，并证明功率谱密度是实函数。

4.3 设有一窄带信号 $x(t) = x_c(t)\cos\omega_0 t - x_s(t)\sin\omega_0 t$，其中的 $x_c(t)$ 与 $x_s(t)$ 的带宽远小于 $\omega_0$，设 $X_c(\omega)$ 和 $X_s(\omega)$ 分别为 $x_c(t)$ 与 $x_s(t)$ 的傅里叶变换，$Z(\omega)$ 为 $x(t)$ 的解析函数 $z(t) = x(t) + j\hat{x}(t)$ 的傅里叶变换，试证：

$$X_c(\omega) = \frac{1}{2}[Z(\omega + \omega_0) + Z^*(-\omega + \omega_0)]$$

$$X_s(\omega) = \frac{1}{2j}[Z(\omega + \omega_0) - Z^*(-\omega + \omega_0)]$$

4.4 数学期望为零的窄带平稳随机过程 $X(t) = A_C(t)\cos\omega_0 t - A_S(t)\sin\omega_0 t$，其功率谱密度为

$$S_X(\omega) = \begin{cases} a\cos[\pi(\omega - \omega_0)/\Delta\omega] & -\Delta\omega/2 \leq \omega - \omega_0 \leq \Delta\omega/2 \\ a\cos[\pi(\omega + \omega_0)/\Delta\omega] & -\Delta\omega/2 \leq \omega + \omega_0 \leq \Delta\omega/2 \\ 0 & 其它 \end{cases}$$

式中，$a$，$\Delta\omega$，$\omega_0$ 皆为正常数，且 $\omega_0 >> \Delta\omega$。试求：

（1）$A_C(t)$，$A_S(t)$ 的功率谱密度和平均功率。

（2）$A_C(t)$ 和 $A_S(t)$ 是否正交？

4.5 数学期望为零，方差为 $\sigma^2$ 的窄带平稳随机过程 $X(t) = A_C(t)\cos\omega_0 t - A_S(t)\sin\omega_0 t$，它在 $t$ 和 $t+\tau$ 两时刻的相关系数为 $r(\tau)$ 的，其单边功率谱是关于 $\omega_0$ 偶对称的，试求低频过程 $A_C(t)$，$A_S(t)$ 在 $t_1$，$t_2$ 时刻的四维联合概率密度。

4.6 求数学期望为零，方差为 1 的窄带高斯过程包络平方的数学期望和方差。

4.7 已知接收机输出端在某时刻的输出，在不包含有用信号分量的情况下其概率密度为

$$P(x) = \frac{1}{\sqrt{2\pi}\sigma}e^{\frac{x^2}{2\sigma^2}}$$

如果另一时刻加进一个幅度为 2 的直流分量，此时的概率密度是什么？

4.8 有一个无线电相位测距系统，输入为 $B\cos(\omega_0 t + \theta)$ 和方差为 $\sigma_N^2$ 的窄带高斯噪声 $N(t)$，其中 $B$ 为常数，$\theta$ 为在（0，$2\pi$）区间上均匀分布的随机变量，其输出为 $\varphi + \varphi_n(t)$，$\varphi$ 正比于所测距离，$\varphi_n(t)$ 是噪声部分，若 $B/\sigma_N = 10$，求测角误差大于 $\pm 5^0$ 的概率。

# 第五章　马尔可夫过程

马尔可夫过程是一类重要的随机过程，尤其是高阶的马尔可夫过程可以逼近任意可测过程，广泛应用在近代物理、生物（生灭过程）、公共事业、信息处理、自动控制等方面，所以这种过程很被重视。这里先从最简单的马尔可夫链开始介绍。

## 5.1　马尔可夫链

**定义**　对任意的整数 $s_1 < s_2 < \cdots < s_l < m < m+k$，离散随机序列 $X_n$，在 $m+k$ 时刻的状态 $X_{m+k}$ 只与最近时刻 $m$ 的状态 $X_m$ 有关，而与以前 $s_1$，$s_2, \cdots, s_l$ 时刻的状态无关，这样的随机序列称为马尔可夫链，简称马氏链。

### 5.1.1　马尔可夫链的一般性

设马尔可夫链在时刻 $m+k$ 的状态 $X_{m+k}$ 的某一取值为 $a_j$，$m$ 时刻的状态 $X_m$ 的某一取值为 $a_i$，在 $s_i$ 时刻的状态 $X_{s_i}$ 的取值为 $a_{s_i}$（其中 $s_1 < s_2 < \cdots < s_l < m < m+k$），根据马尔可夫链的定义有

$$
\begin{aligned}
P\{X_{m+k} = a_j \mid X_{s_1} = a_{s_1}, \cdots, X_{s_l} = a_{s_l}, X_m = a_i\} = \\
P\{X_{m+k} = a_j \mid X_m = a_i\} = p_{ij}(m, m+k)
\end{aligned}
\tag{5.1.1}
$$

该式表明,某一时刻的状态（一随机变量）对前 $l+1$ 个随机变量的条件概率只与最近一个随机变量有关，而与更前的 $l$ 个变量无关。$p_{ij}(m, m+k)$ 表示在 $m$ 时刻出现 $X_m = a_i$ 条件下，在 $m+k$ 时刻出现 $X_{m+k} = a_j$ 的概率，一般也称为 $k$ 步转移概率。

马氏链的另一个等价条件是

$$
\begin{aligned}
P\{X_{m+1} = a_j \mid X_{s_1} = a_{s_1}, \cdots, X_{m-1} = a_{m-1}, X_m = a_i\} = \\
P\{X_{m+1} = a_j \mid X_m = a_i\} = p_{ij}(m, m+1)
\end{aligned}
\tag{5.1.2}
$$

满足上式的随机序列也可定义为马氏链，$p_{ij}(m, m+1)$ 称为在 $m$ 时刻的一步转移概率。

1.状态概率、转移概率及转移矩阵。

假设 $X_n = a_j$ 的状态概率为

$$
p_j(n) = P\{X_n = a_j\}
\tag{5.1.3}
$$

在 $X_m = a_i$ 的条件下，$X_n = a_j$ 的条件概率或转移概率为

$$
p_{ij}(m, n) = P\{X_n = a_j \mid X_m = a_i\}
\tag{5.1.4}
$$

设 $N$ 为序列所有可能状态的次数，根据全概率公式，有

$$p_j(n) = \sum_{i=1}^{N} P\{X_m = a_i, X_n = a_j\} =$$

$$\sum_{i=1}^{N} P\{X_n = a_j \mid X_m = a_i\} P\{X_m = a_i\} = \qquad (5.1.5)$$

$$\sum_{i=1}^{N} p_{ij}(m,n) p_i(m)$$

$$\sum_{j=1}^{N} p_j(n) = 1 \qquad (5.1.6)$$

$$\sum_{j=1}^{N} p_{ij}(m,n) = \sum_{j=1}^{N} P\{X_n = a_j \mid X_m = a_i\} = 1 \qquad (5.1.7)$$

由转移概率构成的矩阵为

$$\boldsymbol{P}(m,n) = \begin{bmatrix} p_{11}(m,n) & p_{12}(m,n) & \cdots & p_{1N}(m,n) \\ p_{21}(m,n) & p_{22}(m,n) & \cdots & p_{2N}(m,n) \\ \cdots & \cdots & \cdots & \cdots \\ p_{N1}(m,n) & p_{N2}(m,n) & \cdots & P_{NN}(m,n) \end{bmatrix} \qquad (5.1.8)$$

称为马尔可夫链的转移矩阵。根据式(5.1.7)可知矩阵的每一行中各元素之和为 1。

由状态概率 $p_j(n)$ 构成列阵

$$\boldsymbol{p}(n) = [p_1(n), p_2(n) \cdots p_N(n)]^T \qquad (5.1.9)$$

由式(5.1.6)可知，列阵中各元素之和为 1。根据式(5.1.5)有

$$\boldsymbol{p}(n) = \boldsymbol{P}^T(m,n)\boldsymbol{p}(m) \qquad (5.1.10)$$

2.切普曼-柯尔莫哥洛夫方程

马尔可夫链的转移概率满足切普曼-柯尔莫哥洛夫方程，即

$$p_{ij}(m,n) = \sum_{k=1}^{N} p_{ik}(m,r) p_{kj}(r,n) \qquad (5.1.11)$$

式中，$n > r > m$。

证明　根据概率准则，有

$$p_{ij}(m,n) = P\{X_n = a_j \mid X_m = a_i\} = \frac{P\{X_m = a_i, X_n = a_j\}}{P\{X_m = a_i\}} =$$

$$\frac{\sum_{k=1}^{N} P\{X_m = a_i, X_r = a_k, X_n = a_j\}}{P\{X_m = a_i\}} =$$

$$\sum_{k=1}^{N} \frac{P\{X_m = a_i, X_r = a_k, X_n = a_j\}}{P\{X_m = a_i, X_r = a_k\}} \cdot \frac{P\{X_m = a_i, X_r = a_k\}}{P\{X_m = a_i\}} =$$

$$\sum_{k=1}^{N} P\{X_n = a_j \mid X_m = a_i, X_r = a_k\} \cdot P\{X_r = a_k \mid X_m = a_i\}$$

根据马尔可夫链的特点及转移概率的定义，式中

$$P\{X_n = a_j \mid X_m = a_i, X_r = a_k\} = P\{X_n = a_j \mid X_r = a_k\} = p_{kj}(r,n)$$

$$P\{X_r = a_k \mid X_m = a_i\} = p_{ik}(m,r)$$

代入上式，即得证式(5.1.11)。

### 5.1.2 齐次马尔可夫链

**定义**

如果马尔可夫链的转移概率 $p_{ij}(m,n)$ 只取决于 $n-m$，而与 $n$ 和 $m$ 本身的值无关，则称为齐次马尔可夫链，简称齐次链。

齐次链的转移概率可记为 $p_{ij}(n-m)$，并称 $p_{ij}(n-m)$ 为 $n-m$ 步转移概率。由齐次链的转移概率构成的转移矩阵中各元素也只取决于 $n-m$，可记为 $\boldsymbol{P}(n-m)$，并称为 $n-m$ 步转移矩阵，其表达式为

$$\boldsymbol{P}(n-m) = \begin{bmatrix} p_{11}(n-m) & p_{12}(n-m) & \cdots & p_{1N}(n-m) \\ p_{21}(n-m) & p_{22}(n-m) & \cdots & p_{2N}(n-m) \\ \cdots & \cdots & \cdots & \cdots \\ p_{N1}(n-m) & p_{N2}(n-m) & \cdots & P_{NN}(n-m) \end{bmatrix}$$

当 $n-m=1$ 时，$p_{ij}(n-m)$ 可记为 $p_{ij}$，并称为一步转移概率。由一步转移概率构成的转移矩阵称为一步转移矩阵，其表达式为

$$\boldsymbol{P} = \begin{bmatrix} p_{11} & p_{12} & \cdots & p_{1N} \\ p_{21} & p_{22} & \cdots & p_{2N} \\ \cdots & \cdots & \cdots & \cdots \\ p_{N1} & p_{N2} & \cdots & P_{NN} \end{bmatrix}$$

用切普曼-柯尔莫哥洛夫方程表示齐次链的 $m$ 步转移概率 $p_{ij}(m)$，与 $l(l<m)$ 步转移概率 $p_{ik}(l)$ 和 $(m-l)$ 步转移概率 $p_{kj}(m-l)$ 的关系如下，即

$$p_{ij}(m) = \sum_{k=1}^{N} p_{ik}(l) p_{kj}(m-l)$$

$$(5.1.12)$$

特别地，当 $l=1$ 时，有

$$p_{ij}(m) = \sum_{k=1}^{N} p_{ik} p_{kj}(m-1) = \sum_{k=1}^{N} p_{ik}(m-1) p_{kj} \qquad (5.1.13)$$

若用矩阵表示，则

$$\boldsymbol{P}(m) = \boldsymbol{P} \cdot \boldsymbol{P}(m-1) = \boldsymbol{P} \cdot \boldsymbol{P} \cdot \boldsymbol{P}(m-2) = \cdots = \boldsymbol{P}^m \qquad (5.1.14)$$

从这一递推关系式可知，对于齐次马尔可夫链来说，一步转移概率完全决定了 $k$ 步转移概率。如果再知道它的初始概率分布，即 $n=0$ 时 $X_0$ 取各个状态的概率，就可以求得序

列 $X_n$ 的所有有限维概率分布。如 $X_n$ 的状态空间为 $\{a_1, a_2, \cdots, a_N\}$， $0 < s_1 < s_2 < \cdots < s_k$，则 $X_n$ 的任意 $k$ 维概率分布为

$$P\{X_{s_1} = a_{s_1}, X_{s_2} = a_{s_2}, \cdots, X_{s_k} = a_{s_k}\} =$$

$$\sum_{j=1}^{N} P\{X_0 = a_j, X_{s_1} = a_{s_1}, X_{s_2} = a_{s_2}, \cdots, X_{s_k} = a_{s_k}\} =$$

$$\sum_{j=1}^{N} P\{X_{s_k} = a_{s_k} \mid X_{s_{k-1}} = a_{s_{k-1}}\} \cdot P\{X_0 = a_j, X_{s_1} = a_{s_1}, X_{s_2} = a_{s_2}, \cdots, X_{s_{k-1}} = a_{s_{k-1}}\} =$$

$$\sum_{j=1}^{N} p_{s_{k-1}s_k}(s_k - s_{k-1}) \cdot P\{X_0 = a_j, X_{s_1} = a_{s_1}, X_{s_2} = a_{s_2}, \cdots, X_{s_{k-1}} = a_{s_{k-1}}\} =$$

$$\cdots =$$

$$\sum_{j=1}^{N} p_{s_{k-1}s_k}(s_k - s_{k-1}) \cdot p_{s_{k-2}s_{k-1}}(s_{k-1} - s_{k-2}) \cdots p_{s_1 s_2}(s_2 - s_1) P\{X_0 = a_j, X_{s_1} = a_{s_1}\} =$$

$$\sum_{j=1}^{N} p_{s_{k-1}s_k}(s_k - s_{k-1}) \cdot p_{s_{k-2}s_{k-1}}(s_{k-1} - s_{k-2}) \cdots p_{s_1 s_2}(s_2 - s_1) p_{j s_1}(s_1) P\{X_0 = a_j\}$$

$$(5.1.15)$$

上式中各转移概率均可用切普曼-柯尔莫哥洛夫公式求得。所以，利用初始分布和一步转移概率就可以完全确定马尔可夫链的统计规律。

### 5.1.3 齐次马尔可夫链的遍历性和平稳分布

1.常返态

**定义** $\quad f_{ij}(n) = P\{T_{ij} = n \mid X_0 = a_i\} \geq 0$ $\qquad (5.1.16)$

$T_{ij}$ 代表从状态 $a_i$ 出发首次进入状态 $a_j$ 的时刻， $f_{ij}(n)$ 为系统从状态 $a_i$ 出发经 $n$ 步首次到达状态 $a_j$ 的概率，显然

$$f_{ij}(n) = P\{X_n = a_j; X_m \neq a_j, m = 1, 2, \cdots, n-1 \mid X_0 = a_i\} \qquad (5.1.17)$$

于是

$$f_{ij}(1) = P\{X_1 = a_j \mid X_0 = a_i\} \qquad (5.1.18)$$

$$f_{ij}(\infty) = P\{X_m \neq a_j, 对一切 m \geq 1 \mid X_0 = a_i\} \qquad (5.1.19)$$

**定义** $\quad f_{ij} = \sum_{1 \leq n < \infty} f_{ij}(n) = \sum_{1 \leq n < \infty} P\{T_{ij} = n \mid X_0 = a_i\} = P\{T_{ij} < \infty\}$ $\qquad (5.1.20)$

$f_{ij}$ 为系统自状态 $a_i$ 迟早到达状态 $a_j$ 的概率。

若 $j = i$，则 $f_{ii}$ 代表从状态 $a_i$ 出发经有限步迟早返回状态 $a_i$ 的概率，故 $f_{ii}$ 是在 0 和 1 之间的一个数。根据 $f_{ii}$ 的取值情况，把状态 $a_i$ 分成两类：

如果 $f_{ii} = 1$，则称状态 $a_i$ 是常返态。

如果 $f_{ii} < 1$，则称状态 $a_i$ 是非常返态，有时也称滑过态。

**定理** 状态 $a_i$ 是常返态（即 $f_{ii}=1$）的充要条件是

$$\sum_{n=0}^{\infty} p_{ii}(n) = \infty \tag{5.1.21}$$

如果状态 $a_i$ 是非常返态时（即 $f_{ii}<1$），则

$$\sum_{n=0}^{\infty} p_{ii}(n) = \frac{1}{1-f_{ii}} < \infty \tag{5.1.22}$$

定理证明略。

对于一个常返态，可以计算出它的平均返回时间 $\mu_i$

$$\mu_i = \sum_{n=1}^{\infty} n f_{ii}(n) \tag{5.1.23}$$

根据平均返回时间，又把常返态分为两类。一类的平均时间是有限的，即 $\mu_i < \infty$，称为正常返，另一类 $\mu_i \to \infty$，或 $\frac{1}{\mu_i} \to 0$，称为零常返。

2.不可约性

**定义** 有两个状态 $a_i$ 和 $a_j$，如果由 $a_i$ 状态可到达 $a_j$ 状态，即 $a_i \to a_j$，且由状态 $a_j$ 也可到达 $a_i$，即 $a_j \to a_i$，则称状态 $a_i$ 和状态 $a_j$ 相通，记做 $a_i \leftrightarrow a_j$。

如果马尔可夫链的所有状态都是相通的，则这样的马尔可夫链为不可约的。

不可约的马尔可夫链对任意一对 $i$ 和 $j$，都存在至少一个 $n$，使 $p_{ij}(n)>0$，从状态 $a_i$ 开始，总有可能进入状态 $a_j$；反之若对所有的 $n$，$p_{ij}(n)=0$，就意味着一旦出现状态 $a_i$ 以后就不可能进入状态 $a_j$，也就是不能各态遍历。

**例 5.1.1** 设有四个状态{0，1，2，3}的马尔可夫链，它的一步转移概率矩阵为

$$P = \begin{bmatrix} 0 & 0 & \frac{1}{2} & \frac{1}{2} \\ 1 & 0 & 0 & 0 \\ 0 & 1 & 0 & 0 \\ 0 & 1 & 0 & 0 \end{bmatrix}$$

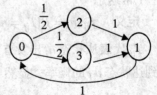

图 5.1 例 5.1.1 题的状态传递图

讨论其不可约性。

**解：** 由转移概率矩阵可画出其状态传递图见图 5.1。图中圈中的数字代表状态，箭头是指从一状态转移到另一个状态，上面的数字代表转移概率。由图很容易地看出所有状态都是相通的，因此该马尔可夫链是不可约的。

**例 5.1.2** 设有五个状态{$a_1$，$a_2$，$a_3$，$a_4$，$a_5$}的马氏链的状态传递图见图 5.2，试讨论该链的不可约性。

**解：** 从状态传递图可以看出只有状态 $a_4$ 和 $a_5$ 是相通的，其它状态是不相通的，所以该马氏链不是不可约的。

3.周期的状态和非周期状态

**定义** 如果存在不等于 1 的正整数 $h$，只要 $n$ 能被 $h$ 整除就有 $p_{ii}(n) > 0$，或者说当 $n$ 不能被 $h$ 整除时 $p_{ii}(n) = 0$，则称 $a_i$ 状态是周期性状态。

过程从 $a_i$ 状态出发，只有当 $n=h$，$2h$，$3h$…时，过程有可能返回状态 $a_i$，取最大公约数 $h$ 是它的周期。该过程即为周期性的，状态 $a_i$ 是周期性状态。如果除了 $h=1$ 外，使 $p_{ii}(n) > 0$ 的各 $n$ 值没有其它公约数，则称该状态 $a_i$ 是非周期的。

**例 5.1.3** 设有四个状态 $\{a_1，a_2，a_3，a_4\}$ 的马尔可夫链，它的一步转移概率矩阵为

$$P = \begin{bmatrix} 0 & \frac{1}{2} & 0 & \frac{1}{2} \\ \frac{1}{2} & 0 & \frac{1}{2} & 0 \\ 0 & \frac{1}{2} & 0 & \frac{1}{2} \\ \frac{1}{2} & 0 & \frac{1}{2} & 0 \end{bmatrix}$$

试画出其状态传递图；该过程是否具有周期性。

**解：** 状态传递图见图 5.3

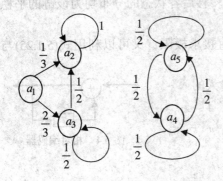

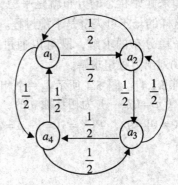

图 5.2　例 5.1.2 题的状态传递图　　　图 5.3　例 5.1.3 题的状态传递图

四个状态可以分成 $\{a_1，a_3\}$ 和 $\{a_2，a_4\}$ 两个子类。该过程有确定性的周期转移

$$\{a_1，a_3\} \to \{a_2，a_4\} \to \{a_1，a_3\} \to \{a_2，a_4\}\cdots$$

它的周期为 2。

**4.遍历态及平稳分布**

**定义** 非周期的正常返态称为遍历态

我们不加证明地给出如下结论：不可约、非周期的、有限状态的马尔可夫链是正常返的，一定是遍历的，它存在一个平稳分布，而平稳分布就是它的极限分布。

**定理** 对于有限状态的马尔可夫链，若存在正数 $m$，使得对状态空间的任何状态 $a_i$，$a_j$ 有 $p_{ij}(m) > 0$，则

$$\lim_{n \to \infty} P(n) = \pi \tag{5.1.24}$$

$\boldsymbol{\pi}$是一随机矩阵，它的各行均相同，且满足下列关系：

（1） $\sum_i \pi_i p_{ij} = \pi_j$ ， $\pi_i > 0$ ，即 $\boldsymbol{\pi}P = \boldsymbol{\pi}$ (5.1.25)

（2） $\sum_i \pi_i = 1$ (5.1.26)

该极限矩阵是唯一能满足上述两关系的矩阵（定理证明比较繁琐，此处略，读者可参考有关书籍）。

从上述定理可以看出，一个有限状态的马尔可夫链，当满足条件 $p_{ij}(m) > 0$ （任何状态 $a_i$ ， $a_j$ ）时，经过一段试验时间后，过程将到达平稳状态，即此后过程取那一个状态的概率不再随时间而变化。极限概率 $\lim_{n\to\infty} p_{ij}(n)$ 存在，它是一个与起始状态 $a_i$ 无关的分布，即

$$\lim_{n\to\infty} p_{ij}(n) = \lim_{n\to\infty} P\{X_n = a_j\} = \pi_j \tag{5.1.27}$$

过程经长时间的转移后，各状态的概率趋于稳定，概率分布不随转移而引起变化。称 $\pi_1$ ， $\pi_2,\cdots$ ， $\pi_i,\cdots$ 为该链的平稳分布。

如果起始状态的分布就是平稳分布，则各次转移后各状态的分布均为该链的平稳分布。这样的马尔可夫链是平稳过程。

平稳分布的求解，既可以通过对转移矩阵直接求极限，又可以利用式(5.1.25)与式(5.1.26)列出方程组求解。

**例 5.1.4** 图 5.4 所示是一个相对编码器。输入的码 $X_n$ （ $n = 1,2,\cdots$ ）为相互独立的，取值 0 或 1，且已知 $P\{X=0\} = p$ ， $P\{X=1\} = 1-p = q$ ，输出码是 $Y_n$ ，显然有

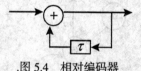

.图 5.4 相对编码器

$$Y_1 = X_1$$

$$Y_2 = X_2 \oplus Y_1 \cdots$$

其中， $\oplus$ 表示模二加，那么 $Y_n$ 就是一个齐次马氏链。试求 $Y_n$ 的平稳分布

**解：** 根据题意可知序列 $Y$ 的一步转移概率为

$$p_{00} = P\{X=0\} = p$$

$$p_{10} = P\{X=1\} = q$$

$$p_{01} = P\{X=1\} = q$$

$$p_{11} = P\{X=0\} = p$$

即一步转移矩阵为

$$P = \begin{bmatrix} p & q \\ q & p \end{bmatrix}$$

满足 $p_{ij} > 0$ 条件，该马氏链为遍历的，存在平稳分布。利用式(5.1.25)与(5.1.26)联立列出方程组为

$$p\pi_1 + q\pi_2 = \pi_1$$

$$q\pi_1 + p\pi_2 = \pi_2$$

$$\pi_1 + \pi_2 = 1$$

已知 $q = 1 - p$，代入上个方程组可解得 $\pi_1 = \dfrac{1}{2}$，$\pi_2 = \dfrac{1}{2}$。

# 5.2  马尔可夫过程

### 5.2.1  一阶马尔可夫过程

**定义**  设有一随机过程 $\{ X(t)$，$t \in T \}$，$t_1 < t_2 < \cdots < t_m < t_{m+1} \in T$，若在 $t_1$，$t_2, \cdots$，$t_m$，$t_{m+1}$ 时刻对 $X(t)$ 观测得到相应的观测值 $x_1$，$x_2, \cdots$，$x_m$，$x_{m+1}$，它们满足条件

$$f(x_{m+1}; t_{m+1} \mid x_1, x_2, \cdots, x_m; t_1, t_2, \cdots, t_m) = f(x_{m+1}; t_{m+1} \mid x_m; t_m) \tag{5.2.1}$$

则称 $X(t)$ 是具有马氏性质的随机过程或一阶马尔可夫过程，简称马氏过程。

定义中的条件是用概率密度的形式表示的，也可用概率和概率分布函数表示，即

$$P\{X(t_{m+1}) \le x_{m+1} \mid X(t_1) = x_1, X(t_2) = x_2, \cdots, X(t_m) = x_m \} =$$
$$P\{X(t_{m+1}) \le x_{m+1} \mid X(t_m) = x_m \} \tag{5.2.2}$$

或 $\qquad F(x_{m+1}; t_{m+1} \mid x_1, x_2, \cdots, x_m; t_1, t_2, \cdots, t_m) = F(x_{m+1}; t_{m+1} \mid x_m; t_m) \tag{5.2.3}$

在已知 $t_m$ 时刻随机过程所处状态 $X(t_m) = x_m$ 的条件下，$t_m$ 以后的 $t_{m+1}$ 时刻所要达到的状态的情况与时刻 $t_m$ 以前 $t_1$，$t_2, \cdots$，$t_{m-1}$ 等时刻过程所处的状态无关。称这种性质为过程的无后效性或过程的马尔可夫性。

在过程一般理论中已知，要充分描述过程，只要知道它们的有限维分布函数（或密度）族即可。而马尔可夫过程 $X(t)$ 的 $n$ 维概率密度有

$$f(x_1, x_2, \cdots, x_n; t_1, t_2, \cdots, t_n) =$$

$$f(x_1; t_1) \cdot f(x_2; t_2 \mid x_1; t_1) \cdot f(x_3; t_3 \mid x_1, x_2; t_1, t_2) \cdots$$
$$f(x_n; t_n \mid x_1, x_2, \cdots, x_{n-1}; t_1, t_2, \cdots, t_{n-1}) =$$

$$f(x_1; t_1) \cdot f(x_2; t_2 \mid x_1; t_1) \cdot f(x_3; t_3 \mid x_2; t_2) \cdots f(x_n; t_n \mid x_{n-1}; t_{n-1}) \tag{5.2.4}$$

该式表明 $X(t)$ 的 $n$ 维概率密度是一些条件概率密度与 $t_1$ 时初始概率密度的乘积。这些条件概率密度称为转移概率密度。

同理 $X(t)$ 的 $n$ 维分布函数也可用 $t_1$ 时初始概率分布与条件分布函数的乘积表示，这些条件分布函数称为转移概率分布。

$$F(x_1, x_2, \cdots, x_n; t_1, t_2, \cdots, t_n) =$$

$$F(x_1; t_1) \cdot F(x_2; t_2 \mid x_1; t_1) \cdot F(x_3; t_3 \mid x_2; t_2) \cdots F(x_n; t_n \mid x_{n-1}; t_{n-1}) \tag{5.2.5}$$

**定义**  如果过程的转移概率分布（密度）只依赖两个时刻的差，而不依赖两个时刻

本身的情况，具有这种特性的马尔可夫过程称为齐次马尔可夫过程。

马尔可夫过程的转移概率密度也有类似马尔可夫链中讨论过的切普曼-柯尔莫哥洛夫方程式，即

$$f(x_n;t_n \mid x_s;t_s) = \int_{-\infty}^{\infty} f(x_n;t_n \mid x_r;t_r) f(x_r;t_r \mid x_s;t_s) \mathrm{d} x_r \qquad (5.2.6)$$

式中，$t_s < t_r < t_n$。

**证明** 已知

$$f(x_n;t_n \mid x_s;t_s) = \int_{-\infty}^{\infty} f(x_r,x_n;t_r,t_n \mid x_s;t_s) \mathrm{d} x_r \qquad (5.2.7)$$

而

$$f(x_r,x_n;t_r,t_n \mid x_s;t_s) = \frac{f(x_s,x_r,x_n;t_s,t_r,t_n)}{f(x_s;t_s)} =$$

$$\frac{f(x_s;t_s) \cdot f(x_r;t_r \mid x_s;t_s) \cdot f(x_n;t_n \mid x_r;t_r)}{f(x_s;t_s)} =$$

$$f(x_r;t_r \mid x_s;t_s) \cdot f(x_n;t_n \mid x_r;t_r)$$

代入式(5.2.7)，即可得式(5.2.6)。

状态和时间参量都是离散的过程，即为前节讨论的马尔可夫链。状态和时间都是连续的过程为连续马尔可夫过程。

### 5.2.2 高阶马尔可夫过程

**定义** 设有一随机过程 $\{ X(t)，t \in T \}$，若 $t_1 < t_2 < \cdots < t_{m-k} < \cdots < t_m \in T$，在 $t_1$，$t_2,\cdots,t_{m-k},\cdots,t_m$，对 $X(t)$ 观测得到相应的观测值 $x_1, x_2, \cdots, x_{m-k}, \cdots, x_m$ 满足条件

$$f(x_m;t_m \mid x_1,x_2,\cdots,x_{m-1};t_1,t_2,\cdots,t_{m-1}) = f(x_m;t_m \mid x_{m-k},\cdots,x_{m-1};t_{m-k},\cdots,t_{m-1}) \qquad (5.2.8)$$

则称 $X(t)$ 为 $k$ 阶马尔可夫过程。

定义中的条件是用条件概率密度的形式表示的，也可用条件概率和条件概率分布函数表示，即

$$P\{X(t_m) \le x_m \mid X(t_1) = x_1, X(t_2) = x_2, \cdots, X(t_{m-1}) = x_{m-1}\} = P\{X(t_m) \le x_m \mid X(t_{m-k}) = x_{m-k}, \cdots, X(t_{m-1}) = x_{m-1}\} \qquad (5.2.9)$$

或

$$F(x_m;t_m \mid x_1,x_2,\cdots,x_{m-1};t_1,t_2,\cdots,t_{m-1}) = F(x_m;t_m \mid x_{m-k},\cdots x_{m-1};t_{m-k},\cdots,t_{m-1}) \qquad (5.2.10)$$

高阶马尔可夫过程在 $t_m$ 时刻过程所处状态，只与时刻 $t_m$ 以前的 $t_{m-1}, t_{m-2}, \cdots, t_{m-k}$ 时刻过程所处的状态有关，与更前的时刻过程所处的状态无关。$k = 1$ 就是前面所述的一阶马尔可夫过程。实际的随机过程如语音信号，电视信号等，往往都是高阶马尔可夫过程，即在 $t_m$ 时刻过程所处状态，不但与前一个时刻 $t_{m-1}$ 时过程所处的状态有关，还与以前的 $t_{m-2}, \cdots, t_{m-k}$ 时刻过程所处的状态有关。

高阶马尔可夫过程 $X(t)$ 的 $n$ 维概率密度有

$$f(x_1, x_2, \cdots, x_n; t_1, t_2, \cdots, t_n) =$$

$$f(x_1, \cdots, x_k; t_1, \cdots, t_k) \cdot f(x_{k+1}; t_{k+1} \mid x_1, \cdots, x_k; t_1, \cdots, t_k) \cdot$$

$$f(x_{k+2}; t_{k+2} \mid x_1, \cdots, x_{k+1}; t_1, \cdots, t_{k+1}) \cdots f(x_n; t_n \mid x_1, x_2, \cdots, x_{n-1}; t_1, t_2, \cdots, t_{n-1}) =$$

$$f(x_1, \cdots, x_k; t_1, \cdots, t_k) \cdot f(x_{k+1}; t_{k+1} \mid x_1, \cdots, x_k; t_1, \cdots, t_k) \cdot$$

$$f(x_{k+2}; t_{k+2} \mid x_2, \cdots, x_{k+1}; t_2, \cdots, t_{k+1}) \cdots f(x_n; t_n \mid x_{n-k}, \cdots, x_{n-1}; t_{n-k}, \cdots, t_{n-1}) \quad (5.2.11)$$

该式表明 $X(t)$ 的 $n$ 维概率密度，是一些条件概率密度与初始的 $k$ 个时刻 $t_1, t_2, \cdots, t_k$ 过程所处的状态的 $k$ 维概率密度的乘积。这些条件概率密度称为转移概率密度。

同理 $X(t)$ 的 $n$ 维分布函数也可用初始的 $k$ 个时刻 $t_1, t_2, \cdots, t_k$ 过程所处的状态的 $k$ 维概率分布与条件分布函数的乘积表示，这些条件分布函数称为转移概率分布。

$$F(x_1, x_2, \cdots, x_n; t_1, t_2, \cdots, t_n) =$$

$$F(x_1, \cdots, x_k; t_1, \cdots, t_k) \cdot F(x_{k+1}; t_{k+1} \mid x_1, \cdots, x_k; t_1, \cdots, t_k) \cdot$$

$$F(x_{k+2}; t_{k+2} \mid x_2, \cdots, x_{k+1}; t_2, \cdots, t_{k+1}) \cdots F(x_n; t_n \mid x_{n-k}, \cdots, x_{n-1}; t_{n-k}, \cdots, t_{n-1}) \quad (5.2.12)$$

建立了 $k$ 阶马尔可夫过程的一般理论，实际上也就建立了一般过程的理论，因为当 $k \to \infty$ 时，几乎任何过程都可被逼近。这就是高阶马尔可夫过程的理论意义。$k$ 阶马尔可夫过程常可化成一阶马尔可夫过程来处理。此时，我们引入一 $k$ 维矢量 $\boldsymbol{x}_i = (x_{i-k+1}, \cdots, x_{i-1}, x_i)$，其中 $i \geq k$，$x_{i-k+1}, \cdots, x_{i-1}, x_i$，为 $t_{i-k+1}, \cdots, t_{i-1}, t_i$ 时刻对 $X(t)$ 观测得到相应的一组观测值，$\boldsymbol{x}_i$ 的取值是在一个 $k$ 维状态空间上。引入另一 $k$ 维时间矢量 $\boldsymbol{t}_i = (t_{i-k+1}, \cdots, t_{i-1}, t_i)$，$\boldsymbol{t}_i$ 的取值是在一个 $k$ 维时间空间上。则式(5.2.11) 可写成

$$f(x_1, x_2, \cdots, x_n; t_1, t_2, \cdots, t_n) =$$

$$f(x_1, \cdots, x_k; t_1, \cdots, t_k) \cdot f(x_{k+1}; t_{k+1} \mid \boldsymbol{x}_k; \boldsymbol{t}_k) \cdot$$

$$f(x_{k+2}; t_{k+2} \mid \boldsymbol{x}_{k+1}; \boldsymbol{t}_{k+1}) \cdots f(x_n; t_n \mid \boldsymbol{x}_{n-1}; \boldsymbol{t}_{n-1}) \quad (5.2.13)$$

由于条件概率密度的条件是给定的，所以 $\boldsymbol{t}_i$ 和 $t_{i+1}$（$k \leq i$）可完全确定 $t_{i+1}$，$\boldsymbol{x}_i$ 和 $x_{i+1}$ 可完全决定 $\boldsymbol{x}_{i+1}$，用矢量表示的式（5.2.13）就是一个一阶马尔可夫过程的条件概率密度。

从原理上说，可以用一阶马尔可夫过程的理论研究高阶马尔可夫过程。实际上，由于引入了矢量，计算上比一阶马尔可夫过程复杂得多，一般得不到满意的结果。有时可以把矢量中的元素合成作为一个状态，这样会使问题简化。下面用一个二阶马尔可夫链的例子来说明这种方法。

二阶马尔可夫链的一步转移概率为

$$P(X_{i+1} = 0 \mid X_{i-1} = 0, X_i = 0) = \frac{1}{2} \qquad P(X_{i+1} = 1 \mid X_{i-1} = 0, X_i = 0) = \frac{1}{2}$$

$$P(X_{i+1} = 0 \mid X_{i-1} = 0, X_i = 1) = \frac{2}{3} \qquad P(X_{i+1} = 1 \mid X_{i-1} = 0, X_i = 1) = \frac{1}{3}$$

$$P(X_{i+1}=0\,|\,X_{i-1}=1,X_i=0)=\frac{1}{4} \qquad P(X_{i+1}=1\,|\,X_{i-1}=1,X_i=0)=\frac{3}{4}$$

$$P(X_{i+1}=0\,|\,X_{i-1}=1,X_i=1)=\frac{2}{5} \qquad P(X_{i+1}=1\,|\,X_{i-1}=1,X_i=1)=\frac{3}{5}$$

这里的 $x_i$ 为一个二维矢量,它的取值只有(0,0),(0,1),(1,0),(1,1)四种情况,根据这四种情况矢量可合成四种状态{00,01,10,11}。再根据二阶马尔可夫链的一步转移概率,可写出这四种状态的一步转移概率矩阵为

$$\boldsymbol{P}(1)=\begin{bmatrix} \dfrac{1}{2} & \dfrac{1}{2} & 0 & 0 \\[2mm] 0 & 0 & \dfrac{2}{3} & \dfrac{1}{3} \\[2mm] \dfrac{1}{4} & \dfrac{3}{4} & 0 & 0 \\[2mm] 0 & 0 & \dfrac{2}{5} & \dfrac{3}{5} \end{bmatrix} \qquad (5.2.14)$$

状态图如图 5.5 所示。从图中可以肯定,这个马尔可夫链是不可约的、非周期的、有限状态的马尔可夫链,是正常返的,一定是遍历的,它存在一个平稳分布。利用式(5.1.25)和式(5.1.26)可列出方程式

$$\frac{\pi_1}{2}+\frac{\pi_3}{4}=\pi_1$$

$$\frac{\pi_1}{2}+\frac{3\pi_3}{4}=\pi_2$$

$$\frac{2\pi_2}{3}+\frac{2\pi_4}{5}=\pi_3$$

$$\frac{\pi_2}{3}+\frac{3\pi_4}{5}=\pi_4$$

$$\pi_1+\pi_2+\pi_3+\pi_4=1$$

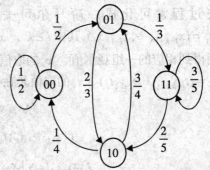

图 5.5 合成矢量后的状态图

解上述方程可得四种状态{00,01,10,11}的平稳概率分别为 $\pi_1=\dfrac{3}{20}$,$\pi_2=\dfrac{3}{10}$,$\pi_3=\dfrac{3}{10}$,$\pi_4=\dfrac{1}{4}$。

二阶马尔可夫链的两个状态的平稳概率为

$$p_0=\pi_1 P(X_{i+1}=0\,|\,X_{i-1}=0,X_i=0)+\pi_2 P(X_{i+1}=0\,|\,X_{i-1}=0,X_i=1)+$$

$$\pi_3 P(X_{i+1}=0\,|\,X_{i-1}=1,X_i=0)+\pi_4 P(X_{i+1}=0\,|\,X_{i-1}=1,X_i=1)=\frac{9}{20}$$

$$p_1=1-p_0=\frac{11}{20}$$

# 5.3 几种重要的马尔可夫过程

## 5.3.1 正态马尔可夫过程

**定理一** 设有零均值实随机过程 $X(t)$，它是正态过程，若又是马尔可夫过程，则它的协方差函数存在如下关系，即

$$C_X(t_1,t_3) = \frac{C_X(t_1,t_2)C_X(t_2,t_3)}{C_X(t_2,t_2)} \tag{5.3.1}$$

其中，$t_1 < t_2 < t_3$。

**证明** $X(t)$ 为零均值实随机过程，因此有

$$C_X(t_1,t_3) = E[X(t_1)X(t_3)] =$$

$$\int_{-\infty}^{\infty}\int_{-\infty}^{\infty}\int_{-\infty}^{\infty} x_1 x_3 f_X(x_1,x_2,x_3;t_1,t_2,t_3)\,\mathrm{d}x_1\,\mathrm{d}x_2\,\mathrm{d}x_3 =$$

$$\int_{-\infty}^{\infty} x_1 \int_{-\infty}^{\infty}\int_{-\infty}^{\infty} x_3 f_X(x_1,x_3,x_3;t_1,t_2,t_3)\,\mathrm{d}x_2\,\mathrm{d}x_3\,\mathrm{d}x_1 =$$

$$\int_{-\infty}^{\infty} x_1 \int_{-\infty}^{\infty}\int_{-\infty}^{\infty} x_3 f_X(x_3;t_3\,|\,x_2;t_2)f_X(x_2;t_2\,|\,x_1;t_1)\cdot f_X(x_1;t_1)\,\mathrm{d}x_3\,\mathrm{d}x_2\,\mathrm{d}x_1 =$$

$$\int_{-\infty}^{\infty} x_1 \int_{-\infty}^{\infty} f_X(x_1;t_1) \int_{-\infty}^{\infty} f_X(x_2;t_2\,|\,x_1;t_1)\cdot E[X(t_3)\,|\,X(t_2)=x_2]\,\mathrm{d}x_2\,\mathrm{d}x_1$$

因为 $X(t)$ 是正态过程，$X(t_3)$、$X(t_2)$ 的联合概率密度是正态分布，故 $X(t_3)$ 的条件均值为（关于条件均值的概念可查有关书籍，此处略）

$$E[X(t_3)\,|\,X(t_2)=x_2] = \frac{E[X(t_3)X(t_2)]}{E[X(t_2)^2]} x_2 = \frac{C_X(t_2,t_3)}{C_X(t_2,t_2)} x_2$$

因此 $\quad C_X(t_1,t_3) = \int_{-\infty}^{\infty} x_1 f_X(x_1;t_1) \int_{-\infty}^{\infty} f_X(x_2;t_2\,|\,x_1;t_1)\cdot \frac{C_X(t_2,t_3)}{C_X(t_2,t_2)} x_2\,\mathrm{d}x_2\,\mathrm{d}x_1 =$

$$\frac{C_X(t_2,t_3)}{C_X(t_2,t_2)} \cdot \int_{-\infty}^{\infty} x_1 x_2 f_X(x_1;t_1) \int_{-\infty}^{\infty} f_X(x_2;t_2\,|\,x_1;t_1)\,\mathrm{d}x_1\,\mathrm{d}x_2 =$$

$$\frac{C_X(t_1,t_2)C_X(t_2,t_3)}{C_X(t_2,t_2)}$$

实际上，$C_X(t_1,t_3) = \dfrac{C_X(t_1,t_2)C_X(t_2,t_3)}{C_X(t_2,t_2)}$ 是一实正态过程，又是马尔可夫过程的充要条件（充分性未证明），而且如果没有零均值的条件，结论依然正确。

**定理二** 设 $X(t)$ 是一均方连续、平稳、实正态分布的随机过程，$C_X(\tau)$ 为其协方差函数，则该过程具有马尔可夫性的充要条件为 $C_X(\tau) = C_X(0)\mathrm{e}^{a\tau}$，$\tau \geqslant 0$ 时，$a \leqslant 0$。

**证明** 1.必要性

因 $X(t)$ 是一均方连续、平稳、实正态分布的随机过程，它的协方差函数是时间差的

连续函数，如果它又是马尔可夫过程，根据定理一则有

$$C_X(\tau + \tau_1) = \frac{C_X(\tau)C_X(\tau_1)}{C_X(0)}$$

或

$$\frac{C_X(\tau + \tau_1)}{C_X(0)} = \frac{C_X(\tau)}{C_X(0)} \cdot \frac{C_X(\tau_1)}{C_X(0)}$$

设

$$y(\tau) = \frac{C_X(\tau)}{C_X(0)}$$

则

$$y(\tau + \tau_1) = y(\tau)y(\tau_1)$$

满足上述条件的连续函数为幂指数函数，即

$$y(\tau) = \alpha^\tau = e^{a\tau}$$

则

$$C_X(\tau) = e^{a\tau}C_X(0)$$

又由于

$$|C_X(\tau)| \le C_X(0)$$

因此当 $\tau \ge 0$，$a \le 0$。

2.充分性

如果

$$C_X(\tau) = C_X(0)e^{a\tau}$$

则

$$\frac{C_X(\tau + \tau_1)}{C_X(0)} = e^{a(\tau + \tau_1)} = e^{a\tau} \cdot e^{a\tau_1} = \frac{C_X(\tau)}{C_X(0)} \cdot \frac{C_X(\tau_1)}{C_X(0)}$$

所以 $X(t)$ 是马尔可夫过程。

**定理三** 设 $\{X(n), n = 0, \pm 1, \pm 2, \cdots\}$ 为正态分布平稳实随机序列，且 $C_X(0) \ne 0$，则 $C_X(n) = a^n C_X(0)$，$n \ge 0$，$|a| \le 1$ 为 $X(n)$ 是马尔可夫过程的充要条件。

**证明** 1.必要性

如果 $X(n)$ 是正态分布的平稳实马尔可夫序列，则有

$$C_X(n_1 + n_2) = \frac{C_X(n_1)C_X(n_2)}{C_X(0)}$$

由此

$$C_X(n) = \frac{C_X(n-1)C_X(1)}{C_X(0)}$$

$$\frac{C_X(n)}{C_X(0)} = \frac{C_X(n-1)}{C_X(0)} \cdot \frac{C_X(1)}{C_X(0)} = \frac{C_X(n-2)}{C_X(0)} \cdot \frac{C_X(1)}{C_X(0)} \cdot \frac{C_X(1)}{C_X(0)} = \cdots = \left[\frac{C_X(1)}{C_X(0)}\right]^n$$

令 $a = \dfrac{C_X(1)}{C_X(0)}$，由于 $|C_X(1)| \le C_X(0)$，故 $|a| \le 1$

2.充分性

如果

$$\frac{C_X(n)}{C_X(0)} = a^n$$

则

$$\frac{C_X(n_1 + n_2)}{C_X(0)} = a^{n_1 + n_2} = a^{n_1}a^{n_2} = \frac{C_X(n_1)}{C_X(0)} \cdot \frac{C_X(n_2)}{C_X(0)}$$

即

$$C_X(n_1 + n_2) = \frac{C_X(n_1)C_X(n_2)}{C_X(0)}$$

满足了马尔可夫过程的条件。

### 5.3.2 独立增量过程

**一、独立增量过程**

**定义** 如果随机过程$\{X(t)，t \in T\}$满足

（1）起始值恒为零，即$P\{X(0) = 0\} = 1$；

（2）对任意$0 < t_1 < t_2 \cdots < t_n < t \in T$，增量$X(t_1) - X(0)$，$X(t_2) - X(t_1),\cdots,$
$X(t_n) - X(t_{n-1})$是相互统计独立的，则称随机过程$X(t)$为独立增量过程或可加性过程。

对独立增量过程而言，当$X(t_n)$为已知时，$X(t) = X(t) - X(t_n) + X(t_n)$，与$X(0)$，
$X(t_1) = X(t_1) - X(0) + X(0),\cdots,$ $X(t_{n-1}) = X(t_{n-1}) - X(t_{n-2}) + X(t_{n-2})$也是统计独立的，
因此，独立增量过程$\{X(t)，t \in T\}$一定是马尔可夫过程。

设$Y(t_i) = X(t_i) - X(t_{i-1})$（$i = 1，2,\cdots，n$），其分布函数是$t_i$和$t_{i-1}$的函数，可写为
$F_Y(y_i;t_i,t_{i-1})$，概率密度为$f_Y(y_i;t_i,t_{i-1})$，则

$$X(t_1) = X(t_1) - X(0) = Y(t_1)$$

$$X(t_2) = X(t_2) - X(t_1) + X(t_1) - X(0) = Y(t_2) + Y(t_1)$$

$$\vdots$$

$$X(t_n) = X(t_n) - X(t_{n-1}) + X(t_{n-1}) - X(t_{n-2}) + \cdots + X(t_1) - X(0) =$$

$$Y(t_n) + Y(t_{n-1}) + \cdots + Y(t_1) = \sum_{i=1}^{n} Y(t_i)$$

可见，$X(t_1)$与$Y(t_1)$具有相同的分布，$X(t_n)$与$\sum_{i=1}^{n} Y(t_i)$具有相同的分布，所有的$Y(t_i)$之
间是相互独立的。于是，独立增量过程$X(t)$的任意$n$概率分布函数可表示为

$$F_X(x_1, x_2, \cdots, x_n; t_1, t_2, \cdots, t_n) = P\{X(t_1) \le x_1, X(t_2) \le x_2, \cdots, X(t_n) \le x_n\} =$$

$$P\{Y(t_1) \le x_1, Y(t_2) + Y(t_1) \le x_2, \cdots, \sum_{i=1}^{n} Y(t_i) \le x_n\} =$$

$$\int_{-\infty}^{x_1} f_Y(y_1;t_1,0)\mathrm{d}\, y_1 \cdot \int_{-\infty}^{x_2-y_1} f_Y(y_2;t_2,t_1)\mathrm{d}\, y_2 \cdots \int_{-\infty}^{x_n - \sum_{i=1}^{n-1} y_i} f_Y(y_n;t_n,t_{n-1})\mathrm{d}\, y_n \quad (5.3.2)$$

这说明用一维增量的概率分布就可充分描述一个独立增量过程。

**二、正态可加过程**

**定义** 几乎处处连续的可加（独立增量）过程称为正态可加过程。

几乎处处连续的可加过程的任一时刻的状态必为正态变量，所以称为正态可加过程。

**定理** 设$X(t)$是正态可加过程，则必存在连续函数$m_X(t)$和非负递增连续函数
$\sigma_X^2(t)$,使得增量$X(t_i) - X(t_{i-1})$（其中$t_i > t_{i-1}$）服从正态分布，它的数学期望为

$$E[X(t_i) - X(t_{i-1})] = m_X(t_i) - m_X(t_{i-1})$$

方差为

$$D[X(t_i) - X(t_{i-1})] = \sigma_X^2(t_i) - \sigma_X^2(t_{i-1})$$

反之，若给定连续函数 $m_X(t)$ 和非负递增连续函数 $\sigma_X^2(t)$，必有一正态过程 $X(t)$，其增量 $X(t_i) - X(t_{i-1})$，的分布是正态分布

$$N[m_X(t_i) - m_X(t_{i-1}), \sigma_X^2(t_i) - \sigma_X^2(t_{i-1})]$$

**证明** 令
$$\Delta t_i = \frac{t_i}{n}$$

于是
$$X(t_i) = X(t_i) - X(0) =$$

$$[X(t_i) - X(t_i - \Delta t_i)] + [X(t_i - \Delta t_i) - X(t_i - 2\Delta t_i)] + \cdots + [X(\Delta t_i) - X(0)] = \sum_{j=1}^{n} Y_j(t_i)$$

其中
$$Y_j(t_i) = X[t_i - (j-1)\Delta t_i] - X(t_i - j\Delta t_i)$$

根据定义几乎处处连续，当 $n \to \infty$，即 $\Delta t_i \to 0$ 时，

$$Y_j(t_i) = X[t_i - (j-1)\Delta t_i] - X(t_i - j\Delta t_i) \xrightarrow{a \bullet e} 0$$

$X(t_i)$ 可以看作是 $n$ 个独立的微小变量 $Y_j(t_i)$ 之和，且 $n \to \infty$，所以 $X(t_i)$ 是正态随机变量。同理 $X(t_{i-1})$ 为正态随机变量。因此，增量 $X(t_i) - X(t_{i-1})$ 是正态随机变量，它的数学期望为

$$E[X(t_i) - X(t_{i-1})] = E[X(t_i)] - E[X(t_{i-1})] = m(t_i) - m(t_{i-1}) \tag{5.3.3}$$

方差为
$$D[X(t_i) - X(t_{i-1})] = E\{[X(t_i) - X(t_{i-1}) - m_X(t_i) + m_X(t_{i-1})]^2\} =$$

$$E\{[X(t_i) - m_X(t_i)]^2\} + E\{[X(t_{i-1}) - m_X(t_{i-1})]^2\} -$$
$$2E\{[X(t_i) - m_X(t_i)][X(t_{i-1}) - m_X(t_{i-1})]\} =$$

$$\sigma_X^2(t_i) + \sigma_X^2(t_{i-1}) - 2E\{[X(t_i) - X(t_{i-1}) + X(t_{i-1}) - X(0) -$$
$$m_X(t_i)][X(t_{i-1}) - X(0) - m_X(t_{i-1})]\}$$

又由增量相互独立整理上式得

$$D[X(t_i) - X(t_{i-1})] =$$

$$\sigma_X^2(t_i) + \sigma_X^2(t_{i-1}) - 2E[X(t_i) - X(t_{i-1})]E[X(t_{i-1}) - 0] - 2E\{[X(t_{i-1}) - 0]^2 +$$

$$2m_X(t_i)E[X(t_{i-1}) - 0] + 2m_X(t_{i-1})E[X(t_i) - X(t_{i-1})] + 2m_X(t_{i-1})E[X(t_{i-1} - 0)]$$

$$-2m_X(t_i)m_X(t_{i-1}) = \sigma_X^2(t_i) - \sigma_X^2(t_{i-1}) \tag{5.3.4}$$

因此说，增量 $X(t_i) - X(t_{i-1})$ 是正态分布

$$N[m_X(t_i) - m_X(t_{i-1}), \sigma_X^2(t_i) - \sigma_X^2(t_{i-1})]$$

$m_X(t)$ 和 $\sigma_X^2(t)$ 的连续性是样本函数连续性的结果。$\sigma_X^2(t)$ 的递增性是方差的非负性的结果。由于 $X(0) = 0$，所以 $m_X(0) = 0$，$\sigma_X^2(0) = 0$。

反之，当满足上述条件的 $m_X(t)$ 和 $\sigma_X^2(t)$ 给定，满足式(5.3.3)和式(5.3.4)的随机变量

作为增量就可构成一状态可加过程。

### 三、齐次正态可加过程

**定义** 如果正态可加过程的增量 $X(t_i) - X(t_{i-1})$ 的分布只与时间差 $(t_i - t_{i-1})$ 有关，与 $t_i$、$t_{i-1}$ 各自的值无关，则称这样的过程为齐次正态可加过程。

若正态可加过程是齐次的，则 $X(t_i) - X(t_{i-1})$ 必然是一数学期望为 $m_X(t_i - t_{i-1})$，方差为 $\sigma_X^2(t_i - t_{i-1})$ 的正态变量

根据齐次性的定义，$X(t + \Delta t) - X(t)$ 的均值只与 $\Delta t$ 有关，是 $\Delta t$ 的函数，而当 $\Delta t \to 0$ 时，有

$$\lim_{\Delta t \to 0} E[\frac{X(t + \Delta t) - X(t)}{\Delta t}] = \frac{\mathrm{d}\, m_X(t)}{\mathrm{d}\, t}$$

上式左面是一个与 $t$ 无关只与 $\Delta t$ 有关的函数，而式子右面只能是一个与 $t$ 有关 $\Delta t$ 无关的函数，因此只能是一个常数，令此常数为 $m$。由此得

$$m_X(t) = mt \tag{5.3.5a}$$

同理

$$\sigma_X^2(t) = \sigma^2 t \tag{5.3.5b}$$

式中，$\sigma^2$ 为常数。

所以齐次正态可加过程只要知道两个常数 $m$ 与 $\sigma^2$ 就可以了，这时 $X(t_i) - X(t_{i-1})$ 是正态变量

$$N[(t_i - t_{i-1})m, (t_i - t_{i-1})\sigma^2]$$

当 $m = 0$，$\sigma^2 = 1$ 时，$X(t_i) - X(t_{i-1})$ 是正态变量 $N[0, (t_i - t_{i-1})]$，一般称这样的正态可加过程为维纳过程。

下面是两个齐次正态可加过程的例子。

#### 1.热噪声

热噪声是由导线中电子的布朗运动所引起的随机现象。由于许多独立电子的随机运动使通过单位导线截面的电荷量 $Q(t)$ 服从正态分布，是典型的齐次正态可加过程。又因为各个时间段内通过的电荷量可以认为是相互独立的，且一个电子的电量与通过截面的电荷量相比很小，故可以认为通过截面的电荷量是连续的，因而是正态可加过程。随时间的增加，通过电荷量的数学期望始终为零，方差越来越大，即

$$m_Q(t) = 0$$

$$\sigma_Q^2(t) = \sigma^2 t$$

而电流

$$I(t) = \frac{\mathrm{d}\, Q(i)}{\mathrm{d}\, t} = \frac{\Delta Q(t)}{\Delta t}$$

则各瞬间通过截面的的电流是互相独立的，这样的过程是独立变量过程，且

$$E[I(t)] = 0$$

$$E[I^2(t)] = E\{[\frac{\Delta Q(t)}{\Delta t}]^2\} = \frac{\sigma^2 \Delta t}{\Delta t^2} = \frac{\sigma^2}{\Delta t} \to \infty$$

电流的方差几乎为无穷大，这就是白噪声过程的性质。我们知道白噪声的平均功率为无穷大，即 $E[I^2(t)] \to \infty$。

### 2.散弹噪声

几乎在所有的有源器件中都存在散弹噪声。它是由电子单向导电，电子流的不均匀性所引起的。由于它是由许多微量独立随机量相加而产生的，与热噪声一样可以认为是齐次正态可加过程。由于单向性，其均值不为零。若平均电流（即直流分量）是 $I_0$，由

$$I(t) = \frac{\mathrm{d} Q(i)}{\mathrm{d} t}, \qquad E[I(t)] = I_0$$

则

$$E[Q(t)] = E[\int_0^t I(t)\mathrm{d} t] = I_0 t$$

应当说明的是，在某些粒子计数中，单位时间内到达的粒子数不是很大时，粒子总数将不具有连续性，因而就不能成为正态可加过程，将成为泊松过程。

## 5.3.3  泊松过程

有许多物理现象要求在一定时间间隔内统计事件出现的个数，如到某服务台等候服务的排队问题，通过某交叉路口的车辆数，电话交换台的呼叫次数，电子技术中的散弹噪声和脉冲噪声问题的研究，等等。在这些现象中，个数变化的时刻是随机的。在有些现象中，事件在某一时间间隔出现的个数与以前的个数无关，这样的现象是一种状态离散、时间连续的马尔可夫过程。

### 一、泊松过程的一般概念

**定义**  设有一随机的计数过程 $\{X(t), t \geq 0\}$ 满足下列假设：

（1）起始时刻 $t = 0$ 时，$X(0) = 0$ 。

（2）该过程是一独立增量过程，即当 $0 \leq t_i < t_{i+1} \leq t_{i+2} < t_{i+3}$（$i = 1, 2, \cdots$）时，$[X(t_{i+1}) - X(t_i)]$ 与 $[X(t_{i+3}) - X(t_{i+2})]$ 是互相统计独立的。

（3）该过程是一平稳增量过程，即 $(t, t+\tau)$ 内出现事件的次数 $[X(t+\tau) - X(t)]$ 仅与 $\tau$ 有关而与 $t$ 无关。

（4）在 $(t, t+\Delta t)$ 内出现一个事件的概率为 $\lambda \Delta t + o(\Delta t)$（当 $\Delta t \to 0$），$\lambda$ 为一常数，$o(\Delta t)$ 是关于 $\Delta t$ 的高阶无穷小量。

（5）在 $(t, t+\Delta t)$ 内出现事件二次以及二次以上的概率为 $o(\Delta t)$（当 $\Delta t \to 0$），即

$$P\{[X(t+\Delta t) - X(t)] \geq 2\} = o(\Delta t)$$

则称该计数过程为泊松过程。

**定理**  泊松过程 $\{X(t), t \geq 0\}$ 在时间间隔 $[t_1, t_2]$，$t_2 > t_1$ 内事件出现 $k$ 次 的概率为

$$P_k(t, t+\tau) = \frac{[\lambda(t+\tau-t)]^k}{k!} \mathrm{e}^{-\lambda(t+\tau-t)} = \frac{(\lambda\tau)^k}{k!} \mathrm{e}^{-\lambda\tau} \tag{5.3.6}$$

**证明**  先确定 $P_0(0, t)$（$t > 0$），再来确定 $P_k(0, t)$。把 0 到 $t+\Delta t$（$\Delta t > 0$）分成从 0 到

$t$ 及从 $t$ 到 $t+\Delta t$ 的两段，在这两段出不出现事件是各自独立，因此，从 0 到 $t+\Delta t$ 不出现事件的概率为

$$P_0(0,t+\Delta t) = P_0(0,t)P_0(t,t+\Delta t) = P_0(0,t)[1-\lambda\Delta t + o(\Delta t)]$$

或

$$P_0(0,t+\Delta t) - P_0(0,t) = P_0(0,t)[-\lambda\Delta t + o(\Delta t)]$$

等式两边同除以 $\Delta t$，并取 $\Delta t \to 0$ 的极限，即得微分方程

$$\frac{\mathrm{d}}{\mathrm{d}t}P_0(0,t) = -\lambda P_0(0,t)$$

因为 $P_0(0,0) = 1$，作为初始条件，求解上述方程得

$$P_0(0,t) = \mathrm{e}^{-\lambda t} \tag{5.3.7}$$

同样可确定 $P_1(0,t)$，把 0 到 $t+\Delta t$（$\Delta t > 0$）分成从 0 到 $t$ 及从 $t$ 到 $t+\Delta t$ 的两段，在这两段共出现一次事件的情况有两种，在 0 到 $t$ 段出现事件；则 $t$ 到 $t+\Delta t$ 段就不出现，若在 $t$ 到 $t+\Delta t$ 段出现事件，则 0 到 $t$ 段就不出现。由此可得

$$P_1(0,t+\Delta t) = P_1(0,t)P_0(t,t+\Delta t) + P_0(0,t)P_1(t,t+\Delta t) =$$

$$P_1(0,t)[1-\lambda\Delta t + o(\Delta t)] + \mathrm{e}^{-\lambda t}[\lambda\Delta t + o(\Delta t)]$$

即

$$P_1(0,t+\Delta t) - P_1(0,t) = P_1(0,t)[-\lambda\Delta t + o(\Delta t)] + \mathrm{e}^{-\lambda t}[\lambda\Delta t + o(\Delta t)]$$

等式两边同除以 $\Delta t$，并取 $\Delta t \to 0$ 的极限，即得微分方程

$$\frac{\mathrm{d}}{\mathrm{d}t}P_1(0,t) = -\lambda P_1(0,t) + \lambda\mathrm{e}^{-\lambda t}$$

因为 $P_1(0,0) = 0$，于是求解上述方程得

$$P_1(0,t) = \lambda t\,\mathrm{e}^{-\lambda t} \tag{5.3.8}$$

为确定 $P_k(0,t)$，把 0 到 $t+\Delta t$（$\Delta t > 0$）分成从 0 到 $t$ 及从 $t$ 到 $t+\Delta t$ 的两段，在这两段共出现 $k$ 次事件的情况可以分为三种情况：（1）在 0 到 $t$ 段出现 $k$ 次事件，则 $t$ 到 $t+\Delta t$ 段不出现事件；（2）在 0 到 $t$ 段出现事件 $(k-1)$ 次，则 $t$ 到 $t+\Delta t$ 段出现一次；（3）在 0 到 $t$ 段出现事件 $(k-2)$ 次或 $(k-2)$ 次以下则在 $t$ 到 $t+\Delta t$ 段出现两次或两次以上。由此可得

$$P_k(0,t+\Delta t) = P_k(0,t)P_0(t,t+\Delta t) + P_{k-1}(0,t)P_1(t,t+\Delta t) + o(\Delta t) =$$

$$P_k(0,t)[1-\lambda\Delta t + o(\Delta t))] + P_{k-1}(0,t)\lambda\Delta t + o(\Delta t)$$

也就是

$$P_k(0,t+\Delta t) - P_k(0,t) = -\lambda\Delta t P_k(0,t) + P_{k-1}(0,t)\lambda\Delta t + o(\Delta t)$$

等式两边同除以 $\Delta t$，并取 $\Delta t \to 0$ 的极限，即得微分方程

$$\frac{\mathrm{d}}{\mathrm{d}t}P_k(0,t) = -\lambda P_k(0,t) + \lambda P_{k-1}(0,t)$$

利用上式及前面的结果进行逐次迭代，并利用数学归纳法可得

$$P_k(0,t) = P\{[X(t)-X(0)] = k\} = \frac{(\lambda t)^k}{k!}\mathrm{e}^{-\lambda t} \tag{5.3.9}$$

该式表明，泊松过程在某一固定时刻 $t$ 的状态服从参数为 $\lambda t$ 的泊松分布。$\lambda t$ 就是 $[0,t)$ 内

事件出现次数的数学期望，$\lambda$ 是单位时间内事件出现次数的数学期望。

又根据平稳增量的假设有

$$P_k(t,t+\tau) = P\{X(t+\tau) - X(t)\} = P\{X(\tau) - X(0)\} = P_k(0,\tau) = \frac{\lambda\tau^k}{k!}e^{-\lambda\tau}$$

定理得证。

图 5.6 画出了泊松过程的一个样本函数。由图可见，泊松过程的样本函数是阶梯函数。它在每个随机时间点 $t_i$ 上产生一个单位为 1 的阶跃。

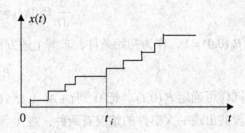

图5.6　泊松过程波形图

### 二、泊松过程的统计特性

泊松过程 $\{X(t),t\geq 0\}$ ，根据定理，过程在 $[0,t)$ 时间间隔内事件发生 $k$ 次的概率为

$$P_k(0,t) = P\{[X(t) - X(0)] = k\} = \frac{(\lambda t)^k}{k!}e^{-\lambda t}$$

也就是

$$P\{X(t) = k\} = \frac{(\lambda t)^k}{k!}e^{-\lambda t}$$

**1.数学期望**

$$E[X(t)] = \sum_{k=0}^{\infty} kP_k(0,t) = \sum_{k=1}^{\infty} k\frac{(\lambda t)^k}{k!}e^{-\lambda t} =$$

$$e^{-\lambda t}\lambda t\sum_{k=1}^{\infty}\frac{(\lambda t)^{k-1}}{(k-1)!} = \lambda t\, e^{-\lambda t}\cdot e^{\lambda t} = \lambda t \tag{5.3.10}$$

**2.均方值和方差**

$$E[X^2(t)] = E\{X(t)[X(t)-1]\} =$$

$$\sum_{k=2}^{\infty} k(k-1)\frac{(\lambda t)^k}{k!}e^{-\lambda t} + \sum_{k=0}^{\infty} k\frac{(\lambda t)^k}{k!}e^{-\lambda t} = \lambda^2 t^2 + \lambda t \tag{5.3.11}$$

$$D[X(t)] = E[X^2(t)] - \{E[X(t)]\}^2 = \lambda t \tag{5.3.12}$$

**3.相关函数**

设 $t_2 > t_1$ ，把 $[0,t_2)$ 区间分成两个不交叠的区间 $[0,t_1)$ 和 $[t_1,t_2)$ ，有

$$R_X(t_1,t_2) = E[X(t_1)X(t_2)] = E\{[X(t_1)-X(0)][X(t_2)-X(t_1)+X(t_1)]\} =$$

$$E[X(t_1)-X(0)]E[X(t_2)-X(t_1)] + E[X^2(t_1)] \tag{5.3.13}$$

根据定义，我们知道 $X(0)=0$ ，区间 $[0,t_1)$ 与区间 $[t_1,t_2)$ 上事件出现的次数是互相独立的，所以上式成立。又由于

$$E[X(t_2) - X(t_1)] = \sum_{k=0}^{\infty} kP_k(t_1, t_2) =$$

$$\sum_{k=0}^{\infty} k \frac{[\lambda(t_2 - t_1)]^k}{k!} e^{-\lambda(t_2 - t_1)} = \lambda(t_2 - t_1)$$

将上式与式(5.3.10)和式(5.3.11)代入式(5.3.13)得

$$R_X(t_1, t_2) = \lambda^2 t_1(t_2 - t_1) + \lambda^2 t_1^2 + \lambda t_1 = \lambda^2 t_1 t_2 + \lambda t_1 \quad (t_2 > t_1) \tag{5.3.14a}$$

同理

$$R_X(t_1, t_2) = \lambda^2 t_1 t_2 + \lambda t_2 \qquad (t_1 > t_2) \tag{5.3.14b}$$

当 $t_1 = t_2$ 时

$$R_X(t_1, t_2) = E[X^2(t)] = \lambda^2 t^2 + \lambda t \tag{5.3.14c}$$

**例 5.3.1** 随机电报过程 $X(t)$ 的典型样本函数如图 5.7 所示，过程的时间自 $-\infty$ 到 $\infty$，任何时刻，样本函数只有"1"和"0"两个值，出现的概率皆为 $\frac{1}{2}$。$X(t)$ 从"1"到"0"或从"0"到"1"变换的时刻是随机的，变换次数是一泊松过程。在任一给定时间段 $\tau$ 内，变换次数为 $k$ 的概率为

$$P_k(\tau) = \frac{(\lambda\tau)^k}{k!} e^{-\lambda\tau}$$

式中，$\lambda$ 为单位时间内变换的平均数目。
试求随机过程 $X(t)$ 的数学期望和相关函数。

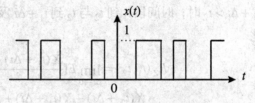

图 5.7 随机电报过程样本函数

**解**　（1）数学期望
因为过程 $X(t)$ 只有两个取值，且概率都为 $\frac{1}{2}$ 所以有

$$E[X(t)] = 1 \cdot P\{X(t) = 1\} + 0 \cdot P\{X(t) = 0\} = \frac{1}{2}$$

（2）相关函数

$$R_X(t, t + \tau) = E[X(t)X(t + \tau)] =$$

$$0 \cdot 0 \cdot P\{X(t) = 0, X(t + \tau) = 0\} + 0 \cdot 1 \cdot P\{X(t) = 0, X(t + \tau) = 1\} +$$

$$+ 1 \cdot 0 \cdot P\{X(t) = 1, X(t + \tau) = 0\} + 1 \cdot 1 \cdot P\{X(t) = 1, X(t + \tau) = 1\} =$$

$$P\{X(t) = 1, X(t + \tau) = 1\} = P\{X(t) = 1\} \cdot \sum_{k=偶数} P_k(\tau) =$$

$$\frac{1}{2}\{\frac{1}{2}\sum_{k=0}^{\infty}[\frac{(\lambda\tau)^k}{k!} + \frac{(-\lambda\tau)^k}{k!}]e^{-\lambda\tau}\} = \frac{1}{4}(e^{\lambda\tau} + e^{-\lambda\tau})e^{-\lambda\tau} = \frac{1}{4}(1 + e^{-2\tau\lambda})$$

### 三、泊松冲激脉冲串

泊松过程 $X(t)$ 对时间求导，可以得到与随机点 $t_i$ 相应的冲激列，称为泊松冲激列。表示式为

$$Z(t) = \frac{\mathrm{d}X(t)}{\mathrm{d}t} = \sum_i \delta(t - t_i) \tag{5.3.15}$$

（1）泊松冲激脉冲串的数学期望为

$$E[Z(t)] = \frac{\mathrm{d}\{E[X(t)]\}}{\mathrm{d}t} = \lambda$$

（2）泊松冲激脉冲串的相关函数为

$$R_Z(t_1, t_2) = E[Z(t_1)Z(t_2)] =$$

$$\lim_{\Delta t_1 \to 0, \Delta t_2 \to 0} E[\frac{X(t_1 + \Delta t_1) - X(t_1)}{\Delta t_1} \cdot \frac{X(t_2 + \Delta t_2) - X(t_2)}{\Delta t_2}]$$

为推导方便，设 $t_2 > t_1$，$\Delta t_2 = \Delta t_1 = \Delta t > 0$。当 $t_1 + \Delta t < t_2$ 时，时间段 $t_1$ 到 $t_1 + \Delta t$ 与 $t_2$ 到 $t_2 + \Delta t$ 是不相交的。因此 $[X(t_1 + \Delta t_1) - X(t_1)]$ 与 $[X(t_2 + \Delta t_2) - X(t_2)]$ 相互独立，由上式有

$$R_Z(t_1, t_2) = \lim_{\Delta t \to 0} E[\frac{X(t_1 + \Delta t) - X(t_1)}{\Delta t}] \cdot E[\frac{X(t_2 + \Delta t) - X(t_2)}{\Delta t}] = \lambda^2$$

当 $t_1 + \Delta t > t_2$ 时，时间段 $t_1$ 到 $t_2$ 与 $t_2$ 到 $t_1 + \Delta t$ 及 $t_1 + \Delta t$ 到 $t_2 + \Delta t$ 三个时间段是不交叠的。因此

$$R_Z(t_1, t_2) = \lim_{\Delta t \to 0} E[\frac{X(t_1 + \Delta t) - X(t_2) + X(t_2) - X(t_1)}{\Delta t} \cdot$$

$$\frac{X(t_2 + \Delta t) - X(t_1 + \Delta t) + X(t_1 + \Delta t) - X(t_2)}{\Delta t}] =$$

$$\lim_{\Delta t \to 0} \left\{ \frac{E[X(t_1 + \Delta t) - X(t_2)] \cdot E[X(t_2 + \Delta t) - X(t_1 + \Delta t)]}{\Delta t \cdot \Delta t} + \right.$$

$$\frac{E[X(t_1 + \Delta t) - X(t_2)] \cdot E[X(t_2 + \Delta t) - X(t_1 + \Delta t)]}{\Delta t \cdot \Delta t} +$$

$$\left. \frac{E\{[X(t_1 + \Delta t) - X(t_2)]^2\}}{\Delta t \cdot \Delta t} + \frac{E[X(t_2) - X(t_1)] \cdot E[X(t_1 + \Delta t) - X(t_2)]}{\Delta t \cdot \Delta t} \right\}$$

由式(5.3.14)可推得

$$E\{[X(t_1 + \Delta t) - X(t_2)]^2\} =$$

$$E[X^2(t_1 + \Delta t) - 2X(t_1 + \Delta t)X(t_2) + X^2(t_2)] =$$

$$\lambda^2(t_1 + \Delta t - t_2)^2 + \lambda(t_1 + \Delta t - t_2)$$

又由式(5.3.10)可推得

$$R_Z(t_1, t_2) = \lim_{\Delta t \to 0} \{ \frac{\lambda(t_1 + \Delta t - t_2)}{\Delta t} \cdot \frac{\lambda(t_2 - t_1)}{\Delta t} + \frac{\lambda^2(t_2 - t_1)^2}{\Delta t \cdot \Delta t} +$$

$$\frac{\lambda(t_2 - t_1)}{\Delta t} \cdot \frac{\lambda(t_1 + \Delta t - t_2)}{\Delta t} + \frac{\lambda^2(t_1 + \Delta t - t_2)^2 + \lambda(t_1 + \Delta t - t_2)}{\Delta t \cdot \Delta t}\} =$$

$$\lim_{\Delta t \to 0}[\lambda^2 + \frac{\lambda}{\Delta t} - \frac{\lambda(t_2 - t_1)}{\Delta t \Delta t}]$$

对于 $t_1 > t_2$ 的情况，可以得出和上式类似的结果，于是有

$$R_Z(t_1, t_2) = \lim_{\Delta t \to 0}[\lambda^2 + \frac{\lambda}{\Delta t} - \frac{\lambda |t_2 - t_1|}{\Delta t \Delta t}] = \lim_{\Delta t \to 0}[\lambda^2 + \frac{\lambda}{\Delta t}(1 - \frac{|t_2 - t_1|}{\Delta t})]$$

为求极限，考虑 $|t_2 - t_1| < \Delta t$，图 5.8 示出 $\frac{\lambda}{\Delta t}(1 - \frac{|t_2 - t_1|}{\Delta t})$ 与 $t_2 - t_1$ 的关系曲线。当 $\Delta t \to 0$ 时，图中的三角形趋进于一个冲激 $\lambda\delta(t_2 - t_1)$，所以

$$R_Z(t_1, t_2) = \lambda^2 + \lambda\delta(t_2 - t_1) \tag{5.3.16}$$

通过上面的推导可知泊松冲激脉冲串是一平稳过程。

### 四、散弹噪声

电子从二极管阴极飞跃到阳极的过程中,在阳极电路里就要感应一电流,这种现象叫渡越。散弹噪声电流是由大量微小的窄脉冲电流之和所组成的，而每一个电流脉冲则是由一个电子渡越空间时在电路中形成的。晶体管内的散弹噪声电流也是由大量微小的窄脉冲电流之和所组成的，而每一个电流脉冲则是由一个电子或一个空穴渡过结耗尽层时在电路内形成的。

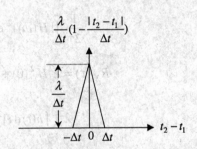

图 5.8　$\frac{\lambda}{\Delta t}(1 - \frac{|t_2 - t_1|}{\Delta t})$ 与 $t_2 - t_1$ 的关系曲线

散弹噪声是这样的随机过程

$$X(t) = \sum_i h(t - t_i) \tag{5.3.17}$$

式中，$h(t)$ 是一个线性时不变系统的冲激响应函数，$t_i$ 是泊松冲激脉冲出现的时刻点。散弹噪声即为泊松脉冲串加入该系统的输出。

假设散弹噪声过程的输入泊松脉冲串为 $Z(t)$，其数学期望和自相关函数分别为

$$E[Z(t)] = \lambda$$

$$R_Z(\tau) = \lambda^2 + \lambda\delta(\tau)$$

则功率谱密度为

$$S_Z(\tau) = \int_{-\infty}^{\infty} R_Z(\tau) e^{-j\omega\tau} d\tau = 2\pi\lambda^2\delta(\omega) + \lambda \tag{5.3.18}$$

由于系统输出可以写成输入与系统冲激响应的卷积，设系统的频率传递函数为 $H(\omega)$，因此有

$$E[X(t)] = E[\int_{-\infty}^{\infty} Z(t-\tau)h(\tau)\,d\tau] =$$

$$\int_{-\infty}^{\infty} E[Z(t-\tau) \cdot h(\tau)\,d\tau = \lambda \int_{-\infty}^{\infty} h(\tau)\,d\tau = \lambda H(0) \tag{5.3.19}$$

散弹噪声的功率谱密度为

$$S_X(\omega) = |H(\omega)|^2 S_Z(\omega) =$$

$$2\pi\lambda^2 |H(\omega)|^2 \delta(\omega) + \lambda |H(\omega)|^2 =$$

$$2\pi\lambda^2 |H(0)|^2 \delta(\omega) + \lambda |H(\omega)|^2 \tag{5.3.20}$$

相关函数为

$$R_X(\tau) = \frac{1}{2\pi} \int_{-\infty}^{\infty} S_X(\omega) e^{j\omega\tau}\,d\omega = \lambda^2 H^2(0) + \frac{\lambda}{2\pi} \int_{-\infty}^{\infty} |H(\omega)|^2 e^{j\omega\tau}\,d\omega$$

由于

$$|H(\omega)|^2 = H(\omega) \cdot H(-\omega) \Leftrightarrow h(t) * h(-t) = \int_{-\infty}^{\infty} h(t+\alpha)h(\alpha)\,d\alpha$$

$$\frac{1}{2\pi} \int_{-\infty}^{\infty} |H(\omega)|^2 e^{j\omega\tau}\,d\omega = \int_{-\infty}^{\infty} h(t+\alpha)h(\alpha)\,d\alpha$$

所以

$$R_X(\tau) = \lambda^2 H^2(0) + \lambda \int_{-\infty}^{\infty} h(\tau+\alpha)h(\alpha)\,d\alpha =$$

$$\lambda^2 [\int_{-\infty}^{\infty} h(t)\,dt]^2 + \lambda \int_{-\infty}^{\infty} h(\tau+\alpha)h(\alpha)\,d\alpha \tag{5.3.21}$$

协方差函数为

$$C_X(\tau) = R_X(\tau) - \{E[X(t)]\}^2 = \lambda \int_{-\infty}^{\infty} h(\tau+\alpha)h(\alpha)\,d\alpha \tag{5.3.22}$$

方差为

$$\sigma_X^2 = C_X(0) = \lambda \int_{-\infty}^{\infty} h^2(t)\,dt \tag{5.3.23}$$

**例 5.3.2** 假设 $h(t)$ 给定为三角形函数

$$h(t) = \begin{cases} kt, & 0 < T \\ 0, & \text{其它} \end{cases}$$

这种情况下得到的散弹噪声，是二极管内电子从阴极飞越到阳极过程中，阳极线路上感应的电流。求噪声均值、方差和功率密度。

**解** 由式(5.3.19)有

$$E(X(t)) = \lambda \int_{-\infty}^{\infty} h(t)\,dt = \frac{\lambda k T^2}{2}$$

由式(5.3.23)有

$$\sigma_X^2 = \lambda \int_{-\infty}^{\infty} h^2(t)\, dt = \lambda \int_0^T k^2 t^2\, dt = \frac{\lambda k^2 T^3}{3}$$

对 $h(t)$ 进行傅里叶变换,有

$$H(\omega) = k \int_0^T t e^{-j\omega t}\, dt = e^{-j\omega T/2} \cdot \frac{2k\sin(\omega T/2)}{j\omega^2} - e^{-j\omega T} \cdot \frac{kT}{j\omega}$$

因而有 
$$|H(\omega)|^2 = H(\omega)\cdot H(-\omega) = \frac{k^2}{\omega^4}(2 - 2\cos\omega T + \omega^2 T^2 - 2\omega T\sin\omega T)$$

$$H(0) = k\int_0^T t\, dt = \frac{kT^2}{2}$$

代入式(5.3.20)有

$$S_X(\omega) = \frac{\pi\lambda^2 k^2 T^4}{2}\delta(\omega) + \frac{\lambda k^2}{\omega^4}(2 - 2\cos\omega T + \omega^2 T^2 - 2\omega T\sin\omega T)$$

**例 5.3.3** 如图 5.9 所示的电路中,电流源 $i(t)$ 由冲激电流序列组成,表示为

$$i(t) = \sum_i q\delta(t - t_i)$$

求电容两段的电压 $V(t)$ 的数学期望和方差。

**解** 由图可求出系统的单位冲激响应

$$h(t) = \frac{1}{C}e^{-\frac{t}{RC}}u(t)$$

式中,$u(t)$ 为阶跃函数。电容两段的电压

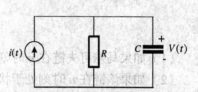

图 5.9 例 5.3.3 的电路图

$$V(t) = \int_{-\infty}^{\infty} h(\tau)i(t-\tau)\, d\tau = \sum_i q h(t - t_i)$$

由式(5.3.19)得,$V(t)$ 的数学期望

$$E[V(t)] = E[\sum_i q h(t - t_i)] = qE[\sum_i h(t - t_i)] =$$

$$q\lambda \int_{-\infty}^{\infty} h(t)\, dt = q\lambda \int_0^{\infty} \frac{1}{C}e^{-\frac{t}{RC}}\, dt = q\lambda R$$

由式(5.3.23)得,$V(t)$ 的方差

$$\sigma_V^2 = D[V(t)] = D[\sum_i q h(t - t_i)] = q^2 D[\sum_i h(t - t_i)] = q^2\lambda \int_{-\infty}^{\infty} h^2(t)\, dt$$

所以 
$$\sigma_V^2 = \frac{q^2\lambda}{C^2}\int_0^{\infty} e^{-\frac{2t}{RC}}\, dt = \frac{q^2\lambda R}{2C}$$

由上面两个结果可得如下关系

$$q = \frac{2C\sigma_V^2}{E[V(t)]}$$

$$\lambda = \frac{E^2[V(t)]}{2RC\sigma_V^2}$$

当系统的冲激响应已知的情况下，通过测量 $V(t)$ 的均值和方差，就可求出 $\lambda$ 和 $q$。

# 习 题 五

5.1    $X_1, X_2, \cdots, X_n, \cdots$ 为相互统计独立的随机变量，且 $E[X_n]=0$，$n=1,2,\cdots$。随机变量序列 $Y_1=X_1$，$Y_2=X_1+X_2, \cdots, Y_n=X_1+X_2+\cdots+X_n, \cdots$

   试证：（1）序列 $Y_1$，$Y_2, \cdots, Y_n, \cdots$ 是马尔可夫链。

   （2）$E[Y_n \mid Y_1, Y_2, \cdots, Y_{n-1}=y_{n-1}]=E[Y_n \mid Y_{n-1}=y_{n-1}]=y_{n-1}$。

5.2 设有四个状态 $\{a_1，a_2，a_3，a_4\}$ 的齐次马尔可夫链的一步转移矩阵为

$$P=\begin{bmatrix} \frac{1}{2} & \frac{1}{4} & \frac{1}{4} & 0 \\ \frac{1}{3} & 0 & \frac{1}{2} & \frac{1}{6} \\ \frac{2}{5} & \frac{1}{5} & 0 & \frac{2}{5} \\ \frac{1}{3} & 0 & \frac{1}{3} & \frac{1}{3} \end{bmatrix}$$

   （1）如果马尔可夫链在 $n$ 时刻处于状态 $a_2$，求在 $n+2$ 时刻仍处于状态 $a_2$ 的概率。

   （2）如果该链在 $n$ 时刻处于状态 $a_4$，求在 $n+3$ 时刻处于状态 $a_3$ 的概率。

5.3 设 $X_n$ 是一齐次马尔可夫链，它有三个状态 $\{0，1，2\}$，它的一步转移矩阵为

$$P=\begin{bmatrix} \frac{1}{2} & \frac{1}{3} & \frac{1}{6} \\ \frac{1}{3} & \frac{2}{3} & 0 \\ 0 & \frac{1}{2} & \frac{1}{2} \end{bmatrix}$$

   它的初始状态的概率分布为 $P\{X_0=0\}=\frac{1}{6}$，$P\{X_0=1\}=\frac{2}{3}$，$P\{X_0=2\}=\frac{1}{6}$。

   求概率 $P\{X_0=1, X_1=0, X_2=2\}$ 和转移概率 $p_{02}(2)$。

5.4 设齐次马尔可夫链的一步转移矩阵为

$$P=\begin{bmatrix} \frac{1}{4} & \frac{1}{4} & \frac{1}{4} & \frac{1}{4} \\ \frac{1}{3} & \frac{1}{4} & \frac{1}{4} & \frac{1}{6} \\ \frac{1}{5} & \frac{1}{5} & \frac{1}{5} & \frac{2}{5} \\ \frac{1}{6} & \frac{1}{3} & \frac{1}{6} & \frac{1}{3} \end{bmatrix}$$

   求该马尔可夫链的二步转移矩阵，此链是否遍历？求极限分布的各个概率。

5.5 设齐次马尔可夫链的一步转移矩阵为

$$P = \begin{bmatrix} 1/3 & 2/3 \\ 2/3 & 1/3 \end{bmatrix}$$

试应用遍历性证明

$$P(n) = P^n \xrightarrow[n \to \infty]{} \begin{bmatrix} 1/2 & 1/2 \\ 1/2 & 1/2 \end{bmatrix}$$

5.6 设 $X(t)$ 是一马尔可夫过程，且 $t_1 < t_2 < \cdots < t_m < t_{m+1} < \cdots < t_{m+k} \in T$ ，试证明

$$f_X(x_m; t_m \mid x_{m+1}, x_{m+2}, \cdots, x_{m+k}; t_{m+1}, t_{m+2}, \cdots, t_{m+k}) = f_X(x_m; t_m \mid x_{m+1}; t_{m+1})$$

5.7 设 $\lambda_1$ 和 $\lambda_2$ 分别为，相互统计独立的泊松过程 $X_1(t)$ 和 $X_2(t)$ 的单位时间事件出现次数的数学期望。

试证：（1） $X(t) = X_1(t) + X_2(t)$ 是具有数学期望为 $(\lambda_1 + \lambda_2)t$ 的泊松过程。

（2） $Y(t) = X_1(t) - X_2(t)$ 不是泊松计数过程。

5.8 设有一泊松过程 $\{X(t), t \geq 0\}$ ，若有两个时刻 $t$、$t_1$ 且 $t < t_1$ ，试证明

$$P\{X(t) = m, X(t_1) = n\} = C_n^m \frac{t^m (t_1 - t)^{n-m}}{t_1^n}$$

其中， $m = 0, 1, 2, \cdots, n$ ， $C_n^m = \dfrac{n!}{m!(n-m)!}$ 。

5.9 设系统的冲激响应为

$$h(t) = e^{-\alpha t} u(t)$$

$u(t)$ 为单位阶跃函数，求散弹噪声的功率谱密度、均值、相关函数和方差。

5.10 多级单调谐回路的频率响应为 $H(\omega) = A \exp[-\dfrac{(\omega - \omega_0)^2}{2\beta}]$ ，输入为一泊松脉冲列

$X(t) = \sum_i q \delta(t - t_i)$ ，输入的自相关函数为 $R_X(\tau) = q^2 \lambda^2 + q^2 \lambda \delta(\tau)$ 。求输出过程的数学期望、方差和功率谱密度。

# 附录 A　一些常用的 C 语言函数

附录 A 包括用于谱分析的离散傅里叶变换、快速傅里叶变换函数以及低通 FIR 滤波器设计等函数。它们与第一章中的随机数产生程序一起构成一个简单的信号分析程序库。利用这些函数可编制产生脉冲信号、正弦信号及随机信号的程序。若将设计的 FIR 滤波器作为线性系统，DFT 或 FFT 可求确定信号和系统的频谱。在此基础上，利用第一章至第三章介绍的算法，读者可自己编写求均值、方差、相关函数、功率谱密度以及线性系统的输出等函数作为补充。考虑到初学者的情况，将程序执行的结果用图形表示出来可加强对程序的理解，本附录还包括了一些时间序列和频谱或功率谱的画图程序。

这些函数可在 PC 机及其兼容机的 TC 或 BC 环境下运行。除图形初始化程序外，稍做　　　修改也适合其它 C 语言环境。由于程序运行效率并不是主要矛盾，为了避免程序调试过程中出现的不必要麻烦，兼顾程序的可读性，所有函数尽量采用数组而不是指针。因此，在移植程序时，需要注意所定义的数组长度是否合适。

## A.1　离散傅里叶变换

函数功能：计算离散时间序列的离散傅里叶变换。

参数：*x 为存放时间序列的地址指针，时间序列长度为 n；

　　　　*y 为存放变换后对数频谱幅度的地址指针，频谱长度为 N。

特点：用于计算信号或系统的频率特性，时域和频域的长度 n 和 N 可以取任意点数。改变中间工作单元 yr 和 yi 的大小，可以做任意点的 DFT。若求频谱的相位，可在函数之后增加相应的语句。

```
void DFT(int n, float *x, int N, float *y)
{
float yr[200],yi[200],max;
int j,k;
max=0.0;
for(k=0;k<N;k++)
{
    yr[k]=0;
    yi[k]=0;

    for(j=0;j<n;j++)
    {
      yr[k]=yr[k]+x[j]*cos(2*M_PI*k*j/N);
      yi[k]=yi[k]+x[j]*sin(2*M_PI*k*j/N);
```

```
        }
      yr[k]=sqrt(yr[k]*yr[k]+yi[k]*yi[k]);
      if(yr[k]>max) max=yr[k];
      if(yr[k]<0.00001) yr[k]=0.00001;
}
for(k=0;k<N;k++)
        y[k]=20*log10(yr[k]/max);

return;
}
```

# A.2　快速傅里叶变换

函数功能：利用快速算法计算离散时间序列的傅里叶变换。

参数：*xr 和*xi 为存放复时间序列实部和虚部的地址指针，变换后的频谱仍然存回原地址，时间序列长度和频谱长度均为 n。inv 为正变换和逆变换标志，0 为正变换，1 为逆变换。

特点：该算法为同址运算，变换后仍然将结果放回原地址，因此注意保存原始数据。用 FFT 计算的信号或系统的频率特性，时域和频域的长度 n 相等，且只能取 2 的幂。如果输入序列的长度不是 2 的幂，可以在序列后部添零至所需长度。

```
void FFT(float *xr, float *xi, int n,int inv)
{
int i,j,a,b,k,m;
int ep,arg,mt,s0,s1;
float sign,pr,pi,ph;
float *c,*s;

c=(float * )calloc(n,sizeof(float ));
if(c==NULL) exit(1);
s=(float * )calloc(n,sizeof(float ));
if(s==NULL) exit(1);

    j=0;
    if(inv==0)
    {
    sign=1.0;
    for(i=0; i<n; i++)

            xr[i]=xr[i]/n;
            xi[i]=xi[i]/n;
        }
    }
    else sign=-1.0;

    for(i=0; i<n-1; i++)
```

```
        {
            if(i<j)
            {    tra(&xr[i],&xr[j]);
                 tra(&xi[i],&xi[j]);
            }
            k=n/2;
            while(k<=j)
            {    j=j-k;
                 k=k/2;
            }
              j=j+k;
        }

        ep=0;
        i=n;
        while(i!=1)
        {
            ep=ep+1;
            i=i/2;
        }
        ph=2*M_PI/n;

        for(i=0; i<n; ++i)
        {
            s[i]=sign*sin(ph*i);
            c[i]=cos(ph*i);
        }
        a=2;
        b=1;
        for(mt=1; mt<=ep; mt++)
        {    s0=n/a;
             s1=0;
             for(k=0; k<b; k++)
             {    i=k;
                  while(i<n)
                  {   arg=i+b;
                      if(k==0)
                      { pr=xr[arg];
                        pi=xi[arg];
                      }
                      else
                      {
                      pr=xr[arg]*c[s1]-xi[arg]*s[s1];
                      pi=xr[arg]*s[s1]+xi[arg]*c[s1];
                      }

                      xr[arg]=xr[i]-pr;
                      xi[arg]=xi[i]-pi;
                      xr[i]=xr[i]+pr;
```

```
                        xi[i]=xi[i]+pi;
                        i=i+a;
                }
            s1=s1+s0;
        }
        a=2*a;
        b=b*2;
        }
        free(c);
        free(s);
}

void tra(float *x, float *y)
{
    float t;
    t=(*x);
    (*x)=(*y);
    (*y)=t;
}
```

# A.3  低通 FIR 滤波器设计

函数功能：利用窗口法设计低通 FIR 数字滤波器。

参数：window_type 是所选择的窗口类型，1 至 8 分别为矩形窗、汉宁窗、海明窗、布莱克曼窗、三项窗、最小三项窗、四项窗、最小四项窗。FH 为低通滤波器的数字截止频率（0-1），DF 为过渡带宽；*h 为存放所设计的滤波器系数的地址指针，程序结束返回滤波器长度 n。

特点：该算法可用多种窗口设计 FIR 滤波器，以满足不同阻带衰减和过渡带宽的需求（过渡带宽不小于 0.05）。当需要过渡带宽小于 0.05 时，要增加中间工作单元 w 的尺寸。

```
int LowpassFIR(int window_type,float FH,float DF,float *h)
{
float w[200];
int i,j,n;
int NA1,NS1,I2,IS,IV;
float a[4],D;
switch(window_type)
{
    case 1:   a[0]=1.0;a[1]=-0.0;a[2]=0.0;a[3]=-0.0;D=2;
                break;
    case 2:   a[0]=0.5;a[1]=-0.5;a[2]=0.0;a[3]=-0.0;D=4;
                break;
    case 3:   a[0]=0.54;a[1]=-0.46;a[2]=0.0;a[3]=-0.0;D=4;
                break;
    case 4:   a[0]=0.42;a[1]=-0.5;a[2]=0.08;a[3]=-0.0;D=6;
                break;
```

```
case 5:    a[0]=0.44959;a[1]=-0.49364;a[2]=0.05677;a[3]=-0.0;D=5.5;
                break;
case 6:    a[0]=0.42323;a[1]=-0.49755;a[2]=0.07922;a[3]=-0.0;D=6;
                break;
case 7:    a[0]=0.4021;a[1]=-0.49703;a[2]=0.09392;a[3]=-0.00188;D=7;
                break;
case 8:    a[0]=0.35878;a[1]=-0.48829;a[2]=0.14128;a[3]=-0.01168;D=9;
 }

n=D/DF+1;
NA1=(n+1)/2;
NS1=(n-1)/2;


for(i=0;i<n;i++)
{
    w[i]=0.0;
    for(j=0;j<=3;j++) w[i]+=a[j]*cos(2.0*M_PI*i/(n-1)*j);
}

if(n/2.0!=float(n/2))
{
    for(i=0;i<NA1;i++)
    {
        IS=i+NS1;

        if(i==0) h[IS]=2.0*FH;
        else        h[IS]=2.0*(FH*sin(2.0*M_PI*i*FH)/(2.0*M_PI*i*FH));

        IV=n-IS-1;
        h[IV]=h[IS];
    }
}
else
{   for(i=-NS1;i<NA1;i++)
    {
        IS=i+NS1;
        h[IS]=sin(2.0*M_PI*(i-0.5)*FH)/(M_PI*(i-0.5));
    }
}

for(i=0;i<n;i++)     h[i]*=w[i];
return n;
}
```

# A.4  图形初始化及画图子程序

函数功能：InitGraphic()为图形初始化函数，PlotTimeSequ()画离散时间序列，PlotSpectrum()画频谱幅度序列，PlotLog()画对数幅度序列。

参数：*x 为存放所画序列的地址指针，序列长度为 n，scale 为序列的纵向比例系数，space 为序列点与点之间的间距（一般取 4），y1 为横轴的位置。

特点：如果 PlotTimeSequ()中的 scale 取 60 至 80 左右，y1 取 130，PlotSpectrum()中的 scale 取 100,y1 取 400,可在同一屏幕中画出对应的时间序列和频谱。

```c
void InitGraphic(void)
{
int driver=DETECT,mode=0;

    initgraph(&driver,&mode,"");
    setfillstyle(1,3);
    bar(0,0,639,479);
    return;
}


void PlotTimeSequ(float *x,int n,float scale,int space, int y1)
{
    int j,j1,x0,x1;
    float max=0.0;
    x0=(640-n*space)/2;

    setcolor(1);
    line(x0-20,y1,640-x0+20,y1);
    line(x0,y1-90,x0,y1+90);
    outtextxy(x0-30,y1-80,"x(n)");
    outtextxy(x0-10,y1+10,"0");
    outtextxy(640-x0+5,y1-10,"n");
    outtextxy(640-x0-4,y1+6,"N");
    outtextxy(320-10,y1+10,"N/2");

    setfillstyle(1,4);
    setcolor(4);
    for(j=0; j<n; j++)
    {
        if(x[j]>max) max=x[j];
    }

    for(j=0; j<n; j++)
    {
        j1=space*j+x0;
        x1=x[j]*scale/max;
        line(j1,y1,j1,y1-x1);
        fillellipse(j1,y1-x1,2,2);
    }

return;
}
```

```
void PlotSpectrum(float *x,int n,float scale,int space,int y1)
{
    int j,j1,x0,x1;
    float max=0.0;
    x0=(640-n*space)/2;

    setcolor(1);
    line(x0-20,y1,640-x0+20,y1);
    line(x0,y1-150,x0,y1+10);
    outtextxy(x0-30,y1-140,"X(k)");
    outtextxy(x0-10,y1+10,"0");
    outtextxy(640-x0+5,y1-10,"k");
    outtextxy(640-x0-4,y1+6,"N");
    outtextxy(320-10,y1+10,"N/2");

    setfillstyle(1,4);
    setcolor(4);
    for(j=0; j<n; j++)
    {
        if(x[j]>max) max=x[j];
    }

    for(j=0; j<n; j++)
    {
        j1=space*j+x0;
        x1=x[j]*scale/max;
        line(j1,y1,j1,y1-x1);
        fillellipse(j1,y1-x1,2,2);
    }

return;
}

void PlotLog(float *x,int n,float scale,int space,int y1)
{
    int j,j1,x0;
    x0=(640-n*space)/2;
    setcolor(14);
    for(j=0; j<21; j++)
            line(x0+20*j,y1,x0+20*j,y1-150);
    for(j=0; j<11; j++)
            line(x0,y1-j*15,640-x0,y1-j*15);

    setcolor(1);
    line(x0-20,y1,640-x0+20,y1);
    line(x0,y1-170,x0,y1+10);
    outtextxy(x0-30,y1-140,"H(k)");
    outtextxy(x0-10,y1+10,"0");
```

```
outtextxy(640-x0+5,y1-10,"f");
outtextxy(640-x0-4,y1+6,"1");
outtextxy(320-10,y1+6,"0.5");

setfillstyle(1,4);
setcolor(4);
moveto(x0,y1-150-x[0]*scale);

for(j=0; j<n; j++)
{
        j1=space*j+x0;
        lineto(j1,y1-150-x[j]*scale);
}

return;
}
```

# A.5   一个 FFT 演示程序

　　函数 SignalRect()和 SignalCos()可产生矩形脉冲和正弦信号,矩形脉冲的脉宽可以改变,正弦信号则可改变频率和时宽。考虑到演示效果,FFT 的点数最好取 128 或 64 点。如 n 取 256 点,则需改变 space 的大小。在脉宽从 1 到 n 的变化过程中,可看到频谱零点的变化。正弦信号的频率取整数时,频谱只有单条谱线。而当正弦信号的频率取非整数时,则能看到频谱泄露的情况。

```
#include <stdio.h>
#include <stdlib.h>
#include <math.h>
#include <conio.h>
#include <graphics.h>

void InitGraphic(void);
void PlotTimeSequ(float *x,int n,float max,int space,int y1);
void PlotSpectrum(float *x,int n,float max,int space,int y1);
void FFT(float *xr, float *xi, int n,int inv);
void tra(float *x, float *y);
void SignalRect(int n, int m, float *yr, float *yi);
void SignalCos(int n, float f, float *yr, float *yi);

void main(void)
{
    float y[128],yr[128],yi[128];
    int i,k,n=128;
    InitGraphic();

    SignalRect(n,16, yr, yi);          /* 信号为矩形脉冲 */
    /*SignalCos(n, 3, yr, yi);*/       /* 信号为正弦波  */
```

```
    PlotTimeSequ(yr,n,60,4, 130);

    FFT(yr, yi, n,0);
    for(k=0;k<=n;k++) y[k]=sqrt(yr[k]*yr[k]+yi[k]*yi[k]);

    PlotSpectrum(y,n,100,4, 400);

    setcolor(11);
    outtextxy(200,440,"Please press any key---");
    getch();
    closegraph();
    return;
}

void SignalRect(int n, int m, float *yr, float *yi)
{
    int i;
    for(i=0;i<n;i++)
            yr[i]=yi[i]=0;
    for(i=0;i<m;i++)
            yr[i]=1;
}

void SignalCos(int n, float f, float *yr, float *yi)
{
    int i;
    for(i=0;i<n;i++)
            yr[i]=yi[i]=0;
    for(i=0;i<n;i++)
            yr[i]=cos(2*M_PI*f*i/n);
}
```

## A.6 一个低通滤波器设计的例子

窗口法设计 FIR 滤波器比较简单，由于有 8 个窗口可选择，能满足一般应用的需求。考虑到查看频谱的方便，用 DFT 来计算 FIR 滤波器的幅频特性。因为用 DFT 可以计算出任意点数的频谱。取 DFT 的长度为 200，显示归一化频谱的范围从-100dB 到 0dB。改变设计参数截止频率和过渡带宽，可看到所设计的滤波器也随之改变。当滤波器过渡带宽小于 0.05 时，要考虑增加一些数组的尺寸。

```
#include <stdio.h>
#include <math.h>
#include <conio.h>
#include <graphics.h>

void InitGraphic(void);
```

```c
void PlotTimeSequ(float *x,int n,float scale,int space,int y1);
void PlotLog(float *x,int n,float scale,int space);
void DFT(int n, float *x, int N, float *y);

int FIR(int window_type,float FH,float DF,float *h);

void main(void)
{
float h[200],y[200];
int i,n,k,N=200;
InitGraphic();

n=FIR (2,0.2,0.1,h);          /*     DF>0.05      */

PlotTimeSequ(h,n,80,4,130);

DFT(n,h,N,y);

PlotLog(y,N,1.5,2,400);
setcolor(11);
outtextxy(200,440,"Please press any key---");
getch();
closegraph();
return;
}
```

# 附录 B　傅里叶变换表

| $f(t)$ | $F(\omega)$ |
|---|---|
| $f(t-t_0)$ | $F(\omega)\,\mathrm{e}^{-\mathrm{j}\omega t_0}$ |
| $f(t)\,\mathrm{e}^{\mathrm{j}\omega_0 t}$ | $F(\omega-\omega_0)$ |
| $f(at)$ | $\dfrac{1}{\lvert a\rvert}F(\dfrac{\omega}{a})$ |
| $F(t)$ | $2\pi f(-\omega)$ |
| $\dfrac{\mathrm{d}^n f(t)}{\mathrm{d}t^n}$ | $(\mathrm{j}\omega)^n F(\omega)$ |
| $(-\mathrm{j}t)^n f(t)$ | $\dfrac{\mathrm{d}^n F(\omega)}{\mathrm{d}\omega^n}$ |
| $\displaystyle\int_{-\infty}^{t} f(\tau)\,\mathrm{d}\tau$ | $\dfrac{1}{\mathrm{j}\omega}F(\omega)+\pi F(0)\delta(\omega)$ |
| $\delta(t)$ | $1$ |
| $1$ | $2\pi\delta(\omega)$ |
| $\mathrm{e}^{\mathrm{j}\omega_0 t}$ | $2\pi\delta(\omega-\omega_0)$ |
| $u(t)$ | $\pi\delta(\omega)+\dfrac{1}{\mathrm{j}\omega}$ |
| $\displaystyle\sum_{n=-\infty}^{\infty} C_n\,\mathrm{e}^{\mathrm{j}\omega_0 t}$ | $2\pi\displaystyle\sum_{n=-\infty}^{\infty} C_n\delta(\omega-n\omega_0)$ |
| $\cos\omega_0 t$ | $\pi[\delta(\omega-\omega_0)+\delta(\omega+\omega_0)]$ |

| | |
|---|---|
| $\sin \omega_0 t$ | $\dfrac{\pi}{j}[\delta(\omega - \omega_0) - \delta(\omega + \omega_0)]$ |
| $u(t)\cos \omega_0 t$ | $\dfrac{\pi}{2}[\delta(\omega - \omega_0) + \delta(\omega + \omega_0)] + \dfrac{j\omega}{\omega_0^2 - \omega^2}$ |
| $u(t)\sin \omega_0 t$ | $\dfrac{\pi}{2j}[\delta(\omega - \omega_0) - \delta(\omega + \omega_0)] + \dfrac{\omega_0}{\omega_0^2 - \omega^2}$ |
| $u(t)\mathrm{e}^{-\alpha t}\cos \omega_0 t$ | $\dfrac{\alpha + j\omega}{\omega_0^2 + (\alpha + j\omega)^2}$ |
| $u(t)\mathrm{e}^{-\alpha t}\sin \omega_0 t$ | $\dfrac{\omega_0}{\omega_0^2 + (\alpha + j\omega)^2}$ |
| $\mathrm{e}^{-\alpha|t|}$ | $\dfrac{2\alpha}{\alpha^2 + \omega^2}$ |
| $\mathrm{e}^{-\frac{t^2}{2\sigma^2}}$ | $\sigma\sqrt{2\pi}\,\mathrm{e}^{-\frac{\sigma^2\omega^2}{2}}$ |
| $u(t)\mathrm{e}^{-\alpha t}$ | $\dfrac{1}{\alpha + j\omega}$ |
| $u(t)t\,\mathrm{e}^{-\alpha t}$ | $\dfrac{1}{(\alpha + j\omega)^2}$ |
| $\mathrm{sgn}(t)$ | $\dfrac{2}{j\omega}$ |
| $\dfrac{1}{\pi t}$ | $-\,j\mathrm{sgn}(\omega)$ |
| $u(t)$ | $\pi\delta(\omega) + \dfrac{1}{j\omega}$ |
| $\mathrm{rect}(\dfrac{t}{\tau})$ | $\tau\dfrac{\sin(\omega\tau/2)}{\omega\tau/2}$ |
| $\dfrac{\Omega}{2\pi}\cdot\dfrac{\sin(\Omega t/2)}{\Omega t/2}$ | $\mathrm{rect}(\dfrac{\omega}{\Omega})$ |

# 附录 C　常用术语汉英对照

| | |
|---|---|
| 白噪声 | White noise |
| 边缘分布 | Marginal distribution |
| 标准差 | Standard deviation |
| 泊松分布 | Poisson distribution |
| 带宽 | Spectrum width |
| 带通 | Bandpass |
| 低通 | Low-pass |
| 独立 | Independent |
| 二阶矩 | Second-order moments |
| 二进制分布 | Binomial distribution |
| 二维随机变量 | 2-D random variables |
| 方差 | Variance |
| 仿真 | Simulation |
| 非对称 | Asymmetrical |
| 非平稳过程 | Nonstationary process |
| 非线性系统 | Nonlinear systems |
| 非中心$\chi^2$分布 | Noncentral chi-squared distribution |
| 分布列 | Probability mass function |
| 峰态 | Kurtosis |
| 幅度 | Amplitude |
| 复随机变量 | Complex　random variables |
| 复随机过程 | Complex random processes |
| 傅里叶变换 | Fourier transforms |
| 概率 | Probability |
| 概率分布函数 | Distribution function |
| 概率密度函数 | Probability density function(PDF) |
| 高阶矩 | High order moments |
| 高阶谱 | High order spectra |
| 高阶统计量 | High order statistics |
| 高斯分布 | Gaussian (Normal)distribution |
| 各态历经 | Ergodicity |
| 功率谱密度 | Power spectrum density(PSD) |

| 共轭 | Conjunction |
| --- | --- |
| 归一化 | Normalized |
| 马尔可夫过程 | Markoff process |
| 互相关 | Cross-correlation |
| 奇函数 | Old functions |
| 解析信号 | Analytic signal |
| 矩 | Moment |
| 卷积 | Convolution |
| 均方 | Mean-square |
| 均匀分布 | Uniform distribution |
| 均值 | Mean |
| k 阶平稳 | kth-order stationary |
| 快速傅里叶变换 | Fast Fourier Transforms(FFT) |
| 宽平稳 | Wide-sense stationary |
| 累积量 | Cumulants |
| 离散傅里叶变换 | Discrete Fourier Transforms(DFT) |
| 离散时间 | Discrete time |
| 离散随机变量 | Discrete random variables |
| 离散系统 | Discrete systems |
| 联合平稳 | Joint stationary |
| 连续随机变量 | Continuous random variables |
| 连续系统 | Continuous systems |
| 能量 | Energy |
| 偶函数 | Even functions |
| 偏态 | Skewness |
| 频率响应 | Frequency response |
| 频谱分析 | Spectral analysis |
| 平均功率 | Average power |
| 平稳过程 | Stationary processes |
| 确定性信号 | Deterministic signal |
| 瑞利分布 | Rayleigh distribution |
| 色噪声 | Colored Noise |
| 时变 | Time-varying |
| 收敛 | Convergence |
| 输出 | Output |
| 输入 | Input |
| 数学期望 | Expectation |
| 数字仿真 | Digital simulation |
| 瞬时频率 | Instantaneous frequency |

| | |
|---|---|
| 随机变量 | Random variables |
| 随机过程 | Random processes, Stochastic processes |
| 随机数 | Random numbers |
| 随机信号 | Random signal |
| 随机序列 | Random sequence |
| 特征函数 | Characteristic function |
| 误差 | Error |
| 希尔伯特变换 | Hilbert transforms |
| 线性系统 | Linear systems |
| 限带信号 | Bandlimited signals |
| 相关矩 | Correlation |
| 相关系数 | Correlated coefficients |
| 相位 | Phase |
| 协方差 | Covariance |
| 信噪比 | Signal-to-noise ratio(SNR) |
| 样本 | Samples |
| 原点矩 | Moment about the origin |
| 窄带信号 | Narrow band signal |
| 正交性 | Orthogonality |
| 正态分布 | Normal (Gaussian) distribution |
| 指数分布 | Exponential distribution |
| 中心$\chi^2$分布 | Central chi-squared distribution |
| 中心极限定理 | Central limit theorem |
| 中心矩 | Central moment |
| 周期函数 | Periodic function |
| 周期图 | Periodogram |
| 自相关函数 | Autocorrelation function |
| 自相关序列 | Autocorrelation sequence |
| 自由度 | Degrees of freedom |
| 直方图 | Histogram |

# 参考文献

1　P.Z. Peebles. Probability, Random Variables and Random Signal Principles. McGraw-Hill,1980

2　A. Papoulis. Probability, Random Variables and Stochastic　McGraw-Hill, N.J. 1984

3　Sheldom M. Ross. Stochastic Process. 1982, John Wiley & Sons

3　Paul G. Hoel, Sidney C. Port, Charles J. Stone. Introduction to Stochastic Processes 1972, Houghton Mifflin Company

4　Mix D.F. Random Signal Analysis. Addison-Wesley, 1969

5　Bartlett, M.S. Introduction to Stochastic Processes Cambridge University Pree, New York,1955

6．陆大绘　随机过程及应用. 北京：清华大学出版社，1986

7　吴祈耀. 随机过程. 北京：国防工业出版社，1984

8　樊昌信. 通讯原理. 北京：国防出版社，1982

9　A.T. 巴鲁查-赖特. 马尔柯夫过程论初步及其应用. 上海:科技出版社，1979

10　周炯盘. 信息理论基础. 北京：人民邮电出版社，1983

11　张贤达. 时间序列分析—高阶统计量方法. 北京：清华大学出版社，1996

12 S.M.凯依. 现代谱估计原理与应用. 北京：科学出版社，1991

13　肖云茹. 概率统计计算方法. 天津：南开大学出版社，1994

14　曹志刚等. 现代通信原理. 北京: 清华大学出版社，1991

# 部分图书介绍

| | |
|---|---|
| 语音信号处理(第4版) | 胡　航 |
| 随机信号分析 | 赵淑清 |
| 信号与系统(第1版) | 赵淑清 |
| 信号与系统(修订版) | 王宝祥 |
| 信号与系统习题及解答(第2版) | 王宝祥 |
| 光电子学原理与应用 | 王雨三 |
| 数字信号处理 | 刘令普 |
| 通信原理 | 王慕坤 |
| 高频电子线路(第4版) | 张义芳 |
| 监控组态软件及其应用 | 曾庆波 |
| 自动控制原理 | 殷景华 |
| 自动控制原理470题 | 李友善 |
| 非线性光学原理 | 李淳飞 |
| 非线性光学与复杂性光学 | 李士勇 |
| 蚁群算法及其应用 | 李士勇 |
| 工程模糊数学及应用 | 李士勇 |
| 传感器技术(上下册) | 何金田 |
| 传感检测技术实验教程 | 何金田 |
| 传感检测技术例题习题及试题集 | 何金田 |
| 传感器原理与应用课程设计指南 | 何金田 |